BIBLIOTHÈQUE D'HORTICULTURE

(ENCYCLOPÉDIE HORTICOLE)

PUBLIÉE SOUS LA DIRECTION DE

M. LE D' F. HEIM

Professeur agrégé d'Histoire Naturelle à la Faculté de Médecine
de Paris,
Docteur ès-sciences,
Membre de la Société nationale d'Horticulture.

LES ROSIERS

HISTORIQUE, CLASSIFICATION, NOMENCLATURE
DESCRIPTIONS, CULTURE EN PLEINE TERRE ET EN POTS,
ENGRAIS CHIMIQUES, TAILLE,
FORÇAGE EN SERRE ET SOUS CHASSIS, MULTIPLICATION
BOUTURAGE, GREFFAGE ET MARCOTTAGE
FÉCONDATION ARTIFICIELLE, CHOIX DE VARIÉTÉS HORTICOLES
GROUPÉES D'APRÈS LEUR ORIGINE
MALADIES ET INSECTES

PAR

COCHET-COCHET | **S. MOTTET** &
Rosiériste à Coubert | Chef de cultures

Membres de la Société nationale d'Horticulture de France.

TROISIÈME ÉDITION, REVUE ET AUGMENTÉE

Avec 66 figures dans le texte

Rosa inter Flores.

*Ouvrage couronné d'une médaille de vermeil par la Société nationale
d'horticulture de France.*

PARIS

O. DOIN ET FILS | LIBRAIRIE AGRICOLE
ÉDITEURS | DE LA MAISON RUSTIQUE
8, PLACE DE L'ODÉON, 8 | 26, RUE JACOB, 26

1909

A LA MÉMOIRE

DE

Philémon COCHET

qui fut un des plus éminents rosiéristes du siècle dernier

LES AUTEURS DÉDIENT CE LIVRE

PRÉFACE

DE LA PREMIÈRE ÉDITION

Le *Rosier* est de beaucoup le plus important de tous les arbustes cultivés pour l'ornement des jardins ; sa culture remonte aux temps les plus reculés, aucun ne possède une littérature horticole plus complète ni plus variée. La plupart des ouvrages horticoles qui lui ont été spécialement consacrés se sont étendus sur les nombreux procédés de culture et de multiplication qu'on peut lui appliquer, mais ont plus ou moins complètement négligé les détails historiques, de nomenclature et surtout d'origine des espèces et variétés, par suite de l'obscurité ou au moins de la grande confusion qui enveloppe encore ces questions scientifiques.

S'il suffit à beaucoup de personnes que les roses soient belles, celui qui aime les plantes pour elles-mêmes ajoute beaucoup à leur intérêt et à leur beauté, sinon réelle du moins fictive, en apprenant à connaître leur état civil. Grâce aux travaux récents de rhodologues distingués, la nomenclature et la connaissance scientifique des Rosiers a été beaucoup éclaircie et simplifiée dans ces dernières années ; nous avons naturellement fait profiter notre travail de ces indications et M. Heim nous a donné une longue description des caractères génériques et morphologiques du genre *Rosa*.

L'exiguïté du cadre nous a obligés à ne nous occuper ici que des espèces et types plus ou moins cultivés dans les jardins, et à restreindre les descriptions scientifiques aux indications les plus utiles à connaître, laissant ainsi de côté les Rosiers peu décoratifs qui n'intéressent que la science pure et les jardins botaniques.

Malgré l'intérêt que présentent pour nous toutes ces questions d'ordre scientifique, nous avons pensé qu'un ouvrage horticole doit surtout se consacrer à l'horticulture, c'est-à-dire à la culture et à la multiplication des plantes qu'il envisage. C'est ce que nous avons fait en donnant aux chapitres culture, multiplication et traitements divers la plus large part du texte. La rédaction en a été faite dans le sens le plus pratique, et d'après les moyens donnant les meilleurs résultats et les plus généralement employés de nos jours, sous notre climat. Sous ce rapport, nous ne craignons pas de présenter *Les Rosiers* comme un *manuel succinct* peut-être, mais *essentiellement pratique* de la *culture* du *Roi des arbustes*. La signature d'un des auteurs, rosiériste de descendance et profession, en est du reste un garant.

Les lecteurs ne seront pas sans apprécier à sa juste valeur un chapitre tout nouveau pour la littérature horticole des Rosiers : celui de la *fécondation artificielle* ; chapitre qui fera connaître aux amateurs comment sont obtenues beaucoup de ces belles roses, qui trônent en reines dans nos jardins. Il leur permettra d'essayer pratiquement d'en obtenir de nouvelles, s'ils le jugent à propos.

Les maladies des Rosiers ont pour cause principale de nombreux champignons inférieurs, dont M. Heim a rédigé, pour *Les Rosiers*, une étude succincte, mise au point des connaissances les plus récemment acquises et des moyens de destruction les plus pratiques.

Les insectes ennemis des Rosiers sont légion, et quelques autres leur sont utiles. Un chapitre spécial a été consacré aux uns et aux autres, mais faute d'espace, ce chapitre est réduit à l'énumération des plus importants, c'est-à-dire des plus nuisibles et des plus utiles, ainsi qu'à l'indication des moyens les plus pratiques de détruire les premiers ou au moins de réduire leurs ravages, autant que faire se peut.

Le choix des variétés horticoles n'a pas été une des plus minces besognes de la rédaction de cet ouvrage, car il s'agissait de faire un choix consciencieux. Malgré l'importance de ce chapitre, les listes ne comprennent que les variétés les plus méritantes, anciennes ou nouvelles, peu importe, pourvu qu'elles soient belles, et on n'ignore pas que certaines roses anciennes figurent encore aux premiers rangs des collections. Nous devons toutefois faire remarquer qu'on accorde plus que jamais la préférence aux belles variétés de Thé, Noisettes et Hybrides-remontants, au détriment des Provins, Portland, Damas et autres qui, très nombreuses autrefois, ne comptent plus actuellement que quelques représentants dans nos jardins.

Afin d'aider ceux de nos lecteurs qu'un choix restreint parmi les variétés de nos listes embarrasserait, nous avons donné à la fin de l'ouvrage quatre choix de quantités différentes, composés des variétés les plus belles et les plus généralement estimées, celles qui constituent en quelque sorte le *nec plus ultra* du genre et qui doivent former le fond de toute bonne collection de Rosiers. Notre choix de variétés grimpantes et celui des variétés les mieux adaptées à l'ornementation des corbeilles quoique loin d'être absolu, sera sans doute non moins utile aux amateurs et leur évitera certainement des déceptions.

Enfin et pour terminer, l'index méthodique des chapitres ci-après et les tables alphabétiques placées à la fin permettront d'embrasser l'ouvrage d'un coup d'œil, et de trouver rapidement telle espèce ou indication culturale qu'on désirera.

Telle est d'une façon succincte le cadre que nous avons donné aux *Rosiers* et que nous nous sommes efforcés de remplir consciencieusement. Y sommes-nous parvenus? Nous osons l'espérer, mais nous laissons cependant aux lecteurs le soin de nous juger sur ce point.

En terminant, nous remercions bien sincèrement MM. Vilmorin-Andrieux pour le prêt gracieux des figures 20, 31, 42 et M. Gravereaux pour la belle figure n° 45.

COCHET-COCHET,   S. MOTTET,
Coubert.   Sceaux, 3 février 1896.

NOTE

CONCERNANT LA DEUXIÈME ÉDITION

Nous n'avons rien à retrancher de la préface qui précède, car le même cadre et le texte qui ont valu aux *Rosiers* un accueil si favorable, ont été conservés dans la présente et deuxième édition. Quelques additions et retouches ont été faites aux descriptions botaniques et aux indications culturales pour les rendre plus complètes et plus précises.

Mais les choix de variétés horticoles ont été soigneusement revus, mis à jour et augmentés de plusieurs groupements et choix nouveaux, parmi lesquels nous citerons : les hybrides de *Rosa Wichuraiana* obtenus pendant ces dernières années ; un choix des variétés les plus recommandables pour la production de fleurs à couper en plein air ; un choix des meilleures espèces et variétés à fleurs simples, dont le succès va rapidement grandissant ; un choix des Rosiers les plus franchement pleureurs, dont l'effet décoratif est si pittoresque, etc.

L'emploi des engrais devenant plus important à mesure que leur connaissance devient plus parfaite, un important chapitre sur ce sujet a été ajouté à la fin des indications culturales.

Les amateurs que la connaissance des espèces botaniques intéresse trouveront sans doute, dans le tableau dichotomique, les descriptions et les nouvelles figures insérées dans ce chapitre, une assistance appréciable pour l'étude et la détermination des Rosiers botaniques, dont les roses actuelles sont dérivées. Enfin les caractères généraux indiqués en tête des principales sections dans lesquelles les variétés horticoles sont généralement classées, seront sans doute non moins utiles pour les reconnaître.

COCHET-COCHET,   S. MOTTET,
Coubert, 29 novembre 1902.   Verrières, 1er décembre 1902.

NOTE

Ayant apporté à l'édition précédente des améliorations notables, qui ont conservé toute leur valeur, nous n'avons eu qu'à faire quelques retouches, plutôt légères, à certains chapitres ou passages, et à mettre les choix de variétés à jour ; le nombre de celles-ci s'étant singulièrement accru dans ces dernières années.

La culture des Rosiers dans le Midi a pris une telle prépondérance dans la production hivernale des roses coupées, que nous avons cru devoir lui consacrer un chapitre spécial, ainsi qu'à la multiplication intensive qui y est pratiquée, cela, moins, sans doute, pour l'usage des cultivateurs méridionaux, passés maîtres dans cette culture, que pour les renseignements que les amateurs du Nord seront susceptibles d'en tirer.

Quelques indications relatives aux théories nouvelles concernant l'obtention des variétés ont été ajoutées au chapitre *Hybridation*.

Enfin, les Rosiers sarmenteux hybrides du Rosier de Wichura ont pris, dans ces dernières années, une telle importance que le chapitre qui les concerne a été notablement augmenté, en même temps que ces Rosiers sont entrés plus largement dans divers choix.

L'accueil si bienveillant qu'a trouvé ce livre auprès des lecteurs des éditions précédentes, nous a fait un devoir de ne rien négliger dans la présente édition, en même temps qu'il nous fournit le plaisir de les en remercier bien sincèrement.

COCHET-COCHET,   S. MOTTET,
Janvier 1909.   24 novembre 1908.

INDEX

MÉTHODIQUE DES CHAPITRES

	Pages.
PRÉFACE DE LA PREMIÈRE ÉDITION	I
NOTE CONCERNANT LA DEUXIÈME ÉDITION	V
NOTE CONCERNANT LA TROISIÈME ÉDITION	VII
HISTORIQUE	1
DESCRIPTION ET CLASSIFICATION	8
Caractères botaniques du genre *Rosa*	8
Tige	8
Bourgeons	9
Feuilles	9
Inflorescence	10
Fleur	12
Fruit	18
Variations tératologiques	19
Classification	20
Clef analytique des sections	22
Tableau dichotomique pour la détermination des sections	22
Section I. Synstylæ	25
— II. Stylosæ	32
— III. Indicæ	32
— IV. Banksiæ	39
— V. Gallicæ	40
— VI. Caninæ	46
— VII. Carolinæ	49
— VIII. Cinnamomæ	50
— IX. Pimpinellifoliæ	54
— X. Luteæ	56
— XI. Sericeæ	58
— XII. Minutifoliæ	60
— XIII. Bracteateæ	61
— XIV. Lævigateæ	63
— XV. Microphylleæ	64
— XVI. Simplicifoliæ	66

Pages.

CULTURE 68

   I. *Culture en plein air.* 68

      Du sol et de sa préparation 68

      De l'achat des Rosiers, de leur réception et
        leur plantation 70

      Soins divers à donner aux Rosiers. Cachage
        pour l'hiver. 79

      Taille 85

   II. *Culture sous verre* 91

      Culture en pots, en serre 92

      Culture en pots, sous châssis 96

      Culture en pleine terre, en serre 98

      Culture en pleine terre sous châssis . . . 99

      Culture dans le Midi 101

ENGRAIS CHIMIQUES 104

  Analyse du sol. 111
  Analyse des Rosiers 113
     Engrais potassiques 116
     Engrais phosphatés 117
     Engrais azotés. 118
     Engrais chimiques pour Rosiers en pots. . 120

MULTIPLICATION 122

  A. *Multiplication par semis* 123

    I. Semis de Rosiers faits dans le but d'obtenir
      de nouvelles variétés 123
    II. Semis d'espèces sauvages destinées à ser-
      vir de sujets pour la greffe 132

  B. *Multiplication par boutures* 134

    I.   Boutures aoûtées à froid, sous cloches ou
      sous châssis. 139

    II. Boutures sous verre, en plein soleil . . 141
    III. Boutures à chaud en serre 142
    IV. Boutures herbacées 144
    V. Boutures de racines 146
    VI. Mise en pleine terre des boutures . . . 146
    VII. Boutures ligneuses devant servir de sujets
      pour la greffe 149

  C. *Multiplication par marcottes* 151

Pages.

D. *Multiplication par greffes* 155

I. De la greffe en écusson. 155

    1° Préparation des sujets pour recevoir
    l'écusson 156

    2° Pratique de la greffe en écusson . . 164

    Ligatures. 170

    3° Soins à donner aux sujets pour faire
    développer l'écusson dans de bonnes
    conditions 171

        1. Greffes à œil dormant . . . 171

        2. Greffes à œil poussant . . . 174

        3. Greffes en écusson en serre. . 175

II. De la greffe en fente sur collet et tronçons
    de racines, sous châssis, et de diverses
    autres greffes analogues. 176

    Autres greffes analogues faites en serre,
    greffes forcées. 179

    Greffe en fente en plein air 181

    Mastics pour greffer. 181

    Multiplication intensive dans le Midi . . 182

FÉCONDATION ARTIFICIELLE 184

    Considération générale 184

    Rôle et mission des différents organes 186

    Comment s'opère la fécondation 187

    Instruments nécessaires pour pratiquer l'opération . 188

    1° Castration de la fleur ou enlèvement des éta-
    mines 189

    2° Apport du pollen de la rose choisie comme père 190

    3° Descendance des hybrides 191

    4° Sports (Dimorphismes et dichroïsmes) . . . 194

CHOIX DE VARIÉTÉS HORTICOLES, CLASSÉES PAR RACES. . . . 196

    (Consulter, à la fin de l'ouvrage, la table des noms
français pour les différentes classes dans lesquelles sont
groupées ces variétés et celles des noms latins pour
leurs types principaux).

CHOIX DE ROSIERS POUR DIFFÉRENTS USAGES 257

    Choix des rosiers les plus franchement sarmen-
    teux. 257

        Variétés remontantes. 259

        Variétés non remontantes 260

Pages.

Choix de Rosiers à grandes fleurs simples . . 261
Choix de Rosiers pleureurs 264
    Variétés remontantes 265
    Variétés non remontantes 265
Choix de variétés les plus recommandables pour
    les jardins d'amateur 266
Choix de variétés les plus recommandables pour
    former des corbeilles 269
    Rosiers remontants 269
    Rosiers Thés 270
    Variétés du Rosier du Kamtschatka . . . 271
Choix de variétés pour la production en plein air
    de fleurs à couper 271
Choix de variétés à floraison tardive 273
Roses venant de la région niçoise pendant l'hiver 273

MALADIES ET INSECTES NUISIBLES AUX ROSIERS 275

Insectes nuisibles 276
Champignons parasites 322

TABLES DIVERSES . . . .

LES ROSIERS

HISTORIQUE

Si la *rose* a été, à juste titre, qualifiée de *Reine des fleurs*, le *Rosier*, qui la produit, peut sans exagération être nommé le *Roi des arbustes*, car aucun de ceux que l'on cultive pour l'ornement des jardins ne le surpasse en beauté ni en importance.

La culture du Rosier remonte à la plus haute antiquité ; tous les auteurs anciens : Pline, Hippocrate, Virgile et bien d'autres en ont parlé. En Orient, les Grecs surtout, possédaient de nombreuses variétés, restées inconnues, et faisaient une grande consommation de roses, car elles étaient de toutes les fêtes et cérémonies ; les Romains et les Maures partagèrent cette même passion, et c'est sans doute à ces peuples qu'il faut remonter pour voir l'origine de certaines races, telles que les Rosiers de Damas, les Centfeuilles, Musqués, etc., qui nous sont les premiers venus d'Orient, du XIIe au XVIIe siècle. C'est, en effet, ceux-ci qu'on trouve les premiers cités dans les ouvrages horticoles les plus anciens publiés en France, notamment ceux d'Olivier de Serres, de la Quintinye, etc.

Jusqu'au commencement du XVIIe siècle, les varié-

tés des espèces précitées formèrent à peu près tout
le contingent des Rosiers de nos ancêtres, et la place
qu'ils occupaient alors était bien loin de celle qu'on
leur accorde de nos jours dans les jardins. Vers la
fin du XVIII° siècle et au commencement du XIX°, arri-
vèrent, grâce au progrès de la navigation, quelques
espèces importantes, notamment le *Rosa indica*, qui
apporta un élément excessivement important dans
l'amélioration du genre, par suite des croisements
qui se produisirent avec les espèces déjà existantes
et quelques-uns de nos plus beaux Rosiers indigènes.
C'est surtout à l'introduction des *Rosa indica* et *Canina Burboniana* (nom primitif), qu'on doit l'apparition des Hybrides-remontants. Puis, le commencement de notre siècle reçut, de zélés voyageurs, toute
une pléiade d'espèces, variétés ou formes orientales,
chinoises ou japonaises, qui vinrent donner l'essor
à la culture du Rosier et la mirent définitivement
dans la voie des améliorations qu'elle n'a jamais quit-
tée depuis.

Le Rosier n'a point totalement échappé aux folies
de la passion, qui ont été commises pour d'autres
fleurs, la Tulipe notamment. On peut citer comme
prix tout à fait exceptionnels, le *Noisette Desprez*,
que Sisley Vandael paya 3.000 francs, et le fameux
William Francis Bennett, qui fut vendu, lors de son
obtention en Amérique, pour la somme fabuleuse
de 5.000 dollars, soit 25.000 francs. Mais, alors que
les autres plantes, après avoir régné un jour, sont
sinon délaissées, du moins tombées dans la trivialité,
la popularité du Rosier ne souffre pas le moins du
monde de ces exagérations. Comme le serait quelque
chose d'incomparable, la rose a toujours été bien au-
dessus de l'humeur changeante de l'humanité. Mal-

gré les caprices de la mode, malgré les innombrables conquêtes de l'horticulture sur d'autres genres, les Orchidées même, devenues si populaires dans ces dernières années, la rose est encore, et restera sans doute toujours, la plus aimée et la plus recherchée de toutes les fleurs. N'a-t-elle pas tout pour elle : élégance de forme, richesse de coloris, suavité de parfum ? Depuis les temps les plus reculés, les poètes de tous les pays l'ont immortalisée, en la chantant sur tous les tons. Les Anglais l'ont adoptée comme fleur nationale. La reine des fleurs est l'emblème le plus pur de la virginité et de l'amour ; elle dit tout : jeunesse, grâce, beauté, innocence, etc. ; sa vue et son parfum consolent, font oublier, rêver, et, comme le dit le proverbe : vous font voir *tout en rose*.

En tant qu'emploi ornemental, le Rosier se prête à tous les caprices du jardinier qui sait choisir les variétés appropriées au but qu'il se propose et les traiter en conséquence. On en forme des massifs, des lignes, des sujets isolés, tantôt on le tient nain et en buisson, tantôt on l'élève sur tige, en lui donnant la forme d'un arbre en miniature ; beaucoup de variétés sarmenteuses sont éminemment propres à tapisser les murs, les treillages, les berceaux ; enfin, il se prête bien à la culture en pots, sinon d'une façon permanente, du moins pendant quelques années, ce qui permet d'en orner les terrasses, balcons, fenêtres, etc. ; et aussi de le rentrer en serre, pour l'y faire fleurir pendant l'hiver, ce à quoi il se prête volontiers.

La rose cueillie ne perd ni son rang ni ses qualités, elle s'épanouit et embaume l'air de son parfum, tout comme si elle adhérait encore à sa tige ; elle se conserve même plus longtemps fraîche en appartement qu'en plein air. Dire combien elle se prête facilement aux caprices du fleuriste, et les beaux bouquets ou gerbes qu'on en forme est chose inutile, car chacun le sait. Est-il un plus joli ornement du corsage ou de la boutonnière que la rose ?

Cette fleur idéale a eu sa vogue en médecine, les anciens lui attribuaient des propriétés aussi diverses que merveilleuses, que nous passerons sous silence, parce que la science moderne en a facilement eu raison. Néanmoins, l'eau de roses passe encore pour un excellent spécifique contre les maux d'yeux, et le miel rosat, qu'on emploie beaucoup en gargarismes, n'est autre que du miel dans lequel on a fait infuser des pétales de roses.

Si la rose n'est plus officinale de nos jours, elle n'en est pas moins restée une fleur éminemment économique, par l'essence et l'eau qu'on en extrait depuis des siècles. Ces produits, le premier surtout, sont beaucoup employés en parfumerie et forment l'objet d'un commerce excessivement important. C'est en Orient, notamment en Asie Mineure, en Turquie et surtout en Bulgarie, que la culture industrielle du Rosier est principalement pratiquée, et ce sont surtout des variétés de Rosiers de Provins et de Damas qu'on emploie. Ces variétés, à peu près inconnues dans nos cultures, couvrent cependant, là-bas, des surfaces immenses de terrains et embaument l'air d'un suave parfum. Cette importante industrie de l'essence de roses, d'abord localisée en France, aux environs de Grasse, où le vieux *Rosier de Damas* était seul cultivé pour cet usage, semble devoir prendre chez nous, et dans certaines de nos colonies, une plus grande extension. Les travaux de M. Gravereaux sur les procédés d'extraction de l'essence de roses, et l'obtention récente de variétés très parfumées, issues du *R. rugosa,* — notamment la variété « *Roseraie de L'Haÿ* » — semblent avoir démontré la possibilité de produire en France, avec bénéfice, l'essence de roses que nous consommons. Des plantations de ces nouveaux rosiers sont faites, et des essais d'extraction seront tentés sur de nombreux points de la France et de l'Algérie. L'avenir nous apprendra si, comme nous l'espérons, ces essais doivent être couronnés de succès.

Sur le magnifique versant méditerranéen, la « Riviera » des Anglais, de grandes quantités de Rosiers sont cultivés presque uniquement pour la production hivernale de ces belles et fraîches roses, des Thé surtout, que nous voyons partout dans nos villes du Nord, aux devantures et dans les salons, tandis que la neige tombe au dehors.

Les feuilles et les jeunes pousses du *R. rubiginosa* exhalent aussi, surtout lorsqu'on les froisse, une odeur très accentuée de pomme Reinette, qui lui a valu le nom de *Eglantier odorant.*

Le fruit est décoratif chez plusieurs espèces, à cause de son volume et de la vive coloration qu'il acquiert à la maturité ; celui du *R. villosa* var. *pomifera* est particulièrement gros, mais c'est surtout chez le *R. rugosa* qu'il est le plus remarquable, alors que l'arbuste est encore garni de son beau feuillage et continue à fleurir plus ou moins abondamment. Chez le *R. multiflora* (R. polyantha) type, ils sont, au contraire, très petits, pisiformes, mais extrêmement nombreux et formant des grappes très élégantes. Ceux du *R. rubiginosa,* du *R. ferruginea* et même du vulgaire *R. canina* et de plusieurs autres espèces spontanées partagent, quoique à un moindre degré, cette même qualité décorative.

Sans les épines [1], dont les tiges de certaines espèces sont fortement armées, la rose serait la plus parfaite des créations de la Nature. Mais pourquoi n'aurait-elle pas ses travers? Ces épines ont peut-être une double utilité; des physiologistes y voient un moyen pour la plante d'accrocher ses rameaux aux branches des arbres et d'arriver ainsi jusqu'à la lumière dont elle a besoin. Nous y voyons aussi la nécessité de manipuler ses fleurs et ses rameaux avec une certaine délicatesse, de crainte de se meurtrir les mains. Du reste, toutes les variétés ne sont pas uniformément épineuses, car il en existe, et de fort belles, qui sont inermes ou à peu près. Pour plaider la cause des Rosiers épineux, n'est-ce pas le cas de rappeler ce quatrain d'Alphonse Karr, plein de philosophie :

Par leurs meilleurs côtés sachons prendre les choses :
Vous vous plaignez de voir les Rosiers épineux,
Moi, je me réjouis et je rends grâce aux Dieux,
   Que les Epines aient des roses.

Après tout ce qui précède, on ne restera pas surpris que le Rosier soit de beaucoup le plus important de tous les arbustes d'ornement, et le commerce auquel il donne lieu atteint un chiffre excessivement élevé, mais à peu près impossible à évaluer. C'est sans doute par millions qu'il faudrait compter le nombre de pieds qu'il s'en consomme annuellement, car on cultive des Rosiers à peu près sur toute la surface du globe. La production de ces pieds, de même que la recherche de nouvelles variétés, fait l'objet d'une spécialité unique pour de nombreux établisse-

---

[1] Botaniquement parlant ce sont des aiguillons, car ce ne sont que des excroissances de l'écorce et non du tissu ligneux.

ments horticoles et fournit le pain quotidien à des milliers de personnes, non pas seulement chez nous, mais dans tous les pays où sa culture en plein air est possible.

Chez nous, la culture du Rosier comme ornement y est au moins autant, sinon plus générale qu'ailleurs, car il serait bien difficile de trouver un jardin ou même une simple habitation de campagne où il n'en existe pas quelques pieds. La France est une des nations qui ont le plus concouru à l'amélioration du genre et à la production de variétés remarquables, nous dirons même, sans vanité nationale ni rien vouloir exagérer, que presque toutes les plus belles sont nées sur notre sol. Paris, Lyon, la Brie, l'Orléanais, l'Anjou, etc., sont des centres très renommés pour la culture du Rosier.

De nombreux spécialistes parmi lesquels nous nommerons au hasard les Vibert, Desprez, Noisette, Laffay, Lévêque, Margottin, Verdier, Jamain, Cochet, de Paris ou des environs ; les Lacharme, Guillot, Liabaud, Ducher, Pernet, de Lyon et bien d'autres encore, se sont acquis une grande réputation par des gains d'élites, parfois très nombreux.

Maintenant, est-il un arbuste ou autre plante d'ornement qu'on puisse venir mettre en parallèle du Rosier ? Nous avions donc bien raison de dire, au début de ce chapitre, que le Rosier est le *Roi des arbustes* et la rose la *Reine des fleurs*.

DESCRIPTION ET CLASSIFICATION

CARACTÈRES BOTANIQUES DU GENRE Rosa

Les Rosiers (*Rosa*, TOURNF.) sont le type de la famille des Rosacées, dont ils constituent un des genres les plus importants. Plus de six cents espèces ont été proposées et plus de cent quatre-vingts sont considérées comme telles. Le nombre des formes intermédiaires est très élevé et les hybrides sont très fréquents. Enfin, les variétés horticoles se comptent aujourd'hui par milliers. A l'état spontané, les Rosiers habitent la plupart des régions tempérées et sub-alpines de l'hémisphère boréal. Leurs caractères généraux sont les suivants :

« *Tige.* — Ce sont des arbustes buissonnants, dressés ou étalés, ramifiés ou sarmenteux, grimpants ou dressés, drageonnants du pied, la plupart chargés d'aiguillons répandus sur la tige, les rameaux, le pétiole et les nervures foliaires, les pédoncules floraux. Ces aiguillons sont produits par le développement, exagéré en certains points, de la couche de liège qui se trouve sous l'épiderme. Cette dernière est soulevée par la masse subéreuse de l'aiguillon et le recouvre. Les aiguillons des Rosiers ressemblent donc, par leur mode de formation, aux lenticelles saillantes si fréquentes sur les organes axiles, mais le liège qui forme ces dernières détermine, par son développement, la rupture de l'épiderme. Tandis que les lenticelles servent à faciliter les échanges gazeux entre la plante et le milieu extérieur. Les aiguillons jouent surtout un rôle de défense contre les attaques des animaux ; chez certaines espèces grimpantes, les aiguillons sont peut-être aussi susceptibles d'aider la plante à accrocher ses rameaux aux plantes voisines. Les rameaux sont ligneux, persistants, cassants, à écorce verte ou rougeâtre, devenant toujours inerme avec l'âge, fendillée et grisâtre.

Certains Rosiers sont glabres, d'autres sont recouverts, sur tous leurs organes axiles et foliacés, sauf les pétales, de poils glanduleux, souvent riches en essence odorante.

Bourgeons. — La forme des bourgeons des Rosiers est utile à considérer pour l'horticulteur.

Leurs écailles protectrices les plus extérieures ont assez de ressemblance avec celles d'un poisson ; les écailles qui viennent immédiatement après n'en diffèrent guère encore ; les écailles plus internes (les plus extérieures dans le bourgeon épanoui), montrent, à leur sommet, une ébauche de foliole, tandis que leur base se dilate en une véritable gaine ; puis les feuilles se constituent progressivement, à mesure que l'on se rapproche du centre du bourgeon, en acquérant deux, puis quatre, puis six folioles, et des stipules de plus en plus développées. (Voy. fig. 2.)

Feuilles. — Les feuilles sont, dans ce genre, alternes, composées-pennées, terminées par une foliole impaire, à folioles le plus souvent dentées en scie.

Deux stipules membraneuses, larges, faisant corps avec le pétiole, forment une gaine incomplète, sur une étendue le plus souvent notable de sa longueur. (Voy. fig. 1.)

On a proposé de créer un genre : *Hulthemia*, Du- MORT., pour le *Rosa berberifolia*, PALL., espèce dont les feuilles sont très intéressantes à étudier. Pour les uns, elles sont réduites à une seule foliole, accom- pagnée à sa base et latéralement de deux stipules bien développées, mais transformées en piquants ; pour les autres, la feuille est simple et dépourvue de stipules. Cette dernière opinion est celle de M. Co- chet-Cochet, qui cultive la plante et a eu l'obligeance de nous en adresser des rameaux, en attirant notre attention sur ce point spécial.

Si on admet cette manière de voir, les caractères génériques de la feuille dans le genre *Rosa* doivent être modifiés, en ce qui concerne l'absence possible de stipules.

Nous hésitons pour notre part à trancher la ques- tion avant d'en avoir fait une étude organogénique et anatomique. Elle est du reste d'un intérêt exclu- sivement botanique.

Les feuilles des Rosiers sont généralement ca- duques, il n'y a que quelques types de ce genre qui conservent leurs feuilles fort avant dans la mauvaise saison.

Inflorescence. — L'inflorescence des Rosiers est, le plus souvent, décrite d'une façon défectueuse ou incomplète ; son mode de constitution intéresse cependant l'horticulteur. Chaque rameau florifère se termine par une fleur, c'est la fleur la première épa- nouie ; au-dessous d'elle, se trouvent des bractées

Fig. 1. — ROSA CANINA.
Rameau florifère et pétale détaché.

ou des feuilles, insérées dans l'ordre alterne, à l'aisselle desquelles on voit une fleur isolée ou un petit rameau florifère ramifié. L'inflorescence est une cyme simple ou plus ou moins composée. Dans le cas où les feuilles ou bractées fertiles sont fort rapprochées, leurs fleurs axillaires peuvent paraître groupées en faux corymbes. (Voy. fig. 1.)

Le pédoncule floral, d'abord cylindrique, se dilate supérieurement en une coupe, qui constitue le réceptacle. Le passage se fait d'une manière insensible entre ces organes, dans la plupart des espèces de *Rosa*, mais dans certaines espèces : *R. microphylla, bracteata, involucrata* et autres, une articulation très nette sépare le pédoncule et le réceptacle ; à ce niveau s'insèrent parfois des bractées formant un involucre ou correspondant plutôt aux pièces qui forment le calicule dans la fleur d'autres Rosacées : les Fraisiers, par exemple.

Fleur. — Les fleurs des Rosiers sont régulières et hermaphrodites, complètes, à réceptacle en forme de gourde ou de bourse, à ouverture étroite et à goulot rétréci. Cette bourse réceptaculaire est souvent, et bien à tort, décrite comme une portion du calice adhérente aux verticilles internes de la fleur. Cette description inexacte a pour moindre défaut de rendre la constitution de la fleur presque inintelligible.

La surface extérieure du réceptacle est glabre ou parfois chargée de poils ou d'aiguillons. Il porte sur ses bords le périanthe et l'androcée, et supporte sur son fond les carpelles. (Voy. fig. 3 et 5.)

Chaque verticille du périanthe est formé, en général, de cinq pièces (*Rhodophora*, Neck.), parfois de six, rarement de quatre. Ce dernier cas s'observe

Fig. 2. — Jeune pousse (bourgeon) de Rosier, récemment développée.

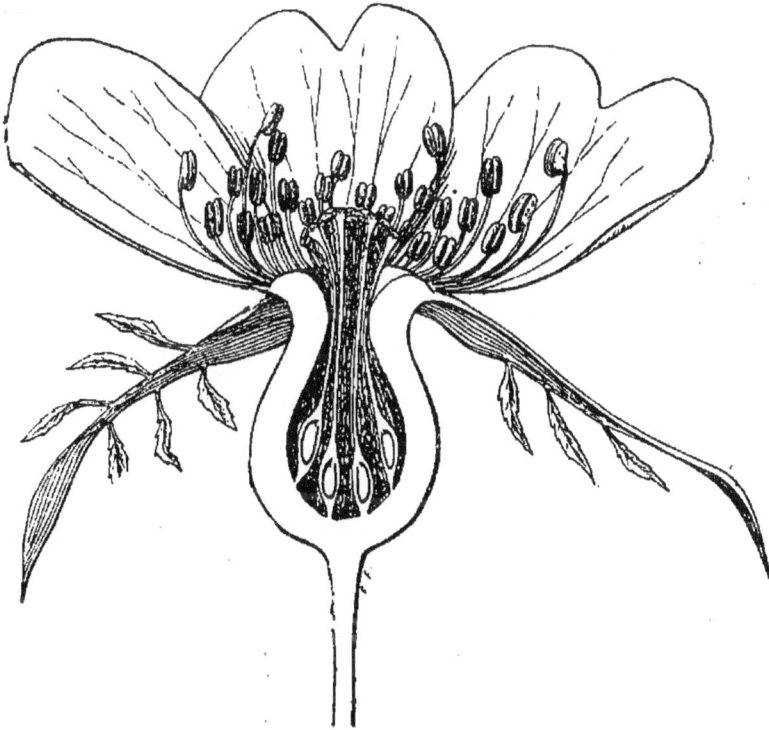

Fig. 3. — ROSA CANINA
Fleur coupée longitudinalement.

chez le *Rosa sericea*, LINDL. On a proposé le sous-
genre *Rhodopsis*, ENDL., pour les types à périanthe
ainsi constitué.

Le calice se compose de cinq sépales. libres, affectant, dans le bouton, la préfloraison quinconciale.
Ces sépales offrent une analogie frappante avec les
feuilles, ce sont de simples feuilles modifiées ; leurs
bords enveloppants sont découpés, parfois pinnatifides ou pinnatisséqués ; leurs bords enveloppés, au
contraire, sont plus entiers, d'une couleur verte
moins accentuée. Chaque sépale représente donc
une véritable feuille florale, dont la base, pétiole
dilaté et stipules, serait surtout développée.

Si nous examinons, par exemple, les sépales d'une
Rose à cent feuilles, nous voyons les deux extérieurs
(recouvrants) rappeler beaucoup la structure de la
feuille par leur pétiole élargi, portant sur ses côtés
deux stipules ; le sépale mi-externe — mi-interne,
mi-partie recouvert — mi-partie recouvrant, ne porte
qu'une stipule sur son côté recouvrant ; enfin les
deux sépales recouverts dans le bouton sont privés
de stipules. (Voy. fig. 4, 7 et 8.) La transition est
donc insensible entre les feuilles proprement dites et
les sépales.

Les pétales, en même nombre que les sépales[1],
alternent avec ces derniers ; ils sont munis d'un onglet court, et s'imbriquent dans le bouton. La face
interne du réceptacle est tapissée d'un tissu glanduleux, qui se termine par un épaississement circulaire,
un peu au-dessous de l'insertion du périanthe, sur
les bords de la bourse réceptaculaire. C'est autour

---

[1] Chez les espèces sauvages, bien entendu, et non chez les
variétés horticoles.

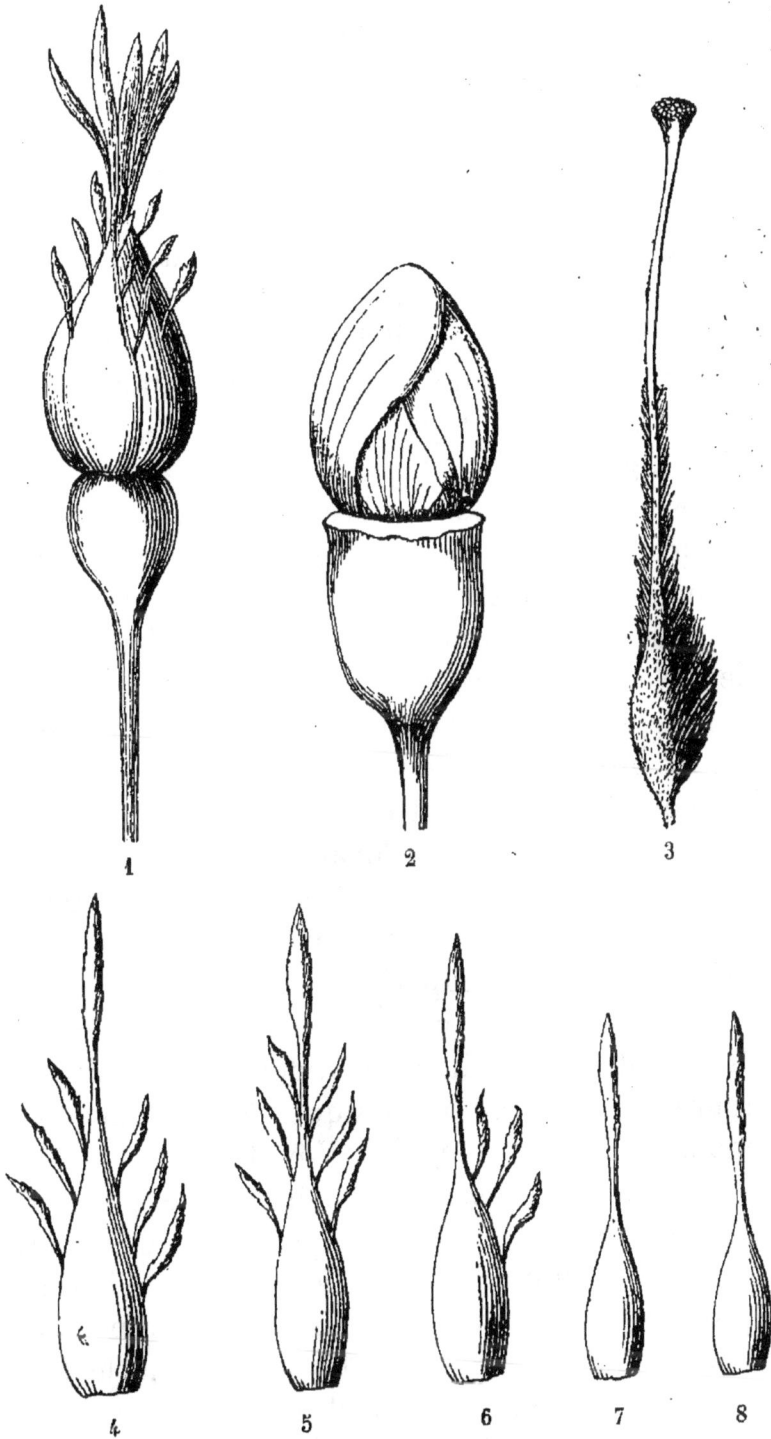

Fig. 4. — Rosa canina

1. bouton entier ; 2. bouton, le calice détaché ; 3. un ovaire isolé ; 4, 5, 6,
7, 8, sépales isolés (face externe) dans leur ordre d'insertion.

de cet épaississement circulaire, dit : *disque*, que s'insèrent les étamines, fort nombreuses.

L'étude du développement de l'androcée montre que les verticilles (à pièces alternantes avec celles du verticille précédent) se produisent, en allant des bords du réceptacle vers sa profondeur. Chaque étamine est formée d'un filet grêle, courbé ou sinueux dans le bouton, et d'une anthère biloculaire, introrse, versatile, s'ouvrant par deux fentes longitudinales. (Voy. fig. 5, 5-6.)

Les carpelles, en nombre indéfini, indépendants, forment chacun un ovaire sessile ou muni d'un pied, surmonté d'un style qui se termine par une tête stigmatifère plus ou moins renflée. L'angle interne de l'ovaire est parcouru par un sillon longitudinal, qui se prolonge sur le style. Les styles restent écartés les uns des autres dans leur portion terminale, ou s'accolent tardivement en une colonne unique.

A l'angle interne de l'ovaire se trouve un placenta longitudinal, pariétal, qui porte à sa partie supérieure deux ovules descendants, anatropes, à micropyle extérieur et supérieur, à raphé tourné vers le placenta. L'un de ces ovules avorte dès son jeune âge, l'autre poursuit seul son développement, et s'entoure d'une enveloppe unique, à ouverture plus ou moins oblique et inégale. (Voy. fig. 5, 4.)

La paroi des ovaires est hérissée de poils, qui se retrouvent sur la face interne du réceptacle, en nombre d'autant plus considérable que l'on se rapproche du fond. Ces poils simples, terminés par une longue pointe, deviennent rigides dans le fruit, en épaississant leur paroi, et sont alors capables de s'implanter dans la peau ou les muqueuses, et de les irriter fortement (poils à gratter). (Voy. fig. 5, 1 à 4.)

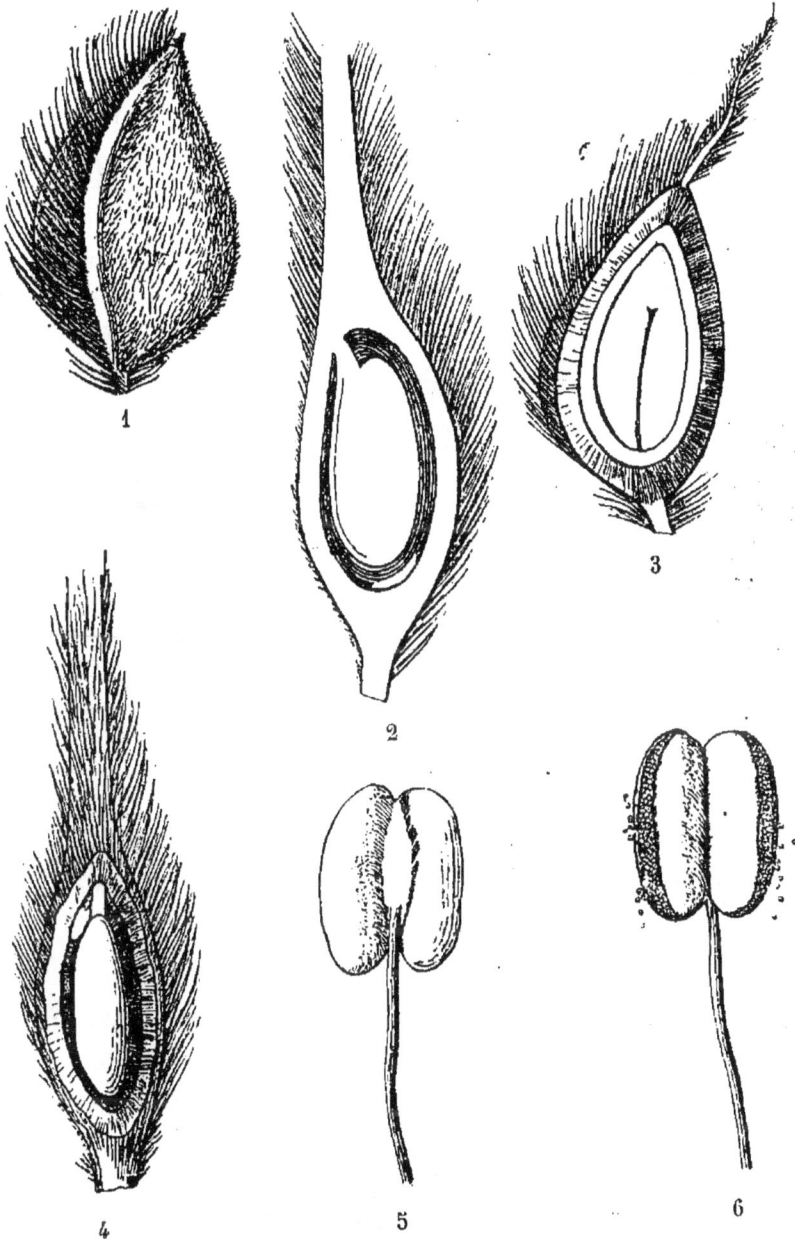

Fig. 5. — ROSA CANINA.

1, fruit (achaine) mûr, isolé ; 2, fruit (achaine) mûr, isolé et coupé longitudinalement ; 3, ovaire isolé, coupé longitudinalement ; 4, ovaire isolé, à paroi externe enlevée, pour montrer l'ovule ; 5, étamine vue par la face externe ; 6, étamine vue par la face interne.

Fruit. — Dans le fruit (Voy. fig. 6), le réceptacle floral devient charnu, et reste surmonté des sépales desséchés ou tout au moins de leurs cicatrices. Le fruit est dit induvié du réceptacle; dans certains types, par exemple, dans certaines formes de *Rosa alpina*, le sommet du pédoncule floral devient rouge et succulent comme le réceptacle. C'est ce réceptacle induvié qui constitue le *Gynorrhodon* des pharmacies, rarement employé de nos jours en médecine, utilisé

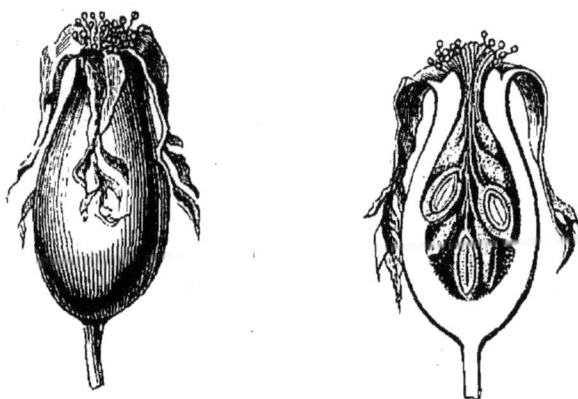

Fig. 6. — ROSA CANINA

Fruit portant à son sommet les
restes du calice et de l'androcée.

Coupe longitudinale du
même.

souvent dans l'économie domestique pour son odeur de Rose et sa saveur sucrée. La surface extérieure de ce réceptacle est glabre, ou bien on voit s'accroître les poils et aiguillons qu'elle portait déjà dans la fleur, la surface interne est également poilue.

Le fruit, multiple, est formé d'achaines à surface glabre ou couverte en partie de poils, surtout sur les deux bords : interne et externe, saillants. Parfois, le bord opposé à l'insertion du style porte seul des poils. Dans la plupart des espèces, la paroi de l'achaine est dure et épaisse, mais, dans plusieurs, le mésocarpe reste charnu, le fruit est alors une véritable drupe. Chaque achaine renferme une graine unique, à téguments membraneux, son albumen à embryon charnu, formé d'une radicule supère et de deux cotylédons allongés, appliqués l'un contre l'autre par leur surface interne, plane. (Voy. fig. 5, 1-2).

Variations tératologiques. — Les Rosiers présentent, dans les variétés cultivées, un certain nombre de monstruosités, dont l'intérêt pour l'horticulteur est considérable.

Les Roses dites semi-doubles, doubles ou pleines, sont des roses ayant subi le phénomène de la *duplicature.* Dans ces fleurs, tout ou partie des étamines est transformé en pièces pétaloïdes. Lorsque cette transformation s'étend à toutes les pièces de l'androcée, la fleur reste stérile, à moins qu'elle ne soit fécondée par le pollen d'une fleur à androcée normal. Dans ces fleurs à androcée pétaloïde, le gynécée reste, en effet, le plus souvent normal.

Certains individus du *Rosa chinensis* ont présenté, dans les cultures, une tendance au verdissement de leurs pièces florales, et à leur métamorphose en appendices rappelant plus ou moins les feuilles (*chloranthie*). C'est là l'origine de la fameuse *Rose verte,* si recherchée à son apparition, presque complètement disparue aujourd'hui des jardins. Le lecteur, qu'intéresseraient les modification de forme subies par les pièces florales, dans ce cas de chlorantie, devra se reporter aux figures détaillées données par Celakovsky. (*Beitr. zur morpholog. Deutung des Staubgefässes, Pringsheim's Jahrb. f. Wiss. Bot.,* s. 124, 1878). De l'avis de M. Cochet, la Rose verte se rapporte plus tôt à un *Rosa semperflorens*, qu'à un *Rosa chinensis* proprement dit.

On voit de temps à autre, et on a souvent figuré des Roses monstrueuses, qui ont captivé l'attention. Dans ces Roses, dites *prolifères*, le réceptacle a repris la forme d'un axe ordinaire, se prolongeant, au-dessus des verticilles floraux, en un axe florifère, simple ou ramifié, ou parfois en un véritable rameau feuillé. On peut s'expliquer ce fait, d'une manière satisfaisante, en admettant, comme nous l'avons fait, que le réceptacle, organe de nature axile, recouvre, sous des influences difficiles à prévoir, la forme normale des axes feuillés ou florifères. » (F. HEIM.)

CLASSIFICATION

Comme dans tous les genres de plantes où les espèces abondent, le besoin d'un groupement méthodique s'est toujours fait sentir pour les Rosiers. La plupart des écrivains, botanistes et horticulteurs qui se sont occupés des Roses, ou qui ont écrit sur les Rosiers, les ont classés de leur mieux et presque chacun à sa guise, faute de mieux, s'approchant plus ou moins de la véritable affinité des espèces entre elles. L'amateur de roses est aujourd'hui mieux armé à ce sujet qu'autrefois, car plusieurs classifications, relativement récentes et dues à d'éminents observateurs, sont à leur disposition. Ce sont: 1° celle de M. Baker, de l'herbier de Kew, parue en 1885, dans le *Gardeners' Chronicle* (part. II, p 199) ; 2° celle de M. Crépin, directeur du jardin botanique de Bruxelles et rhodologue bien connu, insérée d'abord en 1889, dans le *Journal of the Royal Horticultural Society*, puis légèrement modifiée et publiée en 1891, dans le *Journal des Roses;* enfin, une nouvelle classification simplifiée, que M. Baker a fait paraître en 1905, et qui est destinée à remplacer sa première classification.

Pour tout ce qui a trait à la nomenclature des Rosiers botaniques et horticoles, leurs caractères, origine, classification, etc., nous ne saurions trop engager les lecteurs à consulter les publications de M. J. Gravereaux : *Les Roses cultivées à L'Haÿ, en* 1902. — *Manuel pour la description des Rosiers* (1906). — *La Rose dans les sciences, les lettres et les arts* (1906), ouvrages dans lesquels on trouvera des renseignements précis et beaucoup plus complets que nous ne pouvons les donner ici.

Nous continuerons, dans cette présente édition, à suivre la classification de M. Crépin, pour le groupement et l'ordre de description des espèces qui vont suivre, empruntant à l'auteur les points les plus caractéristiques des quinze classes qu'il a formées et quelques indications que l'on chercherait vainement ailleurs.

Nous croyons, toutefois, devoir donner, en outre du tableau dichotomique pour la détermination des sections, inséré ci-après, la clef analytique de la nouvelle classification de M. Baker, pour les services qu'elle peut rendre par suite de sa grande simplicité. Il est parfois utile de posséder plusieurs classifications ; elles offrent, d'ailleurs, un précieux moyen de contrôle en cas d'incertitude.

Pour ne point sortir du cadre essentiellement horticole de notre travail, nous nous contenterons de citer simplement les espèces qui n'intéressent que la botanique pure, ne voulant décrire ici que celles qui, par le rôle qu'elles ont joué comme parent ou par la beauté de leurs fleurs, sous la forme typique ou quelque autre particularité, présentent un intérêt quelconque pour l'horticulture et les collections d'amateurs. Pour les descriptions de ces espèces simplement citées, le lecteur pourra se reporter au *Dictionnaire pratique d'Horticulture et de Jardinage*, où il trouvera, en outre, des indications complémentaires sur toutes les espèces.

La nomenclature des Rosiers est relativement embrouillée par suite des six ou huit cents noms qui ont été proposés pour les différentes espèces ; chacune d'elles possédant parfois plusieurs synonymes. Parmi ces noms, il est d'usage d'accorder la préférence au plus ancien, quand il n'implique pas une idée fausse ou ne prête pas à confusion d'une façon quelconque. C'est ce qu'a fait M. Crépin dans son intéressant et utile travail. Des divers synonymes, nous ne citerons aussi que ceux utiles à connaître, à cause de la fréquence de leur emploi dans les cultures ou de leur signification.

CLEF ANALYTIQUE DES SECTIONS

CLASSIFICATION DE M. BAKER

Cette classification est basée sur les caractères que fournissent à la fois les aiguillons, les feuilles et leurs stipules, les styles et les fruits.

(Les chiffres placés entre parenthèses, après les noms des sections, indiquent le nombre des espèces primaires qu'elles renferment).

Feuilles simples, dépourvues de stipules.   I. Simplicifoliæ (1).

Feuilles composées, pourvues de stipules ;

Styles soudés en une colonne saillante au-dessus du disque.	II. Systylæ (*10*).
Styles libres, peu saillants.	
Stipules libres, caduques.	III. Banksiæ (*3*).
Stipules soudées aux pétioles :	
diacanthées. — Aiguillons souvent réunis par paires sous les feuilles.	
Fruits à villosité persistante.	
Bractées fasciculées et profondément incisées.	IV. Bracteatæ (*2*).
Fruits glabres.	
Fruits verts, à peau épaisse.	V. Microphyllæ (*1*).
Fruits rouges, à peau mince.	VI. Cinnamomæ (*21*).
hétéracanthées. — Aiguillons épars et très inégaux.	
Grands aiguillons longs, grêles et droits.	VII. Spinosissimæ (*8*).
Grands aiguillons forts et crochus.	VIII. Gallicanæ (*2*).
homoacanthées. — Aiguillons épars et uniformes.	
Feuilles glabres ou légèrement velues.	IX. Caninæ (*8*).
Feuilles très velues.	X. Villosæ (*5*).
Feuilles très glanduleuses en dessous.	XI. Rubiginosæ (*8*).

TABLEAU DICHOTOMIQUE POUR LA DÉTERMINATION DES SECTIONS

CLASSIFICATION DE M. CRÉPIN

Dans le but de venir en aide aux personnes peu familières avec les espèces du genre *Rosa*, nous avons établi — d'après la méthode dichotomique, si commode et d'un usage courant dans les flores populaires, — le tableau suivant, qui, en se reportant aux numéros de renvoi de la question à laquelle répond la plante à déterminer, permettra assez facilement de trouver dans quelle section elle doit être rangée.

Styles *agglutinés* en une colonne saillante, égalant à peu
près les étamines intérieures 1
Styles *libres, saillants* et égalant environ la moitié de la
longueur des étamines intérieures 2
Styles *libres, inclus.* 3

1. Inflorescence multiflore, tiges sarmenteuses . *Synstylæ.*
Inflorescence pauciflore, tiges à peine sarmenteuses . . . . *Stylosæ.*

2. Fleurs à cinq sépales et pétales ou plus ; inflorescence
pluriflore ; aiguillons alternes . . . . . *Indicæ.*
Fleurs à quatre sépales et pétales ; inflorescence uniflore, aiguillons géminés sous les feuilles . *Sericeæ.*

3. Feuilles à une seule foliole, sans stipules *Simplicifol.*
Feuilles à trois folioles luisantes . . . . *Lævigatæ.*
Feuilles moyennes, à plus de trois folioles . . . 4

4. Feuilles à onze-quinze folioles ; aiguillons géminés
. . . . *Microphyllæ.*
Feuilles à cinq-neuf folioles 5

5. Sépales étalés ou légèrement ascendants après l'anthèse ;
tiges dressées ; aiguillons géminés. . . *Carolinæ.*
Sépales réfléchis après l'anthèse. 6
Sépales redressés après l'anthèse 9

6. Tiges sarmenteuses ; inflorescence en fausse ombelle ;
stipules libres, promptement caduques. . *Banksiæ.*
Tiges dressées, inflorescence uniflore ; stipules persistantes 7

7. Inflorescence uniflore ; aiguillons entremêlés d'acicules
et de glandes. . . . . *Gallicæ.*
Inflorescence pluriflore ; pas d'acidules ni de glandes. 8

8. Stipules soudées, denticulées ; aiguillons alternes
. . . . *Caninæ.*
Stipules presque libres, pectinées ; aiguillons géminés.
. . . . *Bracteatæ.*

9. Inflorescence uniflore, dépourvue de bractées ; aiguillons alternes 10
Inflorescence pluriflore, pourvue de bractées ; aiguillons
géminés. . . . . *Cinnamomæ.*

10. Feuilles moyennes, à sept folioles très petites et incisées.
. . . . *Minutifoliæ.*
Feuilles moyennes, à cinq-neuf folioles 11

11. Réceptacle présentant à l'orifice une épaisse collerette de
poils, fleurs jaunes ; stipules peu dilatées, à oreillettes peu divergentes. . . . . . . *Luteæ.*
Réceptacle nu ; fleurs roses ou rouges (sauf *R. xanthina*) ;
stipules étroites, à oreillettes brusquement dilatées et
très divergentes. . . . . . . *Pimpinellifoliæ.*

Section I. -- **Synstylæ.**

Styles agglutinés en une colonne grêle et égalant environ les étamines intérieures ; *sépales* réfléchis après l'anthèse et caducs avant la maturité : *inflo-*

Fig. 7. — Rosa multiflora, flore-pleno.

rescence souvent multiflore ; *stipules* soudées ou rarement libres ; *feuilles* à trois-sept ou rarement neuf folioles ; *tiges* sarmenteuses ; *aiguillons* alternes, crochus ou arqués, très rarement géminés.

Rosa multiflora, Thunb. Syn. *R. polyantha,* Sieb. et Zucc. [1]. Rosier multiflore, R. polyantha. — *Ra-*

---

[1] Le *Rosa polyantha,* Hort., employé comme sujet pour la

meaux sarmenteux, allongés, flexibles, lisses, de 3 à 4 mètres de haut, à aiguillons fins, crochus et épars, quelquefois géminés. *Feuilles* à cinq-sept folioles ovales-lancéolées, molles, un peu ridées, à *stipules très profondément pectinées*. *Fleurs* petites, blanches, roses ou rouges, réunies en corymbes multiflores, à sépales courts, ovales et caducs. Fleurit en juin-juillet. *Fruit* turbiné (ovoïde ou rond dans le *R. polyantha*), petit, rouge clair, glabre ou hérissé. Habite la Chine et le Japon. Introduit en France en 1820. — Espèce un peu frileuse, ayant produit plusieurs variétés propres à tapisser les murs et se faisant principalement en franc de pied.

R. anemonæflora, Fortune. ROSIER A FLEURS D'ANÉMONE. — *Rameaux* sarmenteux, verts et lisses. *Feuilles* à folioles petites, ovales-lancéolées, bordées de dents arquées. *Fleurs* blanches, petites, doubles, régulières, rappelant certaines anémones, nombreuses et réunies en corymbes ; calice très glabre. Introduit de la Chine vers 1850.

R. Wichuraiana, Crép. — Arbuste très distinct par ses longs *rameaux* couchés sur terre, où ils s'enracinent fréquemment, armés de petits aiguillons géminés, et portant des *feuilles* à cinq-sept folioles petites, arrondies, dentées, épaisses, luisantes et presque persistantes ; pétioles portant quelques

greffe, nous semble un peu différent par *ses fruits* du *Rosa multiflora*, Thunb.

Les *Rosa polyantha nains remontants*, Hort., forment, au point de vue horticole, une section absolument distincte, comme faciès général et floraison continuelle, des *Rosa multiflora*, proprement dits.

glandes et accompagnés de stipules fimbriées. *Fleurs* blanches, larges de 2 à 3 centimètres, en corymbes multiflores ; sépales très velus en dedans ; les externes appendiculés, pétales cinq-huit, rétus au sommet. *Fruits* petits, ovoïdes, lisses et purpurins. Habite la Chine et le Japon. Introduit vers 1890. — Par son port longuement traînant, ce Rosier convient parti-

Fig. 8. — Rosa Wichuraiana.

culièrement à l'ornement des talus et des rocailles. Robuste et de multiplication très facile, il s'est rapidement répandu dans les cultures où, croisé avec diverses espèces et variétés, il a produit plusieurs hybrides qui constituent déjà une série pleine de promesses et dont il sera fait mention plus loin parmi les choix de variétés horticoles. — Le *Rosa Luciæ*, Franch. et Roch., avec lequel on l'avait primitivement confondu, en est distinct ; il est rare dans les collections.

R. setigera, Michx. Syn. *R. rubifolia*, R. Br. Rosier a feuilles de Ronce, Rosier des prairies. —

Rameaux sarmenteux, de 2 à 4 mètres de long, lisses et vert clair, portant quelques aiguillons épars

Fig. 9. — Rosa setigera.

et presque droits. *Feuilles* à trois-cinq folioles ovales, aiguës, dentées, vert clair et généralement duve-teuses en dessous. *Fleurs* petites, rose foncé, réunies par trois à dix en corymbes, à calice glanduleux, ainsi que les pédoncules. Fleurit en juillet. *Fruits* globuleux, lisses et de la grosseur d'un pois. Est de l'Amérique du Nord. — Il en existe quelques variétés employées comme Rosiers grimpants.

R. moschata. Herrm. Rosier musqué. — Arbuste

Fig. 10. — Rosa moschata.

ou arbrisseau vigoureux, à rameaux forts, droits et purpurins vers le sommet, portant de nombreux et forts aiguillons de même teinte et crochus. *Feuilles* à cinq-neuf folioles ovales ou lancéolées, aiguës, finement dentées, vert luisant en dessus et pulvérulentes en dessous. *Fleurs* blanches, grandes, disposées en corymbes multiflores et exhalant une odeur prononcée et musquée ; pédoncules pubescents. Fleurit en juin-juillet. *Fruits* petits, globuleux et rouge-brun. Habite les Indes, la Perse et l'Abyssinie, et, à l'état sub-spontané, les bords de la Méditerranée, où on le rencontre parfois à fleurs semi-doubles. Introduit vers 1590. — Il en existe quelques variétés dans les jardins, notamment une à fleurs blanches, grandes et extrêmement abondantes.

Le *R. Brunonii*, Lindl., considéré comme synonyme par certains auteurs, en est une forme à peine distincte par sa villosité.

R. sempervirons, Linn. ROSIER TOUJOURS VERT. — *Rameaux* grêles, allongés et ramifiés, à écorce vert clair lavé de rouge, portant des aiguillons assez nombreux, grêles, un peu crochus et comprimés. *Feuilles* persistantes ou presque persistantes, à sept folioles ovales-lancéolées, simplement dentées, vertes et luisantes, glabres sur les deux faces. *Fleurs* blanches, odorantes, petites, mais très nombreuses, disposées en corymbes à pédoncules hispides et glanduleux. Fleurit de juin en août. *Fruits* petits, ovoïdes, orangés et hispides-glanduleux ou nus. Habite l'Europe, notamment le midi de la France, l'Espagne et le nord de l'Afrique. — Il en existe des variétés horticoles très décoratives : *Félicité-Perpétue*, par exemple.

R. arvensis, Huds. Syn. *R. repens*, Scop. ROSIER OU ÉGLANTIER DES CHAMPS. — *Rameaux* grêles, allongés, rampants, rouge violacé, glauques, portant des aiguillons épars, forts, souvent crochus. *Feuilles* presque persistantes, à cinq-sept folioles vert violacé, glauques en dessous et complètement glabres. *Fleurs* blanches, à centre jaunâtre, inodores ou peu odorantes, réunies par deux à dix, rarement solitaires ; calice à sépales courts, larges, nus et caducs. Fleurit en juin-juillet. *Fruits*, sub-globuleux, brun cramoisi, lisses. Habite l'Europe ; commun en France, dans les champs et sur le bord des bois. — Cette espèce a donné naissance, soit seule, soit avec une autre, aux Rosiers d'Ayrshire (var. *capreolata*, Neill), dont les fleurs sont doubles, de diverses nuances de rouge ou blanches. Leurs rameaux très longs, éminemment sarmenteux, les rendent propres à garnir les treillages et les berceaux. Cette race porte le nom du *Comté anglais* où l'on croit qu'elle a été trouvée vers 1768.

Les autres espèces botaniques appartenant à cette section sont : *R. microcarpa*, Lindl. ; *R. Colletti*, Crép. ; *R. tunquinensis*, Crép. ; *R. phœnicea*, Boiss. ; presque toutes existent dans les jardins, mais seulement dans les collections scientifiques. Le *Rosa Watsoniana*, Crépin (1887), est peut-être, par ses feuilles à trois folioles très étroites, la plante la plus curieuse de la section, mais ses fleurs sont blanches, très petites, paniculées et sans aucun effet décoratif. Nous doutons toutefois qu'il faille accorder à cette plante la distinction spécifique. Nous sommes plutôt tentés de voir dans le *R. Watsoniana* une forme bizarre, d'origine horticole, du *R. anemonæflora*, Fortune.

Section II. — **Stylosæ**.

Styles agglutinés, un peu saillants en une colonne grêle, plus courte que les étamines intérieures ; *sépales* réfléchis après l'anthèse, caducs, les extérieurs appendiculés ; bractées étroites ou peu dilatées ; *stipules* adnées ; *feuilles* à sept folioles ; *tiges* légèrement sarmenteuses ; *aiguillons* crochus et alternes.

Cette section ne comprend qu'une seule espèce, le *R. stylosa*, Desv., dépourvu d'intérêt horticole.

Section III. — **Indicæ**.

Styles libres, égalant environ la moitié de la longueur des étamines internes ; *sépales* réfléchis après l'anthèse ; *inflorescence* pluriflore ; *feuilles* à cinq-sept folioles ; *tiges* plus ou moins sarmenteuses ; *aiguillons* crochus et alternes.

Avant de donner la description botanique des différentes *formes spécifiques* ou *non* qui composent la section, il est peut-être utile d'ouvrir ici une parenthèse.

La confusion la plus grande règne dans cette section, par le fait, d'abord de l'introduction en Europe, comme espèces distinctes, de simples variétés du *Rosa indica*, Lindl., ensuite, à cause des nombreuses hybridations et métissages dont ces diverses races furent l'objet en Europe, et enfin parce qu'il n'est pas certain que les plantes introduites n'aient pas été, dans leur pays d'origine, l'objet de transformations préalables du fait de l'homme.

Espèces ou variétés, voici les formes qui ont été

introduites et qui se différencient les unes des autres, au moins par des caractères secondaires :

R. indica fragrans, Red. Syn. *R. indica odoratis-sima*, Lindl. ROSIER A ODEUR DE THÉ, vulgairement ROSIER THÉ[1]. — Rameaux ordinairement courts et peu nombreux, glabres et lisses, sans soies ni glandes, parsemés d'un très petit nombre d'aiguillons rouges, crochus, épars, à base comprimée. *Feuilles* distantes, à trois ou plus souvent cinq folioles, dont l'impaire est la plus grande et celles de la paire inférieure les plus petites. *Pétiole* parsemé de glandes rouges, ordinairement pédicellées, armé en dessous d'aiguillons crochus. *Stipules* étroites, subulées, frangées, ciliées de glandes. *Folioles* distantes, glabres, elliptiques ou oblongues, aiguës ou acuminées, lisses et luisantes en dessus, pâles et souvent un peu glauques en dessous ; la nervure moyenne est seule très saillante ; *serrature* simple, aiguë, peu profonde, convergente, inclinée, sans glandes ni pubescence. *Pédoncule* gros, glabre ou parsemé de quelques petites glandes, épais et comme articulé au sommet du rameau qui semble être plus mince que lui. *Bractées* lancéolées ou linéaires, subulées, ciliées-glanduleuses, ordinairement caduques. *Ovaire*[2] glabre et glauque, dilaté, à base ventrue et brusquement élargie au sommet du pédoncule. *Sépales* réfléchis avant l'épanouissement, la plupart se redressant plus ou moins ensuite, ordinairement glabres, à bords cotonneux et glanduleux, simples ou accompagnés à leur base de quelques petits appendices ; ils tombent avant la maturité du

---

[1] Catalogue descriptif de Prévost fils, à Rouen, 1829.
[2] Par ovaire, il faut entendre ici le réceptacle.

fruit. *Fleur* très odorante, ordinairement inclinée, moyenne ou grande, simple, multiple ou pleine. *Styles* 15 à 100, libres. *Fruits* larges, déprimés. Fleurit depuis la fin de l'hiver jusqu'au retour du froid.

Cette plante, originaire de Chine, *fut introduite sous deux formes peu distinctes*, en 1809 et 1824. La seconde introduction était à fleurs jaunâtres. C'est d'elle que sont sorties toutes ces superbes variétés horticoles, si délicieuses de couleur, si florifères, si odorantes et qu'on nomme vulgairement *Roses-thé*.

Cette plante est une des plus importantes du genre, tant par la diversité de ses formes que par sa floraison pour ainsi dire perpétuelle, mais surtout par les diverses et magnifiques races auxquelles elle a donné naissance, par croisement avec certaines de nos espèces indigènes.

Les botanistes l'ont souvent confondue avec le *R. semperflorens*, dont elle diffère par son facies général et différents caractères.

R. semperflorens, Lindl. Syns. *R. diversifolia*, Vént. ; *R. bengalensis*, Pers. ROSIER DU BENGALE. — Nous empruntons encore cette description et la suivante à l'intéressant catalogue de Prévost, car elles émanent d'un homme qui a vu et cultivé ces trois races, et qui a su les différencier. Nous espérons qu'elles atténueront un peu la confusion qui existe dans la distinction des races de cette section, confusion qui menace de devenir d'autant plus grande que les variétés intermédiaires seront plus nombreuses.

Rameaux lisses, sans pubescence, et ordinairement sans soies ni glandes, armés d'aiguillons rouges, peu nombreux, épars, droits ou crochus ; les plus grands comprimés et larges à leur base. *Feuilles* dis-

tantes, à trois-cinq folioles, souvent rougeâtres ou
pourprées dans leur jeunesse. *Pétiole* sans pubescence, parsemé de glandes, armé en dessous d'aiguillons crochus. *Stipules* étroites, subulées, à bord
ciliés-glanduleux. *Folioles* distantes, glabres, elliptiques ou oblongues, quelquefois ovales, aiguës ou

Fig. 11. — Rosa semperflorens, flore-pleno.
Rosier du Bengale.

acuminées, lisses et luisantes en dessus ; pâles et un
peu glauques en dessous ; l'impaire est la plus grande ;
les plus petites composent la paire inférieure ; *serra-*
ture ordinairement simple, aiguë, rarement profonde,
inclinée et convergente lorsque les folioles sont
planes, divergente lorsqu'elles sont ondulées. *Pédon-*
cules glanduleux ou glabres, sans pubescence, articulés au sommet des rameaux, quelquefois solitaires,

plus souvent réunis par deux à huit, même en corymbes multiflores. *Ovaire* ob-conique, turbiné,
ovale-pyriforme, glabre et glauque ou glanduleux,
toujours impubescent. *Sépales* réfléchis après l'épanouissement, se redressant plus ou moins ensuite et
caducs avant la maturité du fruit ; glabres ou glanduleux, simples ou accompagnés de quelques petits
appendices. Leur extrémité est tantôt nue, tantôt
terminée par une pointe subulée, quelquefois par une
foliole étroite. *Fleur* moyenne, plus rarement petite
ou grande, ordinairement droite et presque inodore ;
disque convexe. *Styles* vingt à soixante-quinze, libres,
ordinairement droits, filiformes et saillants. *Fruit* de
forme variable, comme l'ovaire. On en voit fréquemment sur le même individu qui sont, les uns globuleux, les autres ovales, quelques-uns enfin pyriformes.
Je n'en ai encore point vu qui soient DÉPRIMÉS, comme
ceux des variétés de l'espèce précédente.

Cette plante fut introduite de Chine en 1789. Sa
floraison est continuelle; il en existe plusieurs variétés cultivées.

R. semperflorens minima, Sims. Syns. *R. indica
Lawrenceana*, Red. et Thor.; *R. indica minima*,
Curt. ; *R. Lawrenceana*, Sweet. — ROSIER DE MISS
LAWRENCE, R. BENGALE POMPON, R. POMPON, R. BIJOU.
— *Rameaux* grêles, verts, glabres, garnis d'aiguillons acétiformes, ne dépassant guère 20 cent. *Feuilles*
à folioles ovales, obtuses, pourpres en dessous. *Fleurs*
roses ou rouges, petites, inodores, à pétales obovales,
acuminés. Charmante petite plante, introduite de la
Chine vers 1820, et dont il existe plusieurs variétés
beaucoup cultivées en petits pots pour l'ornement
des fenêtres.

R. chinensis, Jacq. Syn. *R. sinensis*, Pronville.

ROSIER DE LA CHINE, BENGALE POURPRE. — *Arbuste* faible et de petite dimension. *Rameaux* grêles, souvent étalés, pourprés dans leur jeunesse, sans pubescence, ordinairement sans soies ni glandes, quelquefois glanduleux. *Aiguillons* ordinairement rares, épars, presque toujours crochus. *Feuilles* distantes, à trois-cinq folioles. *Pétiole* glabre ou glanduleux, armé d'aiguillons crochus. *Stipules* étroites, subulées, ciliées-glanduleuses. *Folioles* ordinairement petites, affectant les mêmes formes et dimensions relatives que dans l'espèce précédente, mais toujours pourprées en-dessous, sur les bords et souvent en dessus, au moins dans leur jeunesse ; *serrature* simple, quelquefois double. *Pédoncules* articulés sur les rameaux, glabres, ou plus souvent glanduleux, quelquefois longs, ordinairement minces et solitaires, quelquefois réunis plusieurs ensemble. *Ovaire* ordinairement glabre et glauque, quelquefois glanduleux, de forme variable, digité, ovoïde, turbiné ou oblong, souvent gibbeux. *Sépales* simples ou composés, glabres ou glanduleux, d'abord réfléchis, puis se redressant ordinairement un peu, pour ensuite se dessécher et tomber. *Corolle* petite ou moyenne, jamais grande, *rarement odorante*. Styles de six à quatre-vingt-dix, libres et ordinairement saillants. — La faible complexion de cet arbuste rend sa floraison annuelle moins abondante que dans les variétés vigoureuses du *semperflorens*.

Voici les principales variétés qui ont été ou sont cultivées : *Bengale pourpre semi-double, Bengale sanguin, Bengale cerise, Cramoisi supérieur*. La plupart de ces variétés portent des fleurs cramoisies, qui suffiraient seules à les faire reconnaître.

R. burboniana, Red. Syn. *R. canina burboniana*, Thor. et Red. Rosier de l'île Bourbon. — *Rameaux* vigoureux, forts, dressés, d'un beau vert, garnis d'aiguillons courts, forts et crochus, entremêlés de sétules glanduleuses vers le sommet. *Feuilles* à sept folioles rapprochées, amples, ovales, à dents profondes, aiguës et vert terne. *Fleurs* grandes, rose foncé, solitaires au sommet des rameaux ou réunies par trois-six, se succédant pendant toute la belle saison ; sépales bordés de soies glanduleuses. *Fruit* ovoïde dans le type. — Bel hybride introduit de l'île Bourbon en 1819. On suppose qu'il provient du croisement de *R. semperflorens* avec le *R. gallica*. Il en a existé un très grand nombre de variétés, mais beaucoup sont disparues des collections. Le *Souvenir de la Malmaison* est cependant des plus populaires et très cultivé.

R. Noisetteana, Hort. Rosier Noisette. — *Rameaux* vigoureux, forts ou parfois grêles, divergents, un peu sarmenteux, à écorce lisse et vert foncé, garnis d'aiguillons plus ou moins nombreux, forts, violacés et crochus. *Feuilles* à cinq et souvent sept-neuf folioles ovales, aiguës, épaisses, vert foncé en dessus, blanchâtres en dessous, finement dentées, à pétiole velu et glanduleux. *Fleurs* moyennes, odorantes et de teintes diverses, ordinairement réunies en corymbes, parfois très multiflores. Fleurit depuis la fin de juin jusqu'à l'approche des gelées. Cet hybride, que l'on croit issu du croisement des *R. indica* et *R. moschata*, a été obtenu en Amérique, en 1814. Il compte plusieurs belles variétés, parmi lesquelles la rose *Aimé Vibert* est une des plus répandues.

Le *R. gigantea*, Collet, de la Birmanie, à rameaux

longuement sarmenteux et à grandes fleurs blanches, est la plus grande espèce du genre, mais de serre froide dans le Nord ; elle est peu florifère et, d'ailleurs, peu répandue. Il en a été obtenu quelques hybrides, notamment *Beauty of Glasenwood*, à fleurs jaune et rouge.

Section IV. — **Banksiæ.**

Styles libres, inclus ; *sépales* entiers, réfléchis après l'anthèse et caducs ; *inflorescence* pluriflore ou multiflore, en fausse ombelle, accompagnée de bractées très petites et caduques ; *feuilles* à cinq-sept folioles ; *stipules* libres, caduques ; *tiges* sarmenteuses, à aiguillons crochus et alternes.

Rosa Banksiæ, R. Br. Rosier Banks. — *Rameaux* très longs, assez grêles, sarmenteux, grimpants, atteignant jusqu'à 10 m., verts et lisses, dépourvus d'aiguillons. *Feuilles* à trois (parfois cinq) folioles oblongues-lancéolées, obtuses, planes ou ondulées, simplement dentées, persistantes ou à peu près, velues à la base de la nervure médiane ; pétioles nus ; *stipules* subulées, libres, promptement caduques. *Fleurs* petites, simples dans le type, naissant en bouquets multiflores le long des rameaux de l'année précédente, faiblement mais agréablement odorantes, à pédicelles grêles et nus ; calice hémisphérique et à sépales entiers et aigus. Fleurit de mai en juillet. Fruits ovales arrondis.

Bel arbrisseau sarmenteux et excessivement vigoureux, mais insuffisamment rustique sous le climat parisien, où il gèle pendant les hivers rigoureux. On l'emploie beaucoup dans le Midi pour tapisser les murs et parfois pour garnir la ramure des vieux arbres. On en cultive un *blanc* et un *jaune à fleurs doubles*.

R. Fortuneana, Lindl., non Lem. ROSIER BANKS DE L'ORTUNE. — *Rameaux* grêles, sarmenteux, grimpants ou rampants, munis d'aiguillons crochus et peu nombreux. *Feuilles* persistantes ou à peu près, à trois-cinq folioles ovales-lancéolées, aiguës, épaisses, finement dentées, vert foncé et persistantes, accompagnées de *stipules* petites, subulées et caduques. *Fleurs* doubles, assez grandes, blanc jaunâtre, solitaires au sommet de pédoncules axillaires et ciliés ainsi que les fruits; sépales ovales et entiers. — Cette plante, extrêmement vigoureuse, mais peu florifère et introduite du Japon vers 1845, serait, d'après M. Crépin, un hybride des *R. Banksiæ* et *R. lævigata*.

SECTION V. — **Gallicæ**.

Styles libres, inclus (parfois saillants); réceptacle tapissé de poils à l'intérieur faisant saillie extérieurement par l'orifice; sépales réfléchis après l'anthèse, caducs; *inflorescence* uniflore, rarement pluriflore, munie ou dépourvue de bractées; *stipules* adnées; les supérieures non dilatées; *feuilles* des rameaux florifères à cinq folioles; *tiges* dressées; *aiguillons* crochus, entremêlés d'acicules et de glandes pédicellées.

R. gallica, Linn. Syns. *R. austriaca*, Crantz; *R. pumila*, Linn. f. ROSIER DE PROVINS. — *Rameaux* grêles,

diffus, rougeâtres d'un côté, garnis, surtout à la
base, d'aiguillons faibles, inégaux, droits ou crochus.
Feuilles à cinq-sept folioles coriaces, rigides, ovales
ou lancéolées, réfléchies, finement et parfois doublement dentées, lisses en dessus, un peu duveteuses en
dessous, à pétiole long et mince, accompagné à sa

Fig. 12. — Rosa gallica
Rosier de Provins.

base de stipules étroites et divariquées au sommet.
Fleurs variant du rouge au cramoisi violacé, dressées, solitaires ou plus souvent réunies par trois-
quatre, à pédoncules fermes, hispides, ovales-globu-
leuses en bouton; ovaire globuleux, hispide, calice

à sépales étalés, hispides-glanduleux ou peu larges et courts, visqueux ; pétales amples, mous, se fanant rapidement. Fleurit en juin-juillet. *Fruit* arrondi, coriace, glanduleux, hispide. Habite l'Europe, notamment la France et l'Orient.

Cette espèce est une des plus anciennement cultivées. Selon la plupart des auteurs, elle aurait été introduite d'Orient au temps des Croisades, mais on a démontré qu'il s'agissait du *R. damascena* et que le *R. gallica* était bien indigène en Euroqe et ses variétés nées chez nous. Il en existe un très grand nombre de formes botaniques et un nombre plus grand encore de variétés horticoles doubles ou semi-doubles, plusieurs centaines même ; mais la plupart sont disparues ou reléguées dans les vieux jardins, pour faire place aux roses modernes. C'est principalement de certaines variétés de cette espèce ainsi que de la suivante, qu'on extrait en Orient la célèbre essence de roses. La plupart des roses panachées d'autrefois appartiennent à cette espèce et quelques-unes sont encore cultivées pour cette seule particularité. Parmi ses hybrides horticoles modernes, la rose *Général Jacqueminot* est une des plus belles et des plus connues.

Le *Rosa parvifolia*, Lindl., plus connu sous le nom de « Petit Saint-François », est une forme naine (au plus 50 centimètres), à rameaux grêles, feuilles et fleurs minuscules, qui est au *R. gallica* ce que le *R. indica minima* est au *R. semperflorens* et le *R. centifolia pomponia* est au *R. centifolia*.

Le *R. macrantha*, Desportes, dont l'histoire a beaucoup préoccupé les botanistes, est considéré comme un hybride spontané du *R. gallica* et du *R. canina* par les uns ou *R. arvensis* par les autres. Ses fleurs blanches, simples, larges de 8 à 10 cent., les plus grandes des roses indigènes, lui valent grandement une place dans les collections de roses d'ornement.

R. damascena, Mill. Syn. *R. bifera*. Pers. *R. bifera centifolia*, Poir.; Rosier de Damas, R. de Puteaux. — *Rameaux* nombreux, vert grisâtre, munis d'aiguillons nombreux, courts, forts, inégaux, dilatés à leur base et entremêlés de sétules. *Feuilles* à cinq et souvent sept folioles ovales, assez rigides, vert terne en dessus, pubescentes en dessous et teintées de brun sur les bords. *Fleurs* solitaires ou réunies par cinq-sept en corymbes, à pédoncules hérissés-glanduleux, ovales en boutons, très odorantes, roses ou blanches ; réceptacle très allongé et peu renflé, hispide-glanduleux, à sépales réfléchis et appendiculés. *Fruit* ovale et pulpeux. Fleurit en juin-juillet. *Hauteur* 1 à 3 mètres. Introduit de la Syrie en 1573, et probablement avant, par Thibault IV, au retour de l'avant-dernière croisade, vers 1250. — Certains auteurs croient ce Rosier hybride des *R. gallica* et *R. canina*. Il a produit la sous-race suivante et de nombreuses variétés horticoles qui ont subi le sort des précédentes, celle nommée *Madame Hardy*, une des plus belles, a subsisté à cet abandon.

R. damascena belgica, Cels. Syn. *R. belgica*, Hort. Rosier de Belgique ou R. des quatre-saisons. — *Rameaux* grêles, durs, teintés de brun et portant de rares aiguillons crochus et inégaux. *Feuilles* à folioles ovales, larges, pubescentes en dessus et ciliées-glanduleuses en dessous. *Fleurs* semi-doubles, rose vif, petites, mais très odorantes et réunies par dix-douze en corymbe. Arbuste buissonnant et peu élevé, autre-

fois cultivé aux environs de Paris et paraissant intermédiaire entre le type et le *R. centifolia*.

R. portlandica, Hort. Rosier de Portland ou R.
perpétuel. — *Rameaux* forts, épais, dressés, verdâtres et fortement couverts d'aiguillons fins et inégaux. *Feuilles* à folioles en nombre variable, arrondies et à nervures accentuées. *Fleurs* roses ou rouges,
solitaires ou réunies par deux-trois, très courtement
pédonculées ; calice à sépales très allongés. Fleurit
pendant toute la belle saison. *Fruit* rouge et allongé.
Race d'origine ancienne, anglaise, croit-on, dont la
Rose du Roi est une des plus belles variétés. Par croisements avec les Rosiers du Bengale et notamment
avec les Rosiers de l'île Bourbon, elle a donné naissance à de beaux hybrides-remontants.

R. centifolia, Linn. Syn. *R. provincialis*, Herrm.
Rosier a cent feuilles. — *Rameaux* minces, irréguliers, à écorce verte et rousse du côté du soleil, garnis
d'aiguillons épars, assez nombreux, presque droits et
faiblement dilatés à la base. *Feuilles* à cinq-sept folioles amples, planes, ovales, simplement dentées,
un peu flasques, légèrement poilues et grises en dessous, glanduleuses sur les bords. *Fleurs* grandes, solitaires ou réunies par deux-trois, très odorantes,
doubles, penchées, parfois très pleines et globu-
leuses, rose frais et vif ; calice visqueux, à sépales
dressés. Fleurit en juin-juillet : *Fruits* ovales, rouges,
un peu pulpeux et odorants. *Haut.* 1 à 2 mètres. Origine très obscure. — Bieberstein dit l'avoir trouvé à
l'état spontané dans la partie orientale du Caucase.
Ce Rosier est certainement cultivé depuis les temps
les plus anciens, et présente le type de la perfec-

tion par la régularité et la beauté de ses fleurs ; on le
considère comme ayant été introduit de la Perse
vers 1596. De ses diverses formes anciennes, nous

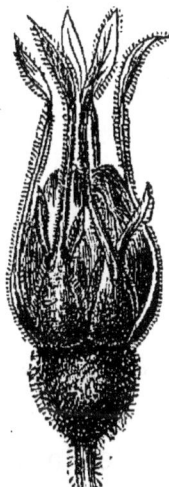

Fig. 13. — Bouton
de *Rosa centifolia*.

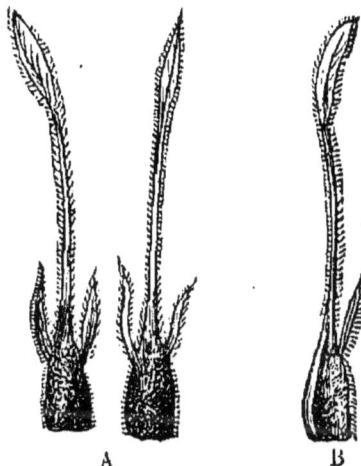

Fig. 14. — A, sépales externes, recouvrants, de ce bouton ; B, sépale mi-
externe et mi-interne.

ne mentionnerons que les suivantes qui constituent
des races par les variétés auxquelles elles ont donné
naissance.

R. centifolia muscosa, Mill. Syn. *R. muscosa,* Hort.
Rosier mousseux ou mieux R. moussu. — Plante à
rameaux assez forts, chargés d'aiguillons petits, inégaux et très nombreux. Fleurs roses ou blanches,
plus petites, que chez le type, à pédoncules et surtout le calice chargés, jusqu'au sommet des sépales,
de gros cils verts entremêlés et moussus, acquérant
un développement extraordinaire. Les rameaux du
Mousseux du Japon en sont absolument couverts.
Il en existe plusieurs variétés.

R. centifolia pomponia, Lindl. Rosier cent-feuilles

POMPON. — Arbuste très petit, considérablement réduit dans toutes ses parties ; ses rameaux sont nombreux, très feuillus et forment d'élégantes petites
touffes ne dépassant guère 40 centimètres. On en cultive plusieurs variétés doubles, roses, rouges ou
blanches, dont celle nommée « Pompon de Bourgogne » est peut-être la plus gracieuse et la plus
parfaite.

SECTION VI. — **Caninæ.**

Styles libres, inclus ; *sépales* réfléchis, caducs ou
persistants après l'anthèse, et couronnant alors le
réceptacle jusqu'à la maturité, appendiculés latérale-

Fig. 15 — ROSA CENTIFOLIA POMPONIA.
Rosier Centfeuilles pompon.

ment ou rarement entiers ; *inflorescence* ordinairement
pluriflore, à bractées plus ou moins dilatées ; *stipules*

adnées ; *feuilles* à sept ou raremeut neuf folioles ;
tiges dressées ; *aiguillons* alternes, crochus, rarement droits.

Rosa alba, Linn. Rosier Blanc. — Arbuste de
1 mètre 50 et plus de haut, à *rameaux* armés d'aiguillons grêles ou forts, presque droits ou courbés. *Feuilles*
à folioles glauques, ovales, arrondies, simplement dentées, presque glabres en dessus, légèrement cotonneuses et glanduleuses en dessous, sur les nervures et
le pétiole. *Fleurs* blanches ou rose tendre ; sépales
pinnatifides et réfléchis. Fleurit en juin-juillet. *Fruits*
ovales, allongés, écarlates ou rouge sang, nus ou hispides. Introduit de Crimée en 1597. On suppose ce
Rosier hybride des *R. Gallica* et *R. canina*. — Il
existe à l'état sub-spontané dans la Brie, où on le rencontre quelquefois. Il en a existé plusieurs variétés
horticoles : la *Cuisse de Nymphe*, une des plus belles,
a persisté dans les collections.

R. rubiginosa, Linn. Rosier rouillé, Églantier
odorant. — *Rameaux* compacts, rougeâtres, garnis
d'aiguillons entremêlés de sétules et de poils glanduleux. *Feuilles* à cinq-sept folioles ovales ou arrondies, dentelées, glabres en dessus, pubescentes en
dessous, où elles portent des glandes résineuses
exhalant une agréable odeur de Pomme Reinette lorsqu'on les froisse. *Fleurs* roses, réunies par une à trois,
à sépales appendiculés et fortement glanduleux.
Fleurit en juin. *Fruits* assez gros, sub-globuleux,
également hispides-glanduleux, rouge ponceau. Habite l'Europe, la France, etc.

Sous le nom de *Sweet Briar*, les Anglais en cultivent plusieurs variétés ; par croisements avec d'autres

espèces ou races, ils en ont obtenu une série de jolies variétés désignées sous le nom collectif d'*hybrides de Lord Penzance*, dont les fleurs sont doubles ou semi-doubles, de diverses couleurs ; mais ces variétés sont encore assez peu répandues chez nous. Il en existe aussi plusieurs formes botaniques.

R. ferruginea, Villd. Syn. *R. rubrifolia*, Vill. ROSIER A FEUILLES ROUGES. — *Rameaux* rouges, couverts d'une efflorescence pâle et armés d'aiguillons courts, pâles et crochus. *Feuilles* à cinq-sept folioles teintées de rouge, ovales, dentées, très glauques et ridées. *Fleurs* pourpres, réunies en corymbes, petites, à sépales très étroits, plus longs que les pétales. *Fruits* rouges, luisants, arrondis, charnus et très tendres. Fleurit en juin-août. *Haut.* 3 m. Habite l'Europe, notamment la France. Cette espèce, très distincte, est parfois cultivée pour la beauté de son feuillage.

R. villosa, Linn. Syns. *R. mollis*, Smith ; *R. mollissima*, Fries. ROSIER VELU. — *Rameaux* dressés, garnis d'aiguillons uniformes, épars, grêles, presque droits. *Feuilles* à folioles ovales, doublement dentées, très velues et plus ou moins cotonneuses. *Fleurs* roses, à sépales fortement glanduleux. Fleurit en juillet. *Fruits* globuleux ou *turbinés*, pulpeux, fortement épineux, hispides, rarement nus et mûrissant de bonne heure. Hauteur 2 mètres. Habite l'Europe septentrionale, notamment la France. — Dans sa variété *pomifera*, Baker (*Rosa pomifera*, Herrm.), les fruits sont très gros, rouge écarlate, sub-pyriformes, hérissés de grosses sétules et très décoratifs.

A cette section appartiennent d'abord le *Rosa*

canina, Linn. (Voy. fig. 1 à 6, *Rosier des chiens* ou *Églantier commun*, non cultivé pour ses fleurs, mais très employé comme sujet pour la greffe en pied ou en tête des variétés horticoles ; puis les *R. glutinosa*, Sibth. et Smith ; *R. micrantha*, Smith. ; *R. elymaitica*, Boiss. et Hausskn. ; *R. Jundzilli*, Bess., qui n'existent que dans les collections scientifiques. Enfin, le *R. tomentosa*, Smith, est commun en France et souvent employé comme porte-greffe.

Section VII. — Carolinæ.

Styles libres, inclus ; *ovaires* insérés exclusivement au fond du réceptacle, sépales étalés après l'anthèse et caducs ; *inflorescence* ordinairement pluriflore ; feuilles à sept-neuf folioles ; *tiges dressées* ; aiguillons droits ou arqués, régulièrement géminés sous les feuilles, exceptionnellement alternes.

A ce groupe appartiennent quelques espèces sans grand intérêt horticole, notamment les *R. carolina*, Linn. ; *R. nitida*, Wild. ; *R. foliolosa*, Nutt. ; *R. humilis*, Marsh. Ce dernier a produit quelques variétés horticoles doubles, entre autres le *R. Rapa*, Bosc. Le *Rosa baltica*, Roth., ou Rosier de Pensylvanie, naturalisé sur quelques points du littoral, depuis la Loire jusqu'au delà de la Seine, est aussi considéré comme une sous-espèce du *R. humilis*. Tous ces Rosiers n'existent guère que dans les collections scientifiques ou dans celles des amateurs les plus passionnés.

Section VIII. — Cinnamomeæ.

Styles libres, inclus ; *sépales* entiers, redressés après l'anthèse, couronnant le réceptacle et persistants ; inflorescence pluriflore ou rarement multiflore, à *bractées* plus ou moins dilatées ; *stipules* adnées. Feuilles à sept-neuf folioles ; *tiges* dressées ; *aiguillons* droits, ordinairement régulièrement géminés sous les feuilles.

Rosa cinnamomea, Linn. Rosier cannelle, R. de mai, R. du Saint-Sacrement. — *Rameaux* brun rougeâtre luisant, dressés, de 2 mètres ou plus de haut, à aiguillons droits, inégaux, falciformes ou presque droits, géminés ou épars, les plus grands subulés, les plus petits sétacés et non glanduleux. *Feuilles* à sept-neuf folioles ovales-oblongues, simplement dentées, pubescentes, cendrées ; *stipules* des rameaux stériles linéaires-oblongues ; celles des rameaux florifères élargies avec des oreillettes étalées. *Fleurs* rose chair ou rouge vif, solitaires ou réunies jusqu'à trois, à sépales étalés, plus longs que les pétales. Fruits globuleux, ovales, lisses, rouge vif, couronnés par les sépales ascendants. Europe, France, etc., Asie. Cultivé depuis plusieurs siècles, mais fort peu sous la forme spécifique. Par contre, le *R. fœcundissima*, *Mœnch*, à fleurs très doubles, était répandu dans les jardins anciens, sous le nom de « Rose du Saint-Sacrement ».

R. rugosa, Thunb. Rosier du Japon, R. rugueux. — *Rameaux* assez forts, dressés, armés d'aiguillons

droits, denses et presque égaux. *Feuilles* à cinq-neuf
folioles amples, ovales, obtuses, fortement ridées,
simplement dentées, dépourvues de stipules et de
bractées, d'après Tunberg, mais dont les formes introduites en sont amplement pourvues. *Fleurs* rouges,
simples, grandes, solitaires, pourvues de bractées ;

Fig. 16. — Rosa rugosa.

sépales très étroits, entiers, velus ; pétales émarginés.
Fleurit de juin en septembre. *Fruits* très gros, glo-
buleux-déprimés, dressés ou pendants, couronnés
par les sépales étalés et persistants, mûrissant de
bonne heure et très décoratifs. Hauteur 1 m. à 1 m.
50. Très largement dispersé dans l'Asie et le Japon ;
introduit de ce dernier pays en 1845, mais avec stipules et bractées très développées. — Cette espèce,

dont la culture se répand de plus en plus, a produit des variétés doubles ou intéressantes ; l'une d'elles (*calocarpa*, E. André) a des fleurs disposées en grands corymbes, auxquelles succèdent de gros fruits rouges; une autre (*fimbriata*, Morlet) a des fleurs semi-doubles, à pétales frangés. Croisé avec des *R. indica* et autres, il en est sorti quelques variétés notamment celle nommée *Mme Georges Bruant* ; le *R. Iwara* provient de son association avec le *R. multiflora*.

R. rugosa kamtschatica, Vent. (*ut spec.*). ROSIER DU KAMTSCHATKA. — *Rameaux* diffus, brun pâle, duveteux, garnis d'aiguillons nombreux, ceux insérés sous les feuilles longs et étalés, les autres plus petits. *Feuilles* à cinq-neuf folioles oblongues, obtuses, bordées de dents calleuses, fortement ridées et vert foncé en dessus, grises en dessous. *Fleurs* violacées ou blanches, simples, grandes, à pétales obcordés et parfois apiculés ; réceptacle glabre, calice duveteux, à sépales entiers, très longs, égalant les pétales. Introduit de la Sibérie en 1798. — Les auteurs diffèrent souvent d'opinion pour l'admission comme espèce de cette plante ; nous croyons devoir la réduire à l'état de variété, d'après l'ensemble de ses caractères botaniques, son port et son aspect.

Au risque de déchaîner sur nos têtes les foudres des rhodologues les plus autorisés, nous ajouterons même que les formes les *plus variées*[1] que nous avons observées dans des *milliers* et des *milliers* de semis que nous avons faits de cette plante, nous autorisent

---

[1] Nous avons souvent trouvé, dans ces semis, des *cinnamomea* et des *pimpinellifolia*. Ces curieuses *variations* sont encore dans nos cultures de Coubert.

à considérer le *rugosa*, Thunb., *tel qu'on le cultive* et le *R. kamtschatica*, Vent., comme deux formes d'une *même espèce*, ce que nous faisons ici, et à admettre, en ce qui concerne le *rugosa sans stipules*, que Thunberg a mal vu, ou tout au moins que sa plante n'est pas introduite encore en Europe.

En fécondant la variété *blanc simple* par le *Rosa lutea*, M. Cochet-Cochet a obtenu, en 1896, un hybride curieux par le polymorphisme de son feuillage, auquel il a donné le nom de *R. heterophylla*. Par fécondation artificielle, Mme Cochet-Cochet a créé, en 1906, le *R. adiantifolia*, à feuillage rappelant celui de certaines Fougères, qui fait de ce nouvel hybride un Rosier plus bizarre encore que le *R. Watsoniana*. Enfin, M. Graveraux a obtenu toute une série d'hybrides horticoles d'une grande valeur décorative.

R. alpina, Linn. ROSIER DES ALPES. — *Rameaux* grêles et épineux quand ils sont jeunes, puis presque inermes à l'état adulte. *Feuilles* à cinq-sept, rarement neuf-onze folioles ovales ou obovales et doublement dentées. *Fleurs* roses ou rougeâtres, solitaires, à pédoncules réfléchis après la floraison, hispides ou glabres ainsi que le calice ; celui-ci à sépales entiers et étalés. Fleurit en juin. *Fruits* ovales ou parfois très longs, pendants, rouge orangé, couronnés par les sépales. Habite l'Europe, notamment les montagnes de la France. Le type est peu cultivé aujourdhui, mais il a donné naissance à quelques variétés notamment au *R. Boursault* (*R. reclinata*, Red.), qui résulte peut-être de son croisement avec un *R. indica*.

A cette section appartiennent, en outre, plusieurs espèces telles que les *R. nutkana*, Presl. ; *R. blanda*,

Ait. ; *R. macrophylla*, Lindl., notable par son polymorphisme et par ses fruits parfois très gros, allongés
et pendants. Les *R. pisocarpa*, A. Gray ; *R. califor-
nica*, Cham. et Schlecht. ; *R. laxa*, Retz. (dont le *R.
myriantha*, Carr., est une variété glabre, multiflore
et à petits fruits décoratifs) ; *R. Beggeriana*, Schrenk. ;
R. Alberti, Regel ; *R. gymnocarpa*, Nutt. ; *R. Web-
biana*, Wall. ; *R. Woodsii*, Lindl. ; *R. acicularis*,
Lindl. ; *R. arkansana*, Coult.. sont les autres espèces
de cette section, mais bien plus du domaine de la botanique que de celui de l'horticulture.

SECTION IX. — **Pimpinellifoliæ.**

Styles libres, inclus ; *sépales* entiers, redressés
après l'anthèse, persistants ; *inflorescence* presque
toujours uniflore et sans bractées ; *stipules* adnées et
toutes étroites, à oreillettes brusquement dilatées,
très divergentes ; feuilles ordinairement à neuf folioles ; *tiges* dressées ; aiguillons droits, entremêlés
ou non d'acicules.

Rosa pimpinellifolia, Lin. Syn. *R. spinosissima*,
Linn. ROSIER A FEUILLES DE PIMPRENELLE. — *Rameaux* nombreux, étalés, un peu grêles, bruns fortement garnis d'aiguillons fins, droits, inégaux, parfois
entremêlés de sétules. *Feuilles* rapprochées, à sept-
neuf folioles petites, arrondies, planes, finement dentées, vert clair en dessus, grises et duveteuses, surtout en dessous ; pétioles épineux. *Fleurs* petites,
blanc jaunâtre au centre, odorantes, solitaires ou
réunies par deux-trois ; calice à tube glabre et à sépales entiers, plus ou moins persistants. Fleurit en

mai-juin. *Fruits* globuleux, cartilagineux et rouge
brun. Habite l'Europe et l'Asie ; commun en France.
— Il en existe plusieurs formes botaniques et, par

Fig. 17. — Rosa pimpinellifolia, var.

croisement avec diverses espèces européennes, il a
donné naissance à des hybrides dont quelques-uns
sont cultivés. Quelques-unes de ses formes indigènes,
notamment le *R. myriacantha*, le *R. rubella*, Sm.,
ont été élevées au rang d'espèces par certains auteurs.

Le *R. xanthina*, Lindl. (Syn. *R. Ecae*, Aitchis.),
est l'autre espèce botanique de la section ; elle existe
à *fleurs doubles*.

Section X. — **Luteæ.**

Styles libres, inclus ; *réceptacle* dépassé par une épaisse collerette de poils ; *sépales* redressés après l'anthèse et persistants ; les externes un peu appendiculés ; *inflorescence* le plus souvent uniflore et sans bractées ; feuilles à cinq-neuf folioles ; *stipules* adnées, les supérieures peu dilatées ; *tiges* dressées ; aiguillons droits ou crochus.

Rosa lutea, Miller. Syns. *R. Eglanteria*, Linn. ; *R. fœtida*, Herrm. Rosier jaune. — *Rameaux* forts ou très forts, ligneux, allongés, très épineux quand ils sont jeunes ; aiguillons épars, droits, grêles, jaune terne. *Feuilles* à folioles pétiolulées, ovales ou orbiculaires, concaves, profondément ou doublement dentées, vertes et lisses en dessus, bleuâtres et glanduleuses en dessous ainsi que les pétioles ; stipules amples. *Fleurs* jaune vif, simples, solitaires, peu nombreuses, à odeur désagréable ; calice à tube subglobuleux, épineux ou inerme et à sépales longuement acuminés, entiers ou lobulés ; pétales obcordés. Fleurit en juin. *Fruits* globuleux, jaune orangé, couronnés des sépales renversés, ne contenant presque jamais qu'une seule graine sphérique, bien que renfermant primitivement un grand nombre d'ovules, qui restent tous stériles sauf un seul. Arbuste touffu, de 1 à 2 mètres et plus de hauteur, habitant l'Orient et naturalisé dans le sud de l'Europe, notamment en France, depuis plusieurs siècles. Parmi ses formes botaniques, il faut citer la curieuse Rose capucine (*R. punicea*, Cornuti), *R. bicolor*, Jacq., d'origine au-

trichienne, très ancienne, simple, à pétales ordinairement rouge orangé en dedans et jaunes en dehors,
mais parfois entièrement jaunes et à stigmates pourpres. Le Rosier *Persian yellow* est une de ses variétés horticoles à fleurs doubles.

Fig. 18. — Rosa lutea.

D'après les observations de M. Allard (in *Rev.
Hort.*, 1900), le *R. Harrissonii*, Harris., serait un
hybride fertile des *R. lutea* et *R. pimpinellifolia*.

Du croisement du *R. lutea* avec un Rosier Hybride
remontant (*Antoine Ducher*), M. Pernet a obtenu un
magnifique hybride nommé *Soleil d'or*, à fleurs

doubles et jaune cuivré, remontant bien, constituant, d'après l'obtenteur, le point de départ d'une nouvelle race qu'il propose de désigner sous le nom de *R. Pernetiana*. Toutefois, les spécimens que nous avons observés paraissent jusqu'ici complètement stériles.

R. sulphurea, Ait. Syn. *R. hemisphœrica*, Herrm. — *Rameaux* brun roux, élancés, garnis de nombreux aiguillons épars, jaunâtres, inégaux, un peu arqués et entremêlés de sétules. *Feuilles* à cinq-sept folioles obovales, doublement dentées, glabres en dessus, glauques et pubescentes sur les nervures en dessous ; pétioles un peu épineux ; stipules étroites, fimbriées et dilatées au sommet. *Fleurs* jaune soufre, solitaires, courtement pédonculées ; calice à tube hémisphérique et à sépales lancéolés, presque entiers. Fleurit en juillet. *Fruits* globuleux et dressés. Arbuste de 1 à 2 mètres de haut, introduit en 1629, sous sa forme double, qu'on a seule connue pendant longtemps.

Le *R. Rapini*, Boiss., en serait le type à fleur simple.

Section XI. — **Sericeæ**.

Fleurs tétramères ; *styles* libres, saillants, égalant presque les étamines internes ; *sépales* entiers et persistants ; *inflorescence* uniflore ; *stipules* adnées, à oreillettes dilatées ; *feuilles* à sept-neuf folioles ; *aiguillons* droits, régulièrement géminés sous les feuilles, ou alors épars, très minces et triangulaires.

Cette section ne comprend que le curieux *Rosa sericea*, Lindl., qui est à peine sorti des collections botaniques et qui présente le fait excessivement cu-

rieux et unique dans le genre, de n'avoir que quatre
sépales et quatre pétales.

Rosa sericea, Lindl. — Arbuste buissonneux,
dressé, pouvant atteindre jusqu'à 3 mètres de hau-

Fig. 19. — Rosa sericea.

leur, à rameaux étalés, pourvus d'aiguillons très variables, géminés sous les feuilles ou épars, tantôt
aciculaires, tantôt larges et plats, droits, brun-pur-
purin et persistants. *Feuilles* petites, à sept-neuf fo-

lioles ovales, finement dentées, vert foncé en dessus, glauques en dessous, à bords parfois purpurins; *stipules* assez amples, libres supérieurement. *Fleurs* solitaires, axillaires, très courtement pédicellées, pendantes sous les rameaux, à quatre sépales sub-triangulaires, longuement mucronés, finement soyeux en dedans, persistants et dressés ; pétales quatre (rarement cinq) blanc jaunâtre, obcordés et échancrés au sommet. *Fruit* assez gros, pyriforme, pendant, caduc à la maturité, rouge vif, glabre, à péricarpe épais et renfermant plusieurs graines. Fleurit en mai. Habite les Indes et l'Himalaya. Introduit en 1822. Rustique. Très variable ; il en existe plusieurs formes distinctes, dont celle *pteracantha*, est très remarquable par ses très grandes épines plates et décurrentes.

Section XII. — **Minutifoliæ.**

Styles libres, inclus ; *ovaires* insérés exclusivement au fond du réceptacle ; *sépales* dressés et persistants; les extérieurs appendiculés ; *inflorescence* uniflore et sans bractées ; stipules à oreillettes très dilatées ; feuilles à sept-neuf folioles incisées ; tiges dressées ; aiguillons grêles, droits, alternes, entremêlés d'acicules.

Rosa minutifolia, Parry. — Arbuste de 60 cent. à 1 m. de haut, touffu, buissonnant, à rameaux pubescents, armés d'aiguillons grêles, inégaux, droits ou légèrement arqués. *Feuilles* très petites, à cinq-sept folioles arrondies, incisées, dentées. *Fleurs* blanches ou roses, de 2 à 3 cent. de diamètre; solitaires au sommet de courts pédoncules pubescents, naissant

sur les ramilles ; calice à tube fortement chargé de
sétules, à sépales lobés et persistants. *Fruits* globuleux. Habite la basse Californie. — Cette espèce, la

Fig. 20. — ROSA MINUTIFOLIA.

seule de sa section, ne peut guère être cultivée en
plein air que dans le Midi ; elle est, du reste, peu
répandue.

SECTION XIII. — Bracteateæ.

Styles libres, inclus ; *disque* très large ; *étamines*
très nombreuses ; *sépales* entiers, réfléchis après
l'anthèse, caducs : *inflorescence* pluriflore, à *bractées*
larges et incisées ; feuilles à neuf folioles ; *tiges* dressées ou sarmenteuses ; *aiguillons* crochus ou droits,
régulièrement géminés sous les feuilles.

Rosa bracteata, Wendl. ROSIER DE MACARTNEY. — Rameaux dressés, tomenteux, armés de forts aiguillons crochus, géminés sous les feuilles. *Feuilles* à sept-neuf folioles obovales, légèrement dentées, luisantes, glabres, à stipules presque libres et pectinées. *Fleurs* blanches, grandes, solitaires, terminales et à calice fortement tomenteux ainsi que le pédoncule qui est court ; bractées entourant le calice. Fleurit en juillet. *Haut.* 1 à 2 mètres et plus. Introduit de la Chine en 1797. — Il en existe une variété *alba odorata*, à fleurs doubles blanc jaunâtre et à rameaux sarmenteux. Par croisement avec le *R. moschata*, il a donné, selon M. Crépin, naissance à un hybride très sarmenteux et celui-ci, hybridé avec un *R. indica*, aurait donné naissance à la variété *Maria Leonida*.

R. olinophylla, Thory. Syn. *R. involucrata*, Roxb. — *Ramilles* ainsi que l'*inflorescence* fortement tomenteuses, armées d'aiguillons droits, souvent géminés. *Feuilles* à sept-neuf folioles oblongues, aiguës, finement dentées, accompagnées de *stipules* petites et laciniées. *Fleurs* blanches, odorantes, assez grandes, solitaires ou réunies en corymbe court ; *bractées* amples et lancéolées ; *calice* à tube lisse. Fleurit en juillet. *Fruits* globuleux et fortement tomenteux. *Haut.* 1 m. Introduit des Indes en 1818. — Cette espèce réclame un endroit chaud, et prospère surtout dans le Midi. — Il en existe une variété *double*, rose chair, seule répandue dans les cultures. Le *R. Lyellii*, Lindl., est un hybride de cette espèce avec le *R. moschata*, et le *R. Hardyi*, Paxt., résulte de son croisement avec le *R. berberifolia* ; les pétales en sont jaunes, avec l'onglet pourpre.

Section XIV. — **Lævigatæ.**

Styles libres, inclus ; *disque* large ; *étamines* nombreuses ; *sépales* entiers et persistants ; *inflorescence* uniflore et sans bractées ; *stipules* presque libres ; feuilles à trois folioles ; tiges longuement sarmenteuses ; aiguillons crochus ou arqués et alternes.

Fig. 21. — Rosa Lævigata.
Rosier Camellia.

Rosa lævigata, Michx, Syn. *R. sinica*, Auct. Rosier Camellia. — Tiges allongées, sarmenteuses ou grimpantes, à rameaux chargés de sétules et d'aiguillons

courbés. *Feuilles* persistantes, la plupart à trois folioles lisses, luisantes, hispides sur la nervure médiane. *Fleurs* blanches, très grandes, mesurant 10 à
12 cent. de diamètre, solitaires ; calice fortement cilié ;
sépales rigides et étalés ; pétales amples, nettement
échancrés au sommet. Fleurit en juin-juillet. *Fruits*
gros, ovoïdes, rouge orangé et hérissés de sétules.
Originaire de la Chine et du Japon ; naturalisé dans
les Antilles.

Primitivement introduite en 1759, puis de nouveau
vers 1889, cette magnifique espèce est rapidement de-
venue très commune dans le Midi, à cause de la beauté exceptionnelle de ses fleurs blanches, les plus
grandes du genre. Dans le Nord, il lui faut l'abri d'un
mur et une protection pendant l'hiver. Une forme
R. hystrix, Lindl., a été décrite et figurée et, sous le
nom *R. lœvigata* var. *anemonenrose*, s'est répandue
dans les cultures une magnifique variété (ou peut-être
un hybride), d'origine japonaise, dont les fleurs, égalant celles du type, sont d'un beau rose satiné. L'arbuste en diffère toutefois par ses rameaux pourprés,
chargés de sétules, par le calice fortement hirsute,
etc. ; il est, en outre, bien plus florifère.

Section XV. — **Microphyllæ.**

Styles libres, inclus ; *ovaires* insérés exclusivement
sur un mamelon au fond du réceptacle ; *disque* large ;
étamines nombreuses ; *sépales* redressés après l'anthèse, couronnant le réceptacle et persistants, les
extérieurs fortement appendiculés ; *inflorescence* ordinairement pluriflore, à bractées petites et très promptement caduques ; *stipules* étroites, à oreillettes subu-

lées; *feuilles* à 11-15 folioles, tiges dressées ; aiguillons régulièrement géminés sous les feuilles (curieusement relevés vers le ciel, comme dans le *R. microphylla*, var. pourpre ancien).

Rosa microphylla, Roxb. ROSIER A PETITES FEUIL-LES. — *Rameaux* glabres, flexueux, à épiderme vert,

Fig. 22. — ROSA MICROPHYLLA,
var. pourpre ancien.

rose ou brun et lisse. *Aiguillons* géminés, stipu-laires, droits ou très souvent obliques-ascendants. *Feuilles* glabres, à 9-15 folioles, quelquefois moins ; pétiole canaliculé en dessus, portant souvent des aiguillons dont la pointe est tournée vers la foliole impaire ; *stipules* très étroites, inégales, glanduleuses, à partie libre aciculaire; *folioles* ovoïdes ou lancéolées et portant sur la nervure des aiguillons dirigés vers le sommet de la foliole et bordées de dents simples. *Fleurs* petites, rose-vineux, à calice hérissé et sépales courts, largement ovales, mucronés et fortement chargés de sétules, d'où le nom familier de « Rose châtaigne » donné à la variété double, dite « Pourpre ancien ». *Fruits* sub-globuleux, gros, rétrécis sous le calice, à orifice évasé, fortement hérissé d'aiguillons droits et verts ou jaunâtres à maturité. Originaire de Chine ; résiste mal à nos hivers rigoureux. — Très remarquable par ses petites feuilles, par ses aiguillons redressés et par ses fleurs à sépales hérissés. A produit en cultures quelques hybrides *doubles roses* ou *blancs*, notamment : *Ma Surprise, Triomphe de la Guillotière.*

Section XVI. — **Simplicifoliæ.**

M. Crépin n'admettant pas l'espèce suivante dans le genre *Rosa*, nous avons cru devoir ajouter pour elle une section à sa classification. Cette section, monotypique, est suffisamment caractérisée par les feuilles simples, c'est-à-dire à une seule foliole et dépourvues de stipules de son unique représentant.

Rosa berberifolia, Pall. Syns. *R. simplicifolia*, Salisb.; *Hulthemia berberifolia*, Dumort.; *Lowea berberifolia*, Lindl. Rosier a feuille d'Epine-vinette. — Rameaux grêles, pubescents et garnis d'aiguillons épars, décurrents, blanchâtres, grêles et légèrement

arqués, *Feuilles* à une seule foliole étroitement obo-
vale, plus ou moins pubescente, dentée et dépourvue
de stipules. (Voyez aussi p. 10.) *Fleurs* jaune foncé,
pourpres à l'onglet, solitaires, sans bractées ; calice
à tube duveteux et à sépales entiers. *Fruits* vert pâle,
déprimés, globuleux. *Haut.* 50 cent. à 1 m. Introduit
de la Perse en 1790. — Nous ne décrivons ici cette
espèce délicate que pour la conformation unique de
ses feuilles. Croisée avec le *R. clinophylla*, elle a
donné naissance au *R. Hardyi*, Paxt., qui lui ressemble bien plus qu'à ce dernier et qui est très intéressant à étudier, à cause de ses folioles souvent soudées en partie entre elles.

CULTURE

I. — CULTURE EN PLEIN AIR

*Du sol et de sa préparation. — De l'achat des Rosiers, de
leur réception et de leur plantation. — Soins divers à
donner aux Rosiers. — Cachage pour l'hiver. — Taille.*

Du sol et de sa préparation.

On peut cultiver les Rosiers dans presque tous les
terrains et obtenir d'excellents résultats.

On ne doit pas oublier cependant que cet arbuste
*aime surtout un sol riche en humus, de nature con-
sistante, plutôt forte, telle que les bonnes terres à blés,
et profondément labouré, ou plutôt défoncé,* et un
sous-sol perméable.

Si le sol destiné à être converti en *roseraie* était
composé d'argile presque pure, on pourrait l'amen-
der en y mélangeant du sable ou des terres provenant de balayures de routes macadamisées.

Si, au contraire, il était composé de sable par trop
brûlant, on y mélangerait de l'argile pour le rendre
plus compact et plus froid.

Un drainage pratiqué dans de bonnes conditions
enlèvera l'excès d'eau des sous-sols imperméables.

Dans la presque totalité des cas, on n'aura pas toutes ces améliorations à apporter au sol, et il suffira de le faire *défoncer* à l'automne, aussitôt que les pluies, qui surviennent presque toujours vers l'équinoxe, auront suffisamment mouillé la terre, pour rendre l'opération possible.

Le défoncement sera fait à deux fers de bêche et sur une profondeur de 0ᵐ,40 à 0ᵐ60 et même 0ᵐ70. si la couche végétale a cette épaisseur, car il ne faut jamais mélanger un sous-sol infertile à la terre cultivable. Si la couche végétale était par trop faible, on planterait simplement les Rosiers sur *massifs bombés*, obtenus par l'apport de terre arable sur le sol préalablement labouré.

Voici comment on procède pour *défoncer* un terrain : on ouvre une *jauge* de 0ᵐ,50 de largeur et de la longueur du terrain à défoncer. Dans les sols si riches de la Brie, cette jauge a 0ᵐ60 de profondeur. La terre qui en provient est mise en tas, elle servira à boucher la dernière tranchée. On prend alors à côté de la jauge ouverte une nouvelle largeur de terrain de 0ᵐ,50. Le premier fer de bêche en est jeté au fond de la première tranchée et le second par dessus On obtient ainsi une nouvelle jauge qui est comblée de la même façon, et ainsi de suite jusqu'à la fin du travail.

Si le sol n'est pas très riche en humus, il faudra lui donner une bonne fumure organique ; dans ce cas, l'engrais employé : fumier, gadoue de ville, etc., est généralement placé à chaque jauge, *entre les deux fers de bêche*, et assez profondément pour que l'engrais ne touche pas directement les racines lors de la plantation. On admet que ce contact peut leur donner une sorte de moisissure et faire périr les Rosiers, — Voy. *Agaricus melleus*, p. 345,

Le défoncement d'un terrain est certainement une des meilleures manières de l'améliorer et nous ne saurions trop conseiller aux amateurs de roses de *ne jamais* planter un Rosier dans un terrain qui n'a pas subi cette préparation,.

On doit toujours s'arranger pour que le défoncement de la terre soit fait au moins un mois à l'avance ; les terrains défoncés d'automne ou au commencement de l'hiver donnent les meilleurs résultats. La terre a eu le temps de se tasser avant la plantation, les gelées en ont ameubli la surface et, grâce à un phénomène bien connu de capillarité, elle conserve toute l'année une humidité salutaire aux Rosiers.

Il faut profiter du défoncement du sol pour faire soigneusement chercher et détruire les larves des Hannetons, appelées *Mans* ou *Vers-blancs*, qui causeraient des ravages très sérieux dans les plantations, si on les laissait s'attaquer aux racines des plantes.

On paye ordinairement pour la recherche de ces larves 1 fr. 50 et même 2 francs par cent aux ouvriers défonceurs. A ce prix rémunérateur, elles sont soigneusement cherchées et les bons résultats qu'on obtient compensent largement cette dépense supplémentaire.

De l'achat des Rosiers, de leur réception et de leur plantation.

On plante généralement les Rosiers à racines nues, depuis le milieu d'octobre jusqu'à la fin de mars. Les plantations faites d'automne sont presque toujours les meilleures ; les racines ont le temps de s'établir dans le sol, et, au premier printemps, les plantes croissent vigoureusement.

Il ne faut pas attendre à l'arrière-saison pour demander à son fournisseur les variétés de Rosiers qu'on désire planter. Il est facile de comprendre que plus on attend pour formuler sa demande, plus on s'expose à ce que les variétés désirées ne soient plus disponibles. De plus, les sujets qui restent à vendre au printemps, dans chaque variété, sont souvent moins beaux que ceux de même sorte livrés à l'automne.

Nous conseillons donc à l'amateur de se faire expédier ses Rosiers dès novembre. Il plantera à réception les sortes qui ne craignent pas le froid ; les variétés sensibles à la gelée pourront être mises *en jauge*, couchées presque horizontalement au pied d'un mur bien exposé et couvertes de feuilles mortes et de vieux paillassons, lors des périodes de grands froids. Elles seront mises en place définitivement quand les fortes gelées ne seront plus à craindre.

Les racines des Rosiers craignent la gelée et la sécheresse ; il ne faut donc jamais les laisser longtemps à l'air libre ; on doit toujours mettre *en jauge* ceux qu'on ne plante pas aussitôt reçus. Si cette plantation devait être différée de quelques heures seulement, il serait suffisant de tenir les racines dans l'eau ou de déposer les plantes dans une cave ou autre endroit humide.

L'horticulteur apporte tous ses soins à l'emballage et n'expédie que quand le temps lui paraît favorable ; néanmoins, il peut arriver que les Rosiers parviennent à destination par la gelée ou qu'ils soient ridés par la sécheresse.

Lorsqu'on reçoit un ballot de plantes par la gelée,

il faut le mettre, *sans l'ouvrir*, dans un endroit humide si possible, où le thermomètre se maintient sûrement au-dessus de zéro. On laisse le ballot dans cet état un ou plusieurs jours, c'est-à-dire jusqu'au moment où l'on est certain que les plantes sont complètement dégelées. Alors, on les déballe et on les met en jauge à l'abri du froid, après les avoir plongées quelques instants dans l'eau.

En prenant ces précautions, on a des chances de sauver des plantes qui périraient presque sûrement si on froissait les racines ou les branches lorsqu'elles sont encore raidies par le froid.

Les Rosiers qui parviennent ridés par la sécheresse sont immédiatement plongés complètement dans l'eau, où ils restent deux ou trois heures.

Pendant ce temps, on creuse une fosse assez grande pour les contenir tous. Aussitôt hors de l'eau, ils sont couchés horizontalement dans cette fosse, par petites poignées, puis recouverts au fur et à mesure, avec un peu de terre humide.

Quand la fosse est pleine de Rosiers, séparés et recouverts par des couches de terre, on mouille copieusement avec un arrosoir à pomme. Au bout de dix à quinze jours, on sort les Rosiers de terre, on les taille très courts et on les plante. La reprise en est presque aussi certaine que s'ils n'avaient pas souffert, et ils *reviennent* beaucoup mieux, par le procédé indiqué, que si on les maintenait simplement dans l'eau, comme on le fait généralement.

Avant de planter un Rosier, on supprimera au sécateur les 3/4 de la longueur des branches. Il ne faut pas craindre de tailler trop court; au contraire, plus la taille sera courte, plus les pousses seront vigoureuses, surtout si la plantation est faite en arrière-saison, c'est-à-dire en mars ou avril.

On examinera les racines et on enlèvera soigneusement tous les drageons, appelés vulgairement *gourmands* [1], qui pourraient se trouver encore parmi elles. Les racines seront ensuite plongées quelques secondes dans de l'eau, où préalablement on aura délayé du vieux terreau de couche et de la terre. Cette opération, appelée *pralinage*, est excellente et donne les meilleurs résultats. Il faut bien se garder, par exemple, d'employer pour cet usage des urines ou des engrais trop forts, qui brûleraient les plantes au lieu d'en faciliter la *reprise*.

Les trous destinés à recevoir les Rosiers étant faits d'avance, on pourra mélanger à la terre en provenant un peu de vieux fumier bien décomposé. Les racines, encore toutes mouillées, seront placées dans le trou, et la terre mélangée de terreau remise par-dessus. On secouera doucement le Rosier de bas en haut pour faire tomber la terre entre les racines, puis on foulera avec précaution, mais assez fortement, avec le pied, la terre sur les racines ; on nivellera le terrain, et, la plantation terminée, on mouillera copieusement. Un bon paillis de menu fumier sera placé sur le sol, et des arrosages, aussi fréquents que le besoin s'en fera sentir, seront appliqués à la nouvelle plantation. L'eau des arrosages, en traversant le paillis, portera peu à peu de l'engrais aux racines ; de plus, ce paillis conservera l'humidité du sol et sera d'un grand secours, surtout dans les terrains naturellement secs

---

[1] On distingue du premier coup d'œil les *gourmands* des racines. Les personnes peu habituées peuvent les reconnaître facilement à leur centre qui est formé de moelle, tandis que les racines l'ont ligneux.

et brûlants. Enterré, lors des labours d'hiver, il servira d'engrais.

En préparant le terrain comme nous l'avons dit, et en opérant comme nous venons de l'indiquer, la plantation sera faite dans les meilleures conditions possibles et on aura toutes chances de bien réussir.

Il peut arriver cependant que, pour des causes multiples, impossibles à prévoir, les résultats obtenus ne soient pas aussi bons qu'on était en droit de l'espérer.

Un sol par trop différent, comme composition, de celui où ont été élevés les Rosiers peut être, par exemple, la cause d'une mauvaise réussite. Ainsi, les Rosiers provenant de certains sables de la vallée de la Loire réussissent souvent mal dans nos terres franches de Seine-et-Marne, et pourtant nos terres sont excellentes, et ces Rosiers de tout premier choix.

Pour éviter cette transition trop brusque, nous employons, lorsqu'il s'agit de Rosiers greffés rez-de-terre ou francs-de-pieds, de taille moyenne, le procédé suivant, qui facilite singulièrement la réussite des plantes.

Dans une terre bien ameublie, nous faisons, avec un plantoir, des trous ayant la forme d'un *cône renversé*, de 0 m. 25 et plus de profondeur, sur 8-10 centimètres au moins de diamètre à la base. Ces trous sont complètement bouchés avec du sable jaune de carrière. Piquant alors le plantoir au centre de ce sable, nous obtenons, en tournant l'instrument, un nouveau trou conique également renversé, de mêmes dimensions que le premier, et dont les parois se trouvent garnies d'une couche de sable d'un centimètre ou deux d'épaisseur.

Le Rosier est placé dans ce trou, les racines cou-

vertes d'une poignée de sable, et le tout foulé doucement au pied, puis arrosé fortement.

Les racines s'établissent fort bien dans ce milieu,
ayant de grandes analogies avec le terrain d'où elles
proviennent ; peu à peu, elles traversent le petit cône
de sable pour s'enfoncer dans la terre franche qui
l'environne de toutes parts.

On évite par ce moyen, bien simple et peu coûteux,
la perte de beaucoup de Rosiers. On peut l'employer
avec succès, chaque fois qu'on se trouve en présence
de plantes *faibles* ou de reprise douteuse et lorsque,
par un cas de force majeure, on est dans la nécessité
de transplanter des Rosiers déjà en végétation. Dans
ce dernier cas, il faut avoir bien soin d'enlever toutes
les feuilles des plantes et même l'extrémité herbacée
des rameaux.

Dans les plantations de Rosiers greffés rez de terre,
on doit toujours enterrer la greffe de quelques centimètres, de façon qu'elle puisse *s'affranchir*, c'est-à-
dire émettre des racines et puiser sa nourriture dans
le sol, sans l'aide du sujet sur lequel elle est placée.
En cas de grande gelée, la partie de la greffe ainsi
enterrée a beaucoup de chances pour résister au froid
et un Rosier gelé jusque rez de terre peut, par ce
moyen, émettre de nouvelles pousses venant de sa
partie souterraine.

On ne doit pas perdre de vue que, de la manière
dont est planté un Rosier, dépend souvent, pour ne
pas dire presque toujours, son existence future. Nous
sommes de ceux qui prétendent « qu'il n'y a pas de
mauvais Rosiers s'ils sont bien plantés [1] ». Nous

---

[1] Nous exceptons, toutefois, ceux greffés sur *Manettii*, qui périssent bientôt, quels que soient les soins dont on les entoure.

avons vu des amateurs peu versés dans la science
horticole et ignorant même les principes les plus élé-
mentaires de l'art des jardins, placer leurs Rosiers
dans les conditions les plus défavorables, au milieu
d'autres arbustes dont les branches les couvrent
complètement, dont les racines s'emparent de tous
les sucs de la terre, s'étonner ensuite de n'avoir
obtenu aucun résultat satisfaisant.

Nous ne voulons faire ici ni un cours de chimie,
ni un cours de physiologie végétale, mais nous tenons
à rappeler aux lecteurs que les végétaux puisent leur
nourriture non seulement dans le sol, *mais encore
dans l'air*. Il n'est donc pas suffisant de placer les
racines dans de bonnes conditions de végétation (qui
sont pour les Rosiers, celles que nous venons d'indiquer), il faut encore que la partie aérienne de la
plante soit, elle aussi, dans les conditions voulues, si
on désire obtenir un résultat parfait.

Comme les animaux, les végétaux respirent. Cette
respiration consiste dans la décomposition de l'acide
carbonique (formé de carbone et d'oxygène), absorbé
dans l'atmosphère par les rameaux et les feuilles. Or,
cette décomposition *ne peut avoir lieu que sous l'influence directe de la lumière solaire.*

Soumises à cette influence, les feuilles et les parties
herbacées de la plante fixent dans les tissus le carbone
résultant de cette décomposition et rejettent l'oxygène. Dans l'obscurité, le phénomène contraire se
produit, les parties rejettent l'excès d'acide carbonique puisé par les racines et absorbent l'oxygène.

Aussi, conseillons-nous à l'amateur de ne jamais acheter de
Rosiers greffés sur ce sujet détestable pour la culture en plein
air.

Privée de lumière solaire, une plante ne tarde pas à être atteinte de marcescence. Ses branches s'allongent démesurément, perdent de leur solidité, ses feuilles deviennent moins vertes, le carbone n'est plus fixé dans les tissus : *elle s'étiole*. Cet état de choses est facile à constater chez les plantes placées au milieu d'un massif touffu ou dans toutes autres conditions analogues.

On évitera donc de planter les Rosiers sous des arbres, au milieu d'autres arbustes, ou dans un endroit quelconque où ils seraient privés d'air et de lumière.

Le mieux est de former des massifs entiers ou des plates-bandes exclusivement composés de Rosiers.

Les plantes bulbeuses, telles que les Glaïeuls et surtout celles à tiges volubiles que l'on place quelquefois au pied des Rosiers à tige, pour cacher celle-ci, ou celles dont on tapisse le sol sous prétexte de conserver la fraîcheur, leur sont aussi très défavorables.

Des goûts et des couleurs, il ne faut pas discuter. Nous avons vu des personnes préférer la fleur du *R. moschata*, qui est simple, à la rose *Paul Neyron*; peut-être avaient-elles raison ?...

Nous laisserons donc à l'amateur le choix des variétés à planter, en employant de préférence celles dont nous donnons à la fin de cet ouvrage un choix fait parmi les meilleures. Nous lui conseillons seulement, pour former un massif, de prendre autant que possible des variétés de même vigueur, s'il veut avoir une plantation qui reste régulière. S'il se trouvait des variétés plus vigoureuses, elles seraient plantées au centre. Les couleurs seront variées suivant le goût, en plantant.

Dans les plates-bandes d'un jardin à la française, les Rosiers les plus hauts et les plus vigoureux seront plantés les plus éloignés de l'allée, afin de *former des gradins*, autant que possible.

Des tuteurs seront placés aux Rosiers à haute tige, pour éviter qu'ils soient balancés et cassés par les grands vents, si les tiges ne sont pas assez fortes pour résister par elles-mêmes.

On pourra utiliser les Rosiers à rameaux sarmenteux, dits *Rosiers grimpants*, pour garnir les murs, les tonnelles, etc. On obtiendra ainsi des effets décoratifs admirables.

Il est bon de mettre en pot, vers novembre, quelques Rosiers destinés à remplacer, pendant l'été, ceux qui pourraient mourir dans les plantations et nuire par là à la symétrie de la roseraie.

L'empotage aura lieu dans des *pots à Rosiers*, bien drainés, on emploiera comme compost une terre assez légère, à laquelle on mélangera 1/4 ou 1/3 de vieux terreau de fumier.

Les Rosiers en pots seront mis en planches, les vases enterrés, un bon paillis par-dessus et arrosés suivant les besoins. On les aura là, sous la main, pour renouveler ceux qui périraient dans les massifs ou les plates-bandes.

Les amateurs qui tiennent à conserver les noms de leurs plantes font bien de remplacer, dès la réception, les étiquettes de bois, promptement hors d'usage, par une mince lame de plomb portant un numéro d'ordre correspondant au nom porté sur un petit catalogue spécialement établi à cet effet. Ces lames de plomb durent indéfiniment et la dépense est insignifiante.

Lorsqu'on veut créer une collection de Rosiers

avec noms, il est préférable d'adopter le jardin à la française, avec ses belles lignes droites, qui rendent les recherches plus faciles.

Nous conseillons d'enduire avec de la cire à greffer toutes les sections importantes faites sur les Rosiers. Cette opération, peu coûteuse, donne des résultats très appréciables.

Soins divers à donner aux Rosiers.
Cachage pour l'hiver.

Les Rosiers seront, toute la belle saison, l'objet des soins les plus assidus, si on veut obtenir le maximum de végétation et une floraison abondante.

Ceux plantés du dernier printemps seront mouillés chaque fois que le besoin s'en fera sentir et d'autant plus souvent qu'il fera plus sec et plus chaud. Généralement, on mouille peu les plantes en place depuis plusieurs années, et de nombreux binages sont souvent suffisants pour entretenir la fraîcheur du sol. Ces binages réitérés maintiennent, en outre, le terrain de la roseraie dans un état constant de propreté.

On surveillera attentivement le développement des Rosiers, pour les débarrasser au plus tôt des drageons, appelés vulgairement *gourmands*, émis par le sujet et qui ne tarderaient pas à faire périr la greffe, ou tout au moins à l'affaiblir, en s'emparant de la sève à son détriment, si on n'y mettait ordre en les supprimant radicalement aussitôt qu'ils se montrent.

Lorsque l'écusson a été posé sur un Eglantier, *les gourmands* se distinguent à première vue de la greffe. Il n'en est pas de même, si le sujet employé est le *multiflore de la Grifferaie* qui, par son facies géné-

ral, pourrait être pris pour le Rosier à conserver.
On reconnaîtra facilement le *de la Grifferaie* à ses
stipules profondément pectinées, qui n'ont d'analogie qu'avec celles des *multiflores* ou *polyantha*, et
avec un peu d'attention on supprimera bientôt, sans
hésitation, les scions que ce sujet pourrait émettre.

Les *gourmands* seront coupés ras, sur le corps des
Rosiers à haute tige ; s'ils prenaient naissance sur la
partie souterraine du Rosier, on se garderait bien de
les couper rez de terre, ce qui ne servirait qu'à les
faire ramifier. On fouillerait au contraire au pied de
la plante, avec précaution, pour ne pas mettre toutes
les racines à nu, et on couperait les drageons, à leur
point d'attache sur le sujet.

Un des ennemis les plus redoutables du Rosier
est sans contredit les *Mans* ou *Vers blancs* (larve du
Hanneton), dont il sera parlé au chapitre des *Insectes*.

Lorsque ces larves attaquent les racines d'une
plante en végétation, elle cesse de croître, elle jaunit,
ses feuilles et ses parties herbacées se fanent, souvent
elle meurt complètement.

Si on a à redouter les Vers blancs, il est bon de
planter, parmi les Rosiers, des salades, des Fraisiers,
ou d'autres plantes molles aimées de ces larves, qui
en mangeront bientôt les racines. Dès qu'une de ces
plantes-pièges commencera à se faner, ce sera signe
que ses racines sont attaquées par l'ennemi redouté.
En arrachant la plante, il sera facile de trouver la
larve et de la détruire. La même salade, replantée,
peut servir à la capture de plusieurs vers blancs.

Nous ne parlerons pas ici des divers insectes utiles
ou nuisibles aux Rosiers ; pour cette étude, nous
renverrons les lecteurs au chapitre spécial : *Maladies
et insectes*.

Les Rosiers se couvrent quelquefois d'une sorte de moisissure blanche qui arrête la végétation en s'implantant dans le tissu cellulaire des feuilles et des rameaux herbacés et fait souvent avorter les boutons. C'est l'*Erisyphe pannosa* ou *Blanc des Rosiers*. On le combat par l'emploi de la fleur de soufre, ou mieux par le *soufre précipité à la nicotine* (ce produit détruit aussi très bien les Pucerons). Avec un soufflet spécial, on le lance en fine poussière sur les feuilles encore humides de rosée, un matin que le temps est calme, et que tout fait prévoir une journée ensoleillée. Grâce à l'humidité, la poussière de soufre adhère aux feuilles, et les rayons solaires la transforment en acide sulfureux, qui arrête l'invasion cryptogamique. Il peut être nécessaire de recommencer deux ou trois fois la même opération, à quelques jours d'intervalles, pour obtenir un résultat complet.

On emploie aussi avec succès, pour détruire le *Blanc*, une dissolution de sulfate de fer, à 5 grammes par litre d'eau. Cette dissolution, additionnée, au moment de l'employer, de 8 à 10 gouttes d'ammoniaque liquide (alcali volatil) par litre, est lancée sur les parties atteintes au moyen d'un pulvérisateur ou d'une seringue d'arrosage à trous très fins. On peut renouveler cette aspersion à plusieurs reprises, s'il est besoin.

Si les Rosiers étaient atteints chaque année par l'*Erisyphe*, on ferait bien de les soufrer plusieurs fois dès le premier printemps, à titre préventif ; on éviterait ainsi presque sûrement l'invasion de ce champignon parasite, qui n'est, suivant certains auteurs, que l'état conidifère d'une espèce du même genre.

On doit supprimer, aussitôt qu'ils paraissent, tous les boutons à fleurs, des Rosiers atteints de marcescence. *La loi du balancement des organes* joue, en effet, un très grand rôle dans le cas qui nous occupe. Il semble que la nature, craignant de perdre un de ses enfants, concentre tous ses efforts pour l'amener, coûte que coûte, à la floraison qui, suivant ses lois, doit en perpétuer la race par la fructification. Aussi, il est à remarquer dans la plupart des cas que le végétal est d'autant plus porté à fleurir qu'il est plus gravement atteint. Un peu d'engrais liquide appliqué au Rosier malade peut achever de le rétablir tout à fait.

Il est bon aussi d'enlever sur les sujets bien portants et aussitôt que les fleurs sont flétries, tous les fruits qu'on ne conserverait pas pour en récolter les graines. Si on laissait ces fruits, les Rosiers dépenseraient, pour les amener à complète maturité, une grande somme de vitalité, au détriment de leur vigueur générale et de la future floraison.

Lorsqu'on veut augmenter la grosseur des fleurs sur des Rosiers à rameaux pluriflores, il suffit de ne laisser qu'un bouton à chaque extrémité de branche. Les autres boutons sont supprimés aussitôt qu'ils se montrent, et on ne réserve que le plus gros et le mieux conformé ; celui du centre réunit généralement ces deux conditions. Toute la sève se portera alors dans ce bouton devenu unique, et la fleur atteindra des dimensions au-dessus de la normale. L'opération doit être faite dès que les boutons sont visibles, et il faut prendre toutes les précautions possibles pour ne pas froisser celui qui est réservé.

Ce procédé, appliqué rigoureusement, sur les variétés fleurissant en corymbes, comme : *Aimée Vibert*, *Turner's Crimson Rambler*, etc., serait par trop radical ; on doit, pour ces sortes particulières, supprimer seulement quelques boutons et en réserver au moins la moitié.

Il faut autant que possible pincer, lorsqu'elles sont encore à l'état herbacé, l'extrémité des branches qui menacent de s'allonger démesurément et de détruire ainsi la forme symétrique donnée ordinairement aux Rosiers. On laissera, bien entendu, croître à volonté, celles des Rosiers cultivés comme sarmenteux et destinées à couvrir une muraille ou une tonnelle quelconque.

Lorsque plusieurs rameaux se sont développés considérablement sur le même sujet, on peut, au lieu de les supprimer, les courber simplement en demi-cercle, en fixant l'extrémité rez de terre avec un petit piquet. Des fleurs se montreront bientôt le long de ces rameaux, et le Rosier ressemblera alors à un parapluie fleuri du plus gracieux effet.

Quand les fruits des Rosiers seront mûrs, c'est-à-dire vers novembre, on les récoltera si on veut en semer les graines. Ils devront être conservés à l'abri des rongeurs qui les auraient bientôt dévorés, si on les laissait à portée de leurs dents.

Nous indiquons, à l'article *Multiplication*, la manière de mettre en stratification et de semer ces graines.

Il ne nous reste plus, dans ce chapitre sur la *Culture en plein air*, qu'à parler des *cachages* pour l'hiver et de la *taille* des Rosiers.

Le *cachage des Rosiers nains* (greffés rez de terre ou francs de pied), sensibles à la gelée, n'offre, somme toute, que des difficultés facilement surmontables. Le meilleur moyen de prémunir les races délicates contre les froids rigoureux est encore de les butter avec de la terre. Si on s'est conformé à nos instruc-

tions pour la plantation, le moindre buttage suffira
pour garantir les branches sur une hauteur suffisante pour que la plante repousse du pied, dans le
cas où l'extrémité des rameaux serait détruite par le
froid. Il faut avoir soin, en opérant, de prendre la
terre assez loin du sujet à garantir, pour ne pas
mettre ses racines à nu et les exposer ainsi elles-
mêmes aux intempéries ; le remède alors serait pire
que le mal. La partie de la plante restant hors de
terre pourra être couverte de feuilles mortes ou de
paille.

Quant aux *Rosiers à haute tige*, il est beaucoup
plus difficile de leur appliquer un cachage présentant
toutes les garanties désirables, c'est-à-dire susceptible de les faire sortir indemnes d'un hiver rigoureux.

Beaucoup de personnes mettent de la mousse
sèche dans la tête de leurs Rosiers et enveloppent
ensuite le tout avec un fort papier goudronné ou un
bon capuchon de paille. Ce procédé n'est pas mauvais, à la condition toutefois que l'eau des pluies ne
puisse pénétrer dans la mousse ; mais il offre l'inconvénient de donner prise aux grands vents, en alour-
dissant la tête des Rosiers. Ceux-ci se trouvent balancés dans tous les sens, et pourraient même être
cassés ou complètement déracinés, s'il survenait
une tempête au moment où le sol est bien détrempé
par les pluies.

Nous estimons qu'il est plus certain, lorsqu'on a
affaire à des variétés *très délicates*, de les arracher à
l'approche des grands froids et de les conserver *en
jauge* à l'abri des gelées, dans un endroit quelconque.
Ces variétés sensibles sont remises en pleine terre
aux premiers beaux jours ; on profite de cette trans-

plantation pour débarrasser les racines des gourmands qui s'y seraient développés et pour appliquer une fumure de terreau au sol dans lequel on doit remettre les plantes.

Les Rosiers non transplantés doivent recevoir un labour d'hiver avec légère fumure organique. Si on emploie des engrais chimiques, l'enfouissement du paillis placé sur le sol de la roseraie sera suffisant. On prend bien soin de ne pas blesser les racines en labourant; l'emploi d'une fourche à dents plates, pour effectuer ce labour, évite les accidents de ce genre.

Taille.

Comment tailleriez-vous ces Rosiers, demandais-je un jour à un habile praticien, en lui montrant des *Baronne Prévost* ayant acquis un assez grand développement?

— Moi, dit-il, je prendrais une bonne serpe, et...

— Je me récriai : Comment! tailler des Rosiers avec une serpe?

— Après tout, reprit-il, si vous craignez de vous piquer, rien n'empêche de vous servir d'un croissant!

Cette réponse prouve surabondamment que ce praticien était loin, très loin même, de faire une science de la taille du Rosier.

Là, comme partout ailleurs, la vertu n'est pas dans les extrêmes; aussi, sans prétendre qu'on puisse tailler comme il faut les Rosiers à coups de serpe, nous nous refusons formellement à insinuer qu'il faut faire de longues études préalables pour arriver à *tailler convenablement* ces jolis arbustes.

Nous renverrons ceux de nos lecteurs qui voudraient avoir de longs détails sur cette opération, à l'ouvrage de M. E. Forney : *Taille et culture du Rosier*, après toutefois leur avoir affirmé qu'ils peuvent obtenir tous les résultats désirables, comme vigueur et comme floraison, en se conformant aux quelques conseils que nous donnons ci-après.

La taille a pour but de conserver au Rosier une forme gracieuse, de ne lui laisser que le bois qu'il peut nourrir facilement et de le faire fleurir convenablement.

La végétation, ou autrement dit la vigueur, et par suite la grosseur des branches composant la charpente d'un Rosier étant très inégale, la taille a encore pour but de rétablir, autant que faire se peut, l'équilibre entre toutes les branches de la ramure, et cet équilibre est surtout désirable chez les Rosiers à tige, afin d'obtenir et de conserver la symétrie de la cime, c'est-à-dire la tête.

Dans la pratique de cette opération, comme dans la plupart des travaux horticoles, nous sommes d'avis que l'on doit chercher à imiter la Nature.

Or, si on examine le mode d'accroissement des espèces du genre *Rosa*, on remarque que la *charpente* des individus qui composent ce beau genre se renouvelle sans cesse. Supposons un Rosier franc de pied, que nous cessons de tailler annuellement et que nous abandonnons ainsi à lui-même. Quelques branches commenceront probablement à prendre une extension plus grande, et une autre partie du végétal se ramifiera plus ou moins. Puis tout à coup, soit la même année, soit au printemps suivant, des scions pleins de vigueur surgiront de la souche même, le plus souvent au-dessous des branches déjà existantes. Ils s'empareront de toute la sève au détriment de la vieille charpente qui bientôt jaunira, se desséchera, et ne tardera pas à périr complètement. Les scions nouveaux se couvriront alors de branches florifères, puis se ramifieront et vivront là, en maîtres, jusqu'au moment, peu éloigné, où de nouvelles pousses surgiront à leur tour et dans les mêmes conditions, pour les détrôner.

La taille du Rosier doit donc avoir pour effet principal d'aider la Nature dans son œuvre, en enlevant d'abord le bois mort, puis la vieille charpente qui commence à péricliter.

Dérivant de nombreuses espèces et formant plusieurs races, il est bien évident que les Rosiers ne doivent pas tous être taillés de la même manière. Au point de vue de l'allure de végétation et du mode de floraison sur lesquels est basée la taille, il y a lieu de distinguer :

1º Les Rosiers fleurissant sur le bois de l'année précédente, tels que les Banks, les variétés du *Rosa lutea*, etc. ;

2º Les Rosiers à grande végétation, dits sarmenteux ;

3º Les Rosiers à végétation courte et dressée ;

4º Les Rosiers remontants.

Chez les Rosiers fleurissant en bouquets tout le long des rameaux de l'année précédente, la taille sera nulle ou réduite à un émondage du bois mort et des branches formant confusion. Les branches florifères seront laissées de toute leur longueur ou simplement éboutées. En reculant l'émondage jusque après la floraison, on bénéficie naturellement de la floraison de toutes les parties à supprimer.

Il en est à peu près de même chez les Rosiers sarmenteux des autres groupes, remontants ou non, sur lesquels la taille doit toujours être très réduite. Toutefois, ces Rosiers fleurissant sur les jeunes pousses, la suppression des parties inutiles doit être faite avant le départ de la végétation, afin de ne pas laisser celles-ci absorber de la sève sans profit.

Sur les Rosiers du troisième groupe, tels que les Centfeuilles, les Provins, etc., la taille sera aussi très sobre, les rameaux conservés devant simplement être éboutés.

Enfin, chez les Rosiers remontants, si nombreux aujourd'hui et parmi lesquels se trouvent des sarmenteux à grande végétation, des plantes fortes et robustes, d'autres faibles et grêles, la taille sera pratiquée en raison de leur nature et aussi du genre de fleurs et de l'époque à laquelle on désire les obtenir.

La taille, en effet, influe notablement sur la floraison.

Un Rosier vigoureux et robuste taillé trop court fleurit peu et émet des drageons.

Un Rosier faible et sans vigueur taillé trop long produit plus de fleurs qu'il n'en peut nourrir, les développe mal et s'épuise.

La taille courte donne des fleurs peu nombreuses, mais grandes et belles. La taille longue en fournit beaucoup, mais elles restent petites et sans charme.

La taille précoce avance la floraison ; la taille tardive la retarde.

Ces conditions préliminaires étant posées, voici comment on doit procéder :

Supprimer d'abord les vieilles branches atteintes de marcescence, ainsi que les brindilles et les branches mal placées en raison de la forme imposée à l'arbuste. Couper ensuite les jeunes branches trop nombreuses, en évitant les crochets et les chicots, de façon à les distancer convenablement, en évitant aussi qu'elles soient trop nombreuses ou convergent vers le centre, afin qu'une fois feuillues elles ne s'étouffent pas mutuellement.

En taillant ainsi, on supprime à peu près la moitié de la ramure des Rosiers, mais cette proportion n'a rien d'absolu. L'enlèvement d'un tiers du bois est souvent suffisant pour des variétés vigoureuses, comme il peut aussi devenir nécessaire d'en enlever les 2/3 ou même les 3/4 sur des variétés poussant peu.

Cet élagage terminé, vient le tour des branches charpentières, dont la longueur de taille doit être en rapport avec la nature et la vigueur de l'individu.

Les sujets faibles seront taillés à deux ou trois yeux, soit 3 à 4 cent.

Les sujets à végétation moyenne, à quatre ou cinq yeux, soit 8 à 10 cent.

Les Rosiers vigoureux à six ou sept yeux, soit 15 à 20 cent. et plus s'ils sont particulièrement luxuriants.

D'ailleurs, toutes les branches charpentières ne doivent pas être taillées à la même longueur ; la différence à ménager entre elles est relative à leur différence de vigueur. Les branches faibles doivent être taillées plus longues que celles qui sont fortes, le plus grand nombre de bourgeons et de feuilles dont elles se couvrent attirant la sève à elles. Si une ou deux branches s'emportent au détriment des autres, il faut d'abord les pincer pendant le cours de la végétation, et les tailler d'autant plus courtes au printemps suivant, qu'elles seront plus fortes que les autres.

Les sections doivent être faites au-dessus d'un œil, autant que possible tourné vers le centre de la

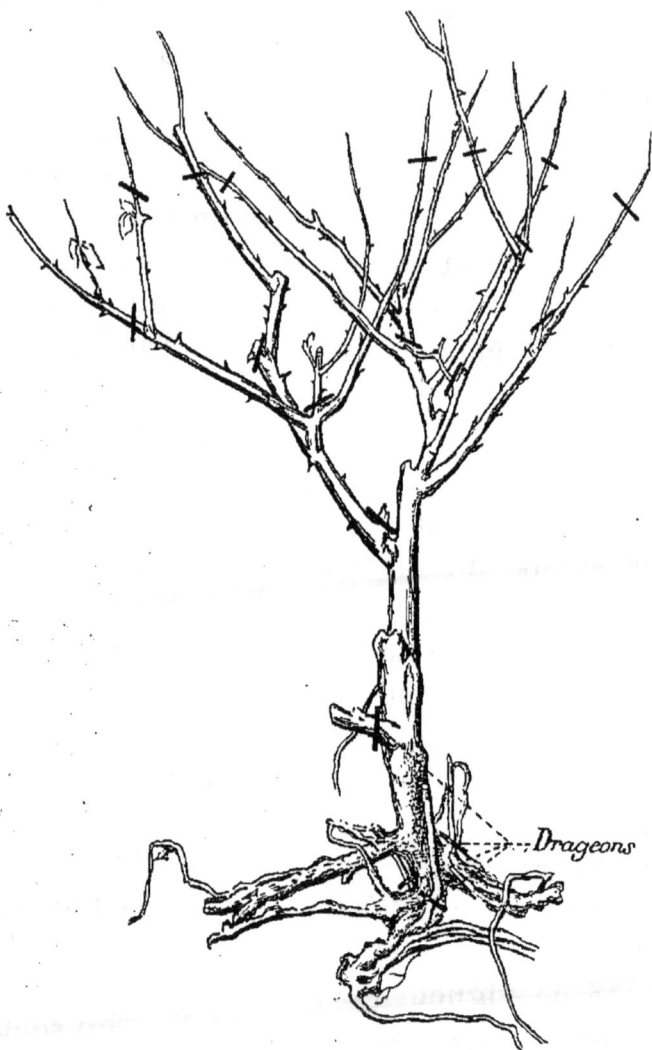

Fig. 23. — Rosier à tailler.
Les traits noirs indiquent où la taille doit être pratiquée.

souche, et assez loin de cet œil (quelques millimètres) pour ne pas l'*affamer*.

L'époque de la taille varie selon la région envisagée et aussi selon la rusticité des variétés. Dans la

région parisienne, la Brie notamment, on peut pratiquer la taille dès la fin de janvier sur les variétés
rustiques, et en février-mars seulement sur celles
plus délicates.

En taillant trop tôt à l'automne, on s'expose à
faire développer des brindilles qui mourront l'hiver
suivant, n'étant pas assez lignifiées pour résister au
froid.

En opérant pendant les gelées, les coupes se cica-
trisent souvent mal. Enfin, si on taillait trop tard au
printemps, on gênerait la circulation de la sève. De
plus, celle déjà passée dans les branches que l'on
coupe serait autant de perdu.

II. — CULTURE SOUS VERRE

*Culture en pots, en serre. — Culture en pots sous châssis.
— Culture en pleine terre, en serre. — Culture en
pleine terre, sous châssis.*

Les Rosiers se cultivent sous verre : 1° en pots,
2° en pleine terre. Dans un cas comme dans l'autre,
on emploie, pour les *forcer*, des serres ou des châssis.

Les principales variétés employées pour le *chauf-
fage* sont : *Souvenir de la Reine d'Angleterre, Captain
Christy, de la Reine, Maréchal Niel, Paul Neyron,
M*me *Boll, Baronne A. de Rothschild, la France,
M*me *Caroline Testout, M*me *Victor Verdier, M*me *La-
charme, Merveille de Lyon, Aimée Vibert, Jules Mar-
gottin, Triomphe de l'Exposition, Anna de Diesbach,
La Rose du Roi, Baronne Prévost, Ulrich Brunner
fils, M*lle *Augustine Guinoisseau, Gloire de Dijon,
M*me *Gabrielle Luizet, Kaiserin Augusta Victoria,*

Mme *J. Combet*, *Frau Karl Druschki*, *Her Majesty*, etc.

La plupart des Multiflores ou Polyanthas et leurs hybrides, nains ou sarmenteux, se forcent également ; les anglais en font beaucoup. La variété naine *M*^{me} *Norbert Levavasseur* et probablement les autres variétés similaires (*M*^{rs} *Cusbush*), s'y prêtent particulièrement bien ; nous ignorons comment se comporte le *Crimson Rambler.*

Certains forceurs prétendent que les variétés greffées sur *R. polyantha* entrent plus facilement en végétation et fleurissent par suite beaucoup plus promptement que celles de mêmes sortes entées sur les sujets ordinairement employés en horticulture.

CULTURE EN POTS, EN SERRE

C'est en novembre qu'on doit empoter les Rosiers destinés à être chauffés l'automne suivant.

Ces Rosiers, choisis parmi les plus sains et les plus vigoureux, seront mis dans des pots d'environ 15 à 18 centimètres de diamètre, *soigneusement drainés*.

On sait que ce drainage s'obtient en plaçant au fond des vases, sur le trou, un ou plusieurs tessons destinés à faciliter l'écoulement des eaux.

Le compost employé pour l'empotage peut être formé de 2/3 de terre franche assez légère et de 1/3 de terreau de fumier bien décomposé. On peut employer encore une composition par tiers, de terre franche, terre de bruyère et terreau. Ces formules peuvent varier à l'infini, mais le compost doit toujours être consistant, *riche*, si on veut obtenir de bons résultats.

Les Rosiers recevront, au moment de l'empotage,

une taille provisoire, par laquelle on supprimera les rameaux faibles, et on arrondira un peu la tête en coupant le bout des branches.

Les pieds seront soigneusement visités ; les extrémités des racines mutilées par l'arrachage seront rafraîchies au sécateur ou mieux à la serpette ; tous les gourmands seront coupés ras. Les plantes, une fois en pots, seront mises en jauge, *couchées* de façon à être facilement garanties des grands froids. Cette mise en jauge sera exécutée au fur et à mesure de l'empotage, afin que les gelées qui peuvent survenir tout à coup ne rendent pas impossible cette importante opération.

En mars-avril, on mettra les Rosiers *en planches un peu creuses*, les pots enterrés et couverts d'un fort paillis de fumier. La taille sera régularisée suivant la vigueur des variétés et en ne laissant que les branches vigoureuses, qui indiquent par leur aspect général devoir donner une belle et abondante floraison.

Il est bon de placer chaque pot sur deux ou trois pierrailles, ou sur un autre vase renversé, de façon à faciliter l'écoulement de l'eau provenant des fréquents arrosages donnés pendant la belle saison ; eau qui, en séjournant, ne tarderait pas à décomposer la terre dans les vases et pourrait même pourrir les racines, si on ne prenait pas la précaution indiquée.

On doit appliquer, dans le courant de l'été, quelques arrosages à l'engrais liquide, et les soufrages à titre préventif ne doivent pas être négligés [1].

Les boutons à fleurs seront supprimés tout l'été, à

---

[1] Tout ce qui précède s'applique également à la culture en pots en plein air. (Voir le chapitre *Engrais chimiques*.)

mesure qu'ils se formeront, afin que les Rosiers acquièrent plus de vigueur. Certains forceurs les réservent à l'arrière-saison dans le but d'aider à l'août- tement des branches.

C'est pour arriver au même résultat qu'il est bon, vers août-septembre, de sortir des planches tous les Rosiers en pots destinés au forçage en octobre-no- vembre suivants.

Ces plantes sont *laissées en pots* sur le sol, où elles souffrent de la soif jusqu'à ce que toutes les feuilles soient tombées ; le bois peut même se *rider légère- ment*, sans inconvénient.

On peut s'abstenir, s'ils ont peu poussé, de rectifier pour la seconde fois la taille des Rosiers au moment de les forcer ; ils fleuriront alors plus vite que si on les taillait, mais les fleurs seront quelquefois moins belles.

Les Rosiers seront placés en serre, les pots enterrés *environ deux mois* avant l'époque où on désire les avoir en fleurs. Quelques *chauffeurs* portent immé- diatement la température à 25° centigrades, pour l'abaisser ensuite, aussitôt que les plantes entrent en végétation, à 12-15°. D'autres, au contraire, et nous préférons ce moyen, augmentent progressivement la température de 10-12 jusqu'à 25° au-dessus de zéro.

Quel que soit le système adopté, on laissera aux Rosiers *le plus de lumière possible* et on ne couvrira la serre de paillaissons, *même la nuit*, qu'en cas de gelées *très intenses*. Autrement, on laissera la serre découverte et le thermomètre pourra descendre à + 5° sans que les Rosiers forcés en souffrent aucu- nement.

Il est indispensable de leur donner de l'air chaque fois que le temps le permet.

Les arrosages, *toujours faits avec de l'eau à la température intérieure*, seront suffisamment fréquents pour que la terre des pots soit *continuellement très humide*. Les branches des Rosiers seront bassinées d'un bout à l'autre avec une seringue d'arrosage à petits trous, de façon à faire monter la sève dans les branches. Si le soleil chauffait fortement, on devrait éviter ces bassinages, et se contenter alors de conserver l'humidité de l'atmosphère ambiante, par des aspersions *entre les Rosiers*.

On fera des soufrages préventifs contre le *Blanc*, et de la fumée de tabac pour éloigner les Pucerons. Si ceux-ci apparaissent quand même, il faut les détruire *immédiatement*, soit en les touchant avec une plume d'oiseau trempée dans du jus de tabac dilué, soit au moyen d'un insecticide spécial, dont on trouve plusieurs formules très efficaces dans le commerce.

Quand le soleil est assez fort pour brûler les plantes soumises au forçage, il faut apporter toute son attention pour les ombrer au moyen de claies ou d'une poignée de paille éparpillée sur les vitres, chaque fois qu'il y a nécessité. *Il suffit de quelques minutes d'oubli pour avoir des dégâts presque irréparables.*

Nous ne voulons pas clore ce premier paragraphe de la culture sous verre sans donner aux amateurs un moyen *pratique* et peu coûteux d'obtenir des fleurs sur des Rosiers en pots, à l'automne, au moment où les plantes de plein air commencent à n'en plus produire à cause des gelées.

Ce procédé tient le milieu entre la culture sous verre et celle en plein air. Il consiste tout simplement à pincer, pour les empêcher de fleurir, pendant le mois d'août et même de septembre, des Rosiers remontants mis en pots comme nous l'avons indiqué.

Ne pouvant épanouir leurs fleurs, les plantes ainsi traitées émettront sans cesse de nouvelles pousses et pour peu que la saison soit favorable, elles se trouveront couvertes de boutons à fleurs plus ou moins avancés, au moment où les premières gelées automnales viendront détruire les dernières roses de plein air. Il suffira donc de rentrer ces Rosiers, avant qu'ils soient atteints du froid, et de les placer, soit dans une serre, soit sous un bon châssis, en leur donnant de l'air, pour les voir épanouir leurs corolles, sans qu'il soit besoin de les chauffer. L'amateur pourra ainsi prolonger de quelques semaines la saison des roses, sans aucun frais et sans avoir recours au forçage, toujours dispendieux.

CULTURE EN POTS, SOUS CHASSIS

Les Rosiers seront préparés exactement de la même façon que pour la culture en serre.

Si les bâches dont on dispose ne sont pas chauffées par un système quelconque à l'eau ou à la fumée, et sont en bois et mobiles, on préparera pour le chauffage pendant les grands froids une *couche* de la façon suivante : on placera sur le sol une couche de fumier frais de cheval, d'une épaisseur de 40 centimètres *au moins* et d'une largeur suffisante pour déborder le coffre, que l'on doit placer dessus, d'au moins 0 m. 70 tout autour.

Le coffre étant placé sur cette couche de fumier, on l'entourera de forts réchauds de même nature et de 0 m. 70 également d'épaisseur. Ces réchauds, une fois terminés, déborderont les bords supérieurs du coffre de quelques centimètres. Le fumier, tant de la couche que des réchauds, sera bien foulé, à mesure qu'on le mettra en place. Une fois le coffre placé, on couvrira la couche de 20 à 25 centimètres de bon terreau et on placera les châssis.

Le tout étant dans cet état, on attendra que la plus forte chaleur de la couche soit passée, car si on y mettait immédiatement les Rosiers, ils pourraient très bien être brûlés. Quand ce danger ne sera plus à craindre, on mettra les plantes dans les coffres, en posant simplement, pour commencer, les pots sur le terreau.

Quelque temps après, quand la chaleur sera encore un peu diminuée, on enterrera les pots dans le terreau préparé pour cela.

Les réchauds du tour des coffres seront *remaniés* d'autant plus souvent qu'il gèlera plus fort et qu'on voudra obtenir une végétation plus active. A chaque remaniement, on mettra du fumier neuf. Si on voulait obtenir une chaleur moins forte on pourrait mêler des feuilles mortes au fumier de cheval. La chaleur ainsi obtenue est *plus douce* et se *prolonge plus longtemps*.

Les bâches, chauffées au feu ou à l'eau chaude, sont seulement entourées de réchauds, qu'il n'est pas nécessaire de remanier aussi souvent.

Les Rosiers cultivés sous châssis reçoivent de l'air *chaque fois qu'on peut leur en donner*. L'air doit être donné autant que faire se peut du *côté opposé au vent*. On leur donne aussi le plus de lumière possible. On soufre en prévision du Blanc, et on fait de la fumée de tabac pour éloigner les Pucerons. En un mot, les soins sont les mêmes que pour les Rosiers en serre.

CULTURE EN PLEINE TERRE, EN SERRE

La culture en pleine terre et sous verre des Rosiers, soit en serre, soit sous châssis, doit être préférée à celle en pot, lorsqu'il s'agit d'obtenir des roses à couper, ayant de longues tiges, comme celle à la mode aujourd'hui.

Les variétés qu'on destine à produire ces tiges : *Paul Neyron*, *Ulrich Brunner fils*, etc., sont taillées à 4 ou 5 yeux tout au plus. Cette taille est, du reste, en usage dans la Brie, pour la culture en plein air de ces mêmes variétés, et c'est grâce à elle qu'on obtient ces longs rameaux fleuris, vendus souvent à un prix rémunérateur. Lorsqu'on tient à avoir beaucoup de roses, il faut tailler plus long.

Les Rosiers en pleine terre qu'on doit forcer en serre sont plantés *au moins deux ans à l'avance*, dans un terrain *bien fumé et bien défoncé*. Ils reçoivent tous les soins préconisés pour la culture en plein air.

La plantation est faite en planches larges de 1 m.50 environ et séparées par un sentier de 0 m. 50. Les serres mobiles employées auront dans ce cas 3 m. 50 de largeur. Elles couvriront donc, étant montées, chacune deux planches, plus un sentier au milieu. Si on opère sur une grande échelle, une autre serre de mêmes dimensions sera établie sur les deux planches suivantes et ainsi de suite. Il reste alors entre chaque serre un espace de 0 m. 40 environ qui sera comblé avec du fumier de cheval ou des feuilles mortes, formant réchaud.

Ces serres seront en bois ou en fer et à deux pentes ; les côtés et les bouts sont fermés par des panneaux de bois.

Le chauffage, *facilement démontable*, sera autant que possible assez puissant pour que le cultivateur soit absolument maître de porter, par n'importe quel temps, la température au degré convenable.

Les Rosiers devant être forcés l'hiver sont taillés dès le commencement de novembre, et ils reçoivent en même temps un léger labour avec fumure. On prend les plus grands soins de ne pas blesser les racines.

Une fois le forçage en train, les soins sont très sensiblement les mêmes que pour la culture en pots en serre.

C'est ce même genre de culture en pleine terre qu'on pratique dans le Midi, avec cette simple différence que le chauffage est bien moins intense.

CULTURE EN PLEINE TERRE, SOUS CHASSIS

Mêmes préparations des plantes que pour la culture en *pleine terre, en serre*. Seulement, les Rosiers sont plantés en planches de la longueur et de la largeur des coffres dont on veut les entourer.

Cette culture se pratique généralement à l'arrière-saison et souvent en se contente de placer les coffres et les châssis sur les Rosiers, sans les *entourer de fumier et sans les chauffer*.

La chaleur vient donc, dans ce cas, uniquement du soleil, et ce procédé s'emploie alors plutôt pour *avancer* les Rosiers que pour les forcer à proprement parler.

Les roses produites tiennent le milieu entre les roses forcées et celles de plein air. Il faut se méfier des coups de soleil et ombrer avec des claies, une poignée de paille, ou tout autre moyen chaque fois que les rayons solaires deviennent trop ardents.

.*.*.*

Si tous les Rosiers mis en pots en vue du forçage ne sont pas employés pour la première saison de fleurs, ceux qui restent doivent être rentrés dans un endroit où on puisse les avoir sous la main pour les mettre en végétation au moment voulu. S'ils restaient en jauge dehors, il pourrait se faire que les gelées, ayant durci le sol, il soit impossible de les avoir sans briser les pots, ou même qu'on se trouve dans l'impossibilité complète de les déplacer.

Les plantes en pleine terre et destinées également à une seconde saison, seront aussi garanties par tous les moyens possibles, car le sol gelant plus ou moins profondément, ce serait une cause de retard pour la mise en végétation. En cas de fortes gelées, les Rosiers pourraient même être détruits complètement.

Enfin, les mêmes plantes ne devront être soumises au forçage *que tous les deux ans*, si on veut avoir une floraison de premier ordre.

L'amateur arrive facilement à une culture parfaite du Rosier en plein air, mais il n'en est pas tout à fait de même en ce qui concerne la culture sous verre.

Quels que soient les conseils dont il s'entoure, quels que soient les détails techniques qu'il puisse trouver dans les traités spéciaux, il ne doit pas se dissimuler que ce n'est que par une longue expérience qu'il triomphera facilement des mille petits obstacles que la nature jette toujours sous les pas de ceux qui veulent outrepasser ses lois.

Cette expérience, il l'acquerra cependant, nous en sommes convaincus, en se conformant, pour commencer, aux principes généraux que nous venons d'indiquer et qu'il modifiera ensuite plus ou moins, dans un sens ou dans l'autre, suivant le climat et le matériel spécial dont il pourra disposer.

En s'en tenant à nos conseils, il obtiendra, dès le début, un résultat sinon parfait, faute de pratique, du moins très passable, qui l'encouragera à chercher patiemment la perfection pour l'avenir.

CULTURE DES ROSIERS DANS LE MIDI

Grâce au climat exceptionnellement doux qui règne sur le littoral de la Méditerranée, les Rosiers s'y comportent d'une façon différente de celle du Nord. Tout en conservant leurs feuilles pendant la plus grande partie de l'année, ils subissent, néanmoins, deux périodes de repos ; l'une imposée par les grandes chaleurs et la sécheresse de l'été, l'autre par les froids qui se font sentir, parfois assez rigoureusement durant la fin de l'hiver.

Dès les premières pluies d'automne, ils entrent en végétation, et ils fleurissent ensuite plus ou moins abondamment jusqu'en décembre, puis de nouveau en avril-mai. Les opérations culturales y sont donc basées sur l'évolution normale de l'arbuste en plein air. Toutefois, dans le but d'obtenir des fleurs sans interruption durant l'hiver, période pendant laquelle elles se vendent, d'ailleurs, le plus cher, les Rosiers y sont beaucoup cultivés sous abris ou en serres munies d'un léger chauffage. Nous parlerons donc de la *culture en plein air* et de la *culture sous verre*.

1° CULTURE EN PLEIN AIR. — La plantation s'effectue depuis novembre jusqu'en mars, sur un terrain profondément défoncé et fortement fumé. L'espacement est de 1 m. à 1 m. 20 entre les lignes et de 80 cent. environ sur les lignes. La production des fleurs à couper pour le commerce commence dès la deuxième année. Une plantation bien établie et entretenue peut durer dix à douze ans. Les soins principaux résident dans la taille, les labours, les fumures et la cueillette.

La taille s'effectue en septembre. Elle est faite plutôt courte, de façon à obtenir des tiges moins nombreuses, peut-être, mais plus vigoureuses, plus longues et des fleurs plus grandes. On taille, selon les variétés, à trois ou quatre yeux sur des branches bien saines et rapprochées du sujet. Un bon arrosage suit la taille, puis un labour et une fumure copieuse, mais variable dans sa nature ; le fumier de ferme, les engrais chimiques et la vidange étant employés séparément ou conjointement et en quantité variable. Dès le développement des premières feuilles, puis successivement, on pratique des soufrages contre l'*Oïdium*.

La floraison commençant environ trois mois après la taille, arrive dans le courant d'octobre et se continue jusqu'aux froids qui commencent en janvier. Elle reprend, quoique moins abondante et moins remarquable, vers la fin d'avril et se poursuit ensuite jusqu'à la fin de mai. A cette époque, les roses n'ont plus beaucoup de valeur et supportent, d'ailleurs, mal le transport.

2° CULTURE SOUS VERRE. — Le forçage se pratique sur place, c'est-à-dire sur des Rosiers élevés en pleine

terre et disposés pour recevoir des serres mobiles
ainsi que le chauffage. Ces serres sont constituées
par de simples châssis de couche, reposant sur une
charpente très simple, formée de pieux et de tra-
verses. Les serres adossées sont les plus chaudes.
Les serres à deux versants sont exposées au midi et
sont inéquilatérales. Le versant exposé au midi comporte généralement deux châssis, tandis que le versant du côté nord ne se compose que d'un seul, cela
afin de capter la plus grande somme possible de chaleur solaire. Le chauffage est constitué par un ther-
mosiphon sans maçonnerie et un simple tour de tuyaux
en fonte ou même en zinc, reposant sur des briques
et que les forceurs montent généralement eux-
mêmes.

La plantation des Rosiers se fait en lignes transversales espacées de 50 à 60 cent., et de 30 à 40 cent.
sur les lignes, en ménageant un sentier de 80 cent.
sous la partie la plus haute de la serre. Dans les
serres adossées, on garnit généralement le mur de
fond avec des variétés sarmenteuses.

Ce n'est que la deuxième ou parfois la troisième
année après la plantation que le forçage peut être
commencé. Les serres ne sont généralement montées
sur la plantation qu'au moment du premier forçage ;
les châssis sont enlevés dès que la floraison est terminée. La taille est faite un peu plus courte que celle
des Rosiers devant fleurir en plein air, à deux ou
trois yeux seulement. Un labour et une bonne fumure
suivent la taille. Le forçage ne peut guère être commencé avant la mi-décembre, à cause de l'arrêt in-
complet de la végétation. On ne chauffe que durant
la nuit, afin de maintenir une température nocturne
de 10 à 12 degrés ; durant le jour, les rayons du soleil

assurent une température qui varie de 20 à 30 degrés;
il est même souvent utile et d'ailleurs très profitable
de donner de l'air durant le milieu du jour, pour
affermir toutes les parties tendres et même les fleurs.
On compte de cinquante à soixante-cinq jours après
la mise en végétation pour obtenir la floraison.

Comme dans toutes les cultures forcées, les soins
sont multiples et doivent être très suivis. Ils con-
sistent en arrosages et bassinages lorsque le temps
est chaud, aération, soufrages contre le Blanc, aspersions au jus de tabac pour détruire les Pucerons,
chauffage, etc.

Telles sont les indications essentielles que nous
pouvons donner sur la culture des Rosiers dans le
Midi, en vue de la production des fleurs à couper.
On trouvera plus loin un choix des variétés les plus
cultivées pour cet usage.

Pour la *multiplication des Rosiers dans le Midi*,
voir le chapitre spécial (p. 182).

Emploi des engrais chimiques dans la culture des Rosiers.

*La base de toute fumure pour une roseraie doit
être le bon fumier de ferme, arrivé à un degré très
avancé de décomposition,* et auquel des soins intelli-
gents ont conservé, *autant que possible,* tous ses éléments nutritifs.

A défaut de fumier, il faut employer des gadoues
de ville ou autres matières organiques, qui apportent au sol l'HUMUS indispensable pour obtenir des
Rosiers leur maximum de végétation et de production florale.

Nous avons dit que les Rosiers *aiment un sol riche en humus et profondément défoncé*; nous allons démontrer pourquoi ils manifestent une prédilection aussi marquée pour ces sortes de terres.

Il est évident que les Rosiers, comme tous les végétaux, se nourrissent *exclusivement d'éléments minéraux*, de *sels*, contenus en dissolution dans les eaux du sol, qu'ils ne peuvent absorber ni matières organisées, ni matières organiques, et que les principes nutritifs du fumier ne pourront être utilisés, par eux, *qu'après s'être minéralisés.*

Les magnifiques découvertes en chimie et en physiologie, de nos savants modernes, ne laissent aucun doute à cet égard et ne peuvent en laisser aucun.

Il est évident qu'il est possible, théoriquement et pratiquement, de faire vivre, croître, fleurir et fructifier un végétal planté dans du sable *absolument stérile* (dans du verre pilé même), complètement dépourvu de toute trace d'humus et de substance organique, en lui fournissant, en arrosages, sous forme de solutions très faibles et rigoureusement dosées, les éléments minéraux qu'il puise naturellement dans le sol, et au moyen desquels, normalement, il constitue successivement ses divers organes.

Mais ce qui est possible dans une culture en pot, où pas une goutte des solutions nutritives n'est perdue, où il est facile de fournir à la plante, par de fréquents arrosages, au fur et à mesure de ses besoins, les éléments qui lui sont nécessaires pour se développer, devient très difficile et même impossible dans les cultures ordinaires de Rosiers en pleine terre, et voici pourquoi :

C'est à l'état de *nitrates* que plusieurs des éléments constitutifs des Rosiers se présentent à eux dans le

sol, sous forme assimilable, et c'est sous cette forme
seulement qu'ils pourront être utilisés par ces végétaux. Il y a donc nécessité absolue que ces nitrates
restent dans le sol, à la disposition des racines.

Or, le pouvoir rétenteur des terres ne *contenant
pas d'humus est absolument nul à l'égard des nitrates.*

Qu'il survienne donc une pluie abondante, au moment où les éléments nitrifiés pourraient être assi-
milés, et les eaux entraîneront, dans le sous-sol, ces
nitrates, causant ainsi aux Rosiers un préjudice d'autant plus considérable que cet entraînement sera
plus complet et se renouvellera plus souvent.

Dans les terres riches en humus, cet entraînement
est beaucoup moins à craindre, et en tous cas, infini-
ment moins désastreux. Un des rôles les plus importants de l'humus est, en effet, *de retenir les nitrates* ;
il s'en empare, non seulement comme une éponge
s'empare de l'eau, mais encore il forme avec plusieurs
bases fixes du sol des combinaisons insolubles, les
retient énergiquement, les conservant ainsi à la disposition des *poils radicaux* qui doivent, par l'intermédiaire des fibrilles, des radicelles et des racines,
les faire pénétrer dans l'organisme, pour y être transformés dans la partie aérienne du Rosier.

L'acide humique ou *humus* agit énergiquement
sur les débris rocheux provenant des roches primitives. Il les désagrège et transforme peu à peu l'acide
phosphorique et la potasse inertes que ces débris renferment, en potasse et en acide phosphorique *utili-
sables* par les végétaux.

De plus, l'humus est un puissant agent de correc-
tion, agglutinant les terres légères et divisant les
terres argileuses. Il permet à l'air de pénétrer et d'aller,
grâce à l'action de l'oxygène, hâter l'oxydation de

l'azote ammoniacal du sol et des matières organiques, et d'accélérer sa transformation en *azote nitrique*, qui se combine avec les bases fixes du sol pour former des nitrates.

Enfin, grâce à la couleur foncée de toutes les combinaisons de l'acide humique, le sol qui les contient prend une couleur brune, très favorable à l'absorption de la chaleur solaire.

Nous voyons donc que les divers rôles joués par l'humus dans une terre sont de première importance. Cette importance s'accroît encore, lorsque les plantes en culture ont, comme les Rosiers, une végétation soutenue, qui commence aux premiers beaux jours pour se terminer seulement au milieu de l'automne. Il est indispensable que ces plantes aient continuellement à la disposition de leurs racines des éléments nutritifs, et notamment *beaucoup d'azote,* sous forme immédiatement assimilable.

Il convient donc d'apporter à toute terre [1] devant être convertie en roseraie, des matières organiques, fussent-elles — *si on ne peut faire mieux* — très peu riches en substances azotées. Dans ce cas, on y remédie ensuite par l'emploi d'engrais chimiques, dont l'humus retiendra les éléments fertilisants.

Les Rosiers aiment un sol profondément défoncé, d'abord parce que leurs racines le pénètrent plus facilement, et que ces racines atteignent un assez grand développement, ensuite et surtout parce qu'ils font,

---

[1] Exception est faite, naturellement, pour les terrains *très humifères et acides,* dans lesquels l'acide nitrique ne peut perdre sa causticité, faute de bases fixes pour se combiner. On mobilise alors l'azote par l'apport de chaux. Ce cas, très rare, ne se présente pas une fois sur mille. (Terrains tourbeux, anciennes cultures maraîchères, etc.)

pour croître, une grande consommation d'azote, et qu'en *défonçant une terre, on augmente considérablement la quantité d'azote à l'état nitrique qu'elle renferme.*

L'azote ammoniacal du sol ne peut, en effet, revêtir la forme nitrique — seule forme assimilable — que par une oxydation spéciale, déterminée par un ferment particulier qui ne peut vivre et se multiplier que dans les couches supérieures du sol où, grâce aux labours, *l'air peut pénétrer.*

Les bactéries de la nitrification sont *essentiellement aérobies* et ne peuvent vivre sans l'oxygène atmosphérique.

Ces bactéries oxydent l'azote ammoniacal, s'emparent de son *hydrogène* pour former de l'eau (nous savons que la formule de l'ammoniaque est AzH^3) et mettent ainsi l'azote en liberté. L'oxydation se continuant, cet azote se combine alors avec des quantités d'*oxygène* de plus en plus considérables (dont nous trouvons les proportions dans les formules AzO — AzO^2 — AzO^3 — AzO^4, pour arriver enfin à la formule AzO^5, qui est celle de l'acide nitrique).

Cet acide nitrique se combine avec les bases fixes du sol pour former des nitrates, comme nous l'avons vu.

La formation des nitrates n'a donc lieu dans le sol que dans la couche supérieure, *dans laquelle des labours font pénétrer l'oxygène de l'air.* Au-dessous de cette couche, l'azote reste inerte et peut même, sous l'influence de *microbes anaérobies*, se *dénitrifier* si des nitrates y ont été entraînés par les eaux.

On conçoit dès lors facilement que, par le défoncement du sol, on fasse *se nitrifier, c'est-à-dire devenir assimilable*, une quantité plus ou moins grande d'azote, jusque-là restée à l'état inerte, dans la couche de terre remuée pour la première fois, par le second fer de bêche qui amène précisément cette couche à la surface du sol, où elle sera pénétrée par l'air.

Mais il ne faut pas oublier que cette augmentation d'*azote assimilable*, obtenue par le défoncement du sol, a lieu au détriment de l'azote ammoniacal et de l'azote organique que contient le sol, et que par conséquent, la somme d'*azote total* diminuera, si un apport d'engrais azoté ne vient pas compenser le prélèvement d'azote, et surtout la destruction des matières organiques causée par le défoncement.

DES ENGRAIS CHIMIQUES

Toute plantation de bons Rosiers, faite dans un *sol défoncé, riche en humus, non envahi par des racines étrangères* ou par des larves attaquant les racines des Rosiers, doit croître et prospérer.

Si, lorsque leurs racines sont bien établies dans le sol, ces Rosiers restent malingres et sans vigueur, on peut hardiment diagnostiquer qu'un ou plusieurs éléments indispensables aux Rosiers manquent dans le sol ou ne s'y trouvent qu'en quantité insuffisante, ou bien encore *sous forme non assimilable*. C'est alors que commence le rôle de la chimie et des engrais complémentaires.

La chimie nous permettra, en effet, de déterminer quel est l'élément qui doit être apporté et sous quelle forme il doit l'être.

Les engrais chimiques nous fourniront cet élément sous la forme appropriée *à la nature physique et chimique* du sol auquel on le destine.

Sur les quatorze corps simples dont sont formés les Rosiers, neuf sont presque toujours assez abondamment répandus dans le sol et dans l'atmosphère pour que nous n'ayons pas à nous préoccuper d'en fournir à nos plantes. Ce sont : l'*hydrogène*, l'*oxygène*, le *carbone*, le *soufre*, le *chlore*, le *silicium*, le *manganèse*, le *magnésium* [1] et le *sodium*.

Deux autres manquent parfois, mais rarement. Ce sont : le *calcium* et le *fer*.

Lorsque le calcium manque dans le sol, il peut être fourni aux Rosiers, sous forme de *chaux*, ou de *carbonate de chaux* (calcaire).

L'apport de fer peut être nécessaire, dans le cas où l'étioline se transforme difficilement en *chlorophylle* dans les parties vertes des Rosiers, les feuilles notamment.

Dans les terrains calcaires, on doit apporter le fer sous forme de sulfate de fer, à raison de 2 à 4 kilogrammes par are. L'acide phosphorique de ces terres y gagne ainsi en assimilabilité. Dans les terrains non calcaires, il vaut mieux avoir recours au *phosphate de fer*.

Enfin, trois éléments, extrêmement importants pour les Rosiers, manquent souvent dans les terres, ou ne s'y trouvent que *sous forme non assimilable*. Ce sont : l'*azote*, le *phosphore* et le *potassium*.

La chimie nous fournit les moyens de nous rendre compte des éléments qui manquent aux terres :

---

[1] De récentes expériences, effectuées par MM. Truffaut et Cochet-Cochet, et encore en cours, semblent démontrer que le magnésium joue un grand rôle dans l'alimentation des Rosiers, et que, dans de nombreux cas il est nécessaire d'en apporter au sol. Ces expériences seront continuées.

1º Par l'analyse du sol ;
2º Par l'analyse des Rosiers eux-mêmes.

ANALYSE DU SOL

Les chiffres des analyses de terre sont rapportés à 1 kilogramme de terre fine, séchée à l'air.

Les savants travaux de MM. P. de Gasparin, Risler, Joulie, etc., ont permis de classer les terres de la façon suivante :

Terres très pauvres. . . . . { Azote : moins de 0,5 p. 1000.
Acide phosphorique : au-dessous de 0,1 p. 1000.

Terres pauvres . . . . . . { Azote : de 0,5 à 1 p. 1000.
Acide phosphorique : de 0,1 à 0,5 p. 1000.

Terres moyennement riches . { Azote : 1 p. 1000.
Acide phosphorique : de 0,5 à 1 p. 1000.

Terres riches . . . . . . { Azote : de 1 à 2 p. 1000.
Acide phosphorique : de 1 à 2 p. 1000.

Terres très riches . . . . { Azote : plus de 2 p. 1000.
Acide phosphorique : plus de 2 p. 1000.

Ces chiffres n'ont, naturellement, pas une signification absolue dans leur ensemble.

Toutefois, les chiffres les *plus élevés* et les *plus faibles* conservent une valeur *très grande*.

Tous les sols contenant moins de 0,5 d'*azote* et d'*acide phosphorique* par kilogramme de terre fine séchée à l'air ont besoin de recevoir des engrais azotés et phosphatés, à titre complémentaire, et les Rosiers qu'elles produisent se montreront *très sensibles* à l'apport de ces éléments fertilisants.

Par contre, les Rosiers cultivés dans les sols accusant, à l'analyse, plus de 2 grammes d'azote total et d'acide phosphorique, seront le plus souvent peu *sensibles ou insensibles* à l'apport des engrais fournissant ces éléments.

Le doute reste permis pour les sols de richesse moyenne, à cause des degrés, *si variables*, d'assimilabilité des éléments dosés, et des conditions particulières dans lesquelles se trouvent établies les cultures.

Le dosage de l'azote nous fournit bien la quantité totale de cet élément, mais tout cet azote n'est pas immédiatement utilisable ; la presque totalité même est toujours plus ou moins inerte.

L'acide phosphorique ne peut être dosé qu'en bloc, sans que la chimie soit en état de nous dire exactement ses degrés d'assimilabilité.

Quant à la potasse, nous sommes si peu fixés, personnellement, sur les quantités exactes que le sol doit en renfermer, à l'*état assimilable*, pour que les Rosiers prospèrent, que nous nous contentons de dire qu'en agriculture, on considère comme moyennement riches en potasse, les terres qui en fournissent 1 gramme au kilogramme de terre sèche, traitée au bain de sable pendant cinq heures, par l'acide azotique à 36° Baumé.

C'est pourquoi, *si dans une terre de richesse moyenne*, les Rosiers poussent mal, toutes les conditions de bonne culture étant observées, on est en droit de conclure qu'un ou plusieurs éléments ne sont pas dans le sol *sous forme assez assimilable*.

On peut alors procéder *par tâtonnements*, en apposant sur des parcelles différentes *des doses de plus en plus fortes* de chacun des engrais à employer, et se rendre compte ainsi, après plusieurs essais, du ou des éléments qui doivent être apportés en plus grande quantité.

Ce procédé est long, et nous conseillons aux personnes qui désirent être rapidement fixées de faire procéder à :

L'ANALYSE DES ROSIERS

En faisant doser dans les Rosiers en culture les éléments qu'on soupçonne faire plus ou moins défaut, et en comparant les chiffres de cette analyse à ceux d'une analyse des mêmes Rosiers cultivés dans un sol de *composition normale,* on verra immédiatement les éléments qui leur ont manqué et qu'on doit apporter au sol sous forme d'engrais chimiques.

Puisque les mêmes espèces de Rosiers de végétation normale contiennent les mêmes proportions de chacun des corps simples qui les constituent, il devient facile, en faisant l'analyse d'une certaine quantité de ces plantes, de connaître la composition moyenne des Rosiers, et de calculer, par suite, la quantité d'*azote,* d'*acide phosphorique* et de *potasse* prélevée sur le sol par une récolte ou une culture d'un poids déterminé.

Ces analyses nous permettront ainsi d'établir *une formule générale d'engrais complets pour les Rosiers, rigoureusement en rapport avec les exigences de ces plantes ; formule qui sera applicable chaque fois que nous aurons, non à apporter au sol un ou plusieurs éléments faisant défaut, mais bien lorsque nous aurons à restituer chaque année au sol d'une roseraie les principes prélevés par la récolte précédente, pour maintenir le terrain dans un même et constant état de fertilité.*

Cette formule pourra être encore utilement *appli-quée, d'une façon générale*, à tous les Rosiers pous-sant peu, quitte à la modifier dans le sens indiqué par l'analyse du sol, si elle n'a pas produit les résultats qu'on est *en droit d'en attendre, dans la généralité des cas.*

Nous ne connaissons aucune analyse de Rosiers ayant été publiée, c'est pourquoi nous pensons que celles que nous publions ici seront bien accueillies des professionnels et des amateurs de roses.

Nous avons procédé, personnellement, à un certain nombre d'analyses de diverses espèces et variétés de Rosiers, et les chiffres ci-après représentent la moyenne des résultats obtenus, dans les analyses que nous avons faites.

Composition chimique, moyenne, des Rosiers

Analyses immédiates:

Eau, 46 p. 100 . . . . }	100
Matière sèche, 54 p. 100 . . . . . }	
Azote p. 100 de matière sèche . . .	1,40
Azote p. 100 de matière première . .	0,756
Cendres p. 100 de matière sèche. . .	2,5
Cendres p. 100 de matière première. .	1,35

Analyse des cendres :

Acide phosphorique	10	p. 100
Potasse	11	—
Chaux	40	—

Eléments p. 100 de matières premières :

Azote	0,756
Cendres	1,35
Acide phosphorique	0,135
Potasse	0,148
Chaux	0,540

Il résulte donc de ces chiffres que 1000 kilogrammes de matières premières, c'est-à-dire de
branches de Rosiers, prélèvent dans le sol, pour se
constituer :

Azote.	7 k. 560
Acide phosphorique	1 k. 350
Potasse	1 k 480
Chaux.	5 k. 400

Théoriquement, il suffit donc, chaque fois qu'une
culture de Rosier a produit 1000 kilogrammes de
branches, fleurs, etc., de rapporter au sol 7 kilogr. 560
d'azote, 1 kilogr. 350 d'acide phosphorique, 1 kilogr. 480 de potasse, *sous forme assimilable* (nous
négligeons la chaux) pour que la composition de ce
sol reste chimiquement la même.

Mais, pratiquement, il convient d'apporter des
doses beaucoup plus importantes d'éléments fertilisants.

En effet, pour que les quantités révélées par l'analyse fussent suffisantes, il faudrait que les éléments
possédassent *exactement* le *même degré d'assimilabilité*, qu'ils *arrivassent à portée des racines simulta-
nément*, que le sol ne subît pas de pertes, du fait de
l'entraînement des nitrates par les pluies, etc.

Sans entrer dans des considérations trop longues,
pour notre cadre, disons que nous conseillons l'apport annuel, *par are*, pour le sol d'une roseraie dont
les Rosiers *sont vigoureux*, et qui, par suite, n'a besoin
que d'être *entretenue dans le même état de fertilité* :

Azote	600 gr.
Potasse.	450 gr.
Acide phosphorique	500 gr.

Ces chiffres pourront être augmentés; et au besoin doublés, dans le cas où les Rosiers seraient malingres et sans vigueur.

Nota. — Si les Rosiers fleurissent beaucoup, mais poussent peu, on portera le poids de l'azote à 1 kilogramme par *are*, sans augmenter le poids de l'acide phosphorique et de la potasse.

Inversement, si les Rosiers poussent beaucoup, mais fleurissent peu, on laissera le poids de l'azote aux environs de 5 à 600 grammes par are, mais on portera le poids de la potasse à 500 grammes et celui de l'acide phosphorique à 1200 grammes.

Les engrais chimiques qui peuvent nous fournir les divers éléments à apporter au sol se trouvent facilement dans le commerce, et livrent leurs principes fertilisants à bon marché. Notre cadre ne nous permet pas de les passer tous en revue.

Engrais potassiques

Les principaux engrais *potassiques* sont :

Le chlorure de potassium, qui contient de 48 à 56 p. 100 de potasse ;

Le carbonate de potasse, 50 à 60 p. 100 de potasse ;

Le sulfate de potasse, 46 à 52 p. 100 de potasse.

Nous conseillons tout simplement l'emploi de ce dernier engrais *qui convient à tous les sols*, est facile à répandre, livre sa potasse à bon compte, et doit être préféré, par l'horticulteur, pour diverses raisons, au chlorure de potassium.

Il faut l'enfouir en hiver par un labour.

Des expériences personnelles nous ont montré qu'un excès de potasse peut être nuisible aux Rosiers.

Engrais phosphatés

Phosphates, scories de déphosphoration,
superphosphates.

Les *phosphates minéraux* et les *scories de déphos-*
phoration apportent au sol, en outre de l'*acide phos-*
phorique, un élément calcaire qui n'est pas à négliger, et qui a bien une valeur dans les terres pauvres
en chaux.

Pour les sols où la chaux est peu abondante, nous
recommandons donc l'emploi des *phosphates naturels*
ou des *scories de déphosphoration.*

Les scories contiennent 10 à 20 p. 100 d'*acide phos-*
phorique..

Parmi les phosphates naturels, le phosphate fos-
sile de Quiévy, qui contient de 12 à 15 p. 100 d'acide
phosphorique, se place au premier rang, à cause de
la solubilité de l'acide qu'il renferme. Nous le recommandons particulièrement, après expériences.

C'est en traitant les phosphates minéraux et les
phosphates d'os par l'acide sulfurique qu'on obtient
les superphosphates dans lesquels l'acide phosphorique est incontestablement plus soluble, *du moins*
momentanément, que dans les phosphates.

Malheureusement, les superphosphates apportent
un élément acide nuisible dans les terres non calcaires qui ne peuvent neutraliser cette acidité. Il
convient donc de les réserver pour les terrains *très*
riches en carbonate de chaux, lorsqu'on les emploie
à haute dose.

Dans tous les autres sols, il faut avoir recours aux
scories de déphosphoration ou au *phosphate de Quiévy.*

L'action des phosphates et scories est plus soutenue que celle des superphosphates. Pour les cultures de plantes à fleurs qui, comme les Rosiers, doivent *vivre longtemps au même endroit* et avoir toute la belle saison de l'acide phosphorique assimilable à leur disposition, c'est aux scories et aux phosphates qu'il faut s'adresser chaque fois qu'il est possible de le faire, *pour enrichir le sol en acide phosphorique.*

Comme les engrais potassiques, les engrais phosphatés doivent être enfouis l'hiver, par un labour.

ENGRAIS AZOTÉS

Les engrais azotés se divisent en trois classes très distinctes :

1º Ceux livrant leur azote sous *forme organique :* *sang desséché*, 80 p. 100 de matières organiques, 11 à 14 p. 100 d'azote ; *laines*, 50 à 60 p. 100 de matières organiques et 5 à 6 p. 100 d'azote ; *cornes torréfiées moulues*, 13-15 p. 100 d'azote, etc. Le tout variable, suivant les provenances.

2º Les engrais fournissant l'azote *à l'état ammoniacal*. Le plus employé est *le sulfate d'ammoniaque* qui dose 20 à 21 p. 100 d'azote.

3º Engrais fournissant l'azote *sous forme nitrique ;* *nitrate de soude*, 15 à 15,5 p. 100 d'azote ; *nitrate de potasse*, 13 p. 100 d'azote et 44 p. 100 de potasse [1].

----

[1]. Nous signalons aux lecteurs, comme nouvel engrais azoté, *la cyanamide*, découverte en 1903, et qu'on trouve actuellement à bon compte dans le commerce. Cet engrais est tiré directement de l'azote atmosphérique. On l'obtient en faisant passer un courant d'air dépouillé de son oxygène, sur du carbure de calcium à une haute température. La cyanamide dose

***

Les engrais apportant au sol l'azote organique doivent être réservés aux terres calcaires, dans lesquelles la décomposition des substances organiques est rapide et la nitrification des matières azotées assurée.

Réserver les cornes torréfiées aux terres très calcaires et le sang desséché aux sols qui le sont moyennement.

Le *sulfate d'ammoniaque*, qui livre son azote sous forme rapidement nitrifiable, sera employé dans les sols non calcaires.

Les cornes torréfiées, laines, etc., seront enterrées à l'automne par un bon labour. Le *sang desséché* et le *sulfate d'ammoniaque* enfouis, le premier vers janvier, le second vers février-mars, par un labour léger.

Enfin, nous conseillons de n'apporter au sol, sous forme organique ou ammoniacale — suivant sa nature calcaire ou non — que les 3/4 de l'azote qu'on désire y mettre en totalité chaque année, et d'apporter le reste de l'azote sous forme nitrique, en semant vers avril, à la surface de la terre, *sans jamais l'enterrer*, la quantité de nitrate de soude nécessaire pour fournir le complément de l'azote, c'est-à-dire le quatrième quart.

Si nous voulons, par exemple, mettre par are, 800 grammes d'azote en tout, nous apporterons au sol, en hiver, 600 grammes d'azote organique, si ce sol

15 à 20 0/0 d'azote, facilement retenu par le sol, et très assimilable. Sa formule est $CaCAz^2$.

est-calcaire, ou 600 grammes d'azote ammoniacal en février-mars, s'il est pauvre en chaux. Puis, en avril, nous compléterons les 800 grammes par 200 grammes d'azote nitrique, sous forme de nitrate de soude *semé à la surface.* Cet azote nitrique donnera *un vigoureux coup de fouet* à la végétation.

ENGRAIS CHIMIQUES POUR LES ROSIERS EN POTS

Les Rosiers cultivés en pots doivent recevoir, comme ceux cultivés en pleine terre, des fumures à *l'engrais complet.* Si le compost, dont nous donnons la formule au chapitre « CULTURE EN POT, EN SERRE », n'est pas *franchement calcaire,* c'est-à-dire si une pincée arrosée avec du vinaigre très fort ne donne pas une vive effervescence, il faut le calcariser par l'apport de calcaire ou de craie pulvérisée.

On en ajoute à la masse du compost de 25 à 50 grammes par kilogramme, suivant la quantité de carbonate de chaux qu'il contient naturellement. L'apport de *l'acide phosphorique* peut se faire également au moment de la préparation du compost, auquel on ajoute alors 10 grammes de *scories de déphosphoration* par kilogramme. Le tout doit être *intimement mélangé à la masse* par de nombreux brassages à la pelle.

L'*azote* et la *potasse* sont fournis aux Rosiers en pots par les arrosages.

A cet effet, on arrose, une fois par semaine, les Rosiers avec une solution, à 1 gramme par litre d'eau, de *nitrate de potasse.* Si on craint un excès de potasse, on remplace, une fois sur deux, le nitrate de potasse par le même poids de nitrate d'ammoniaque.

Disons en terminant que la loi *exige* l'indication

exacte et la *garantie* du titre de chaque engrais vendu. Dans ces conditions, il est bien facile de calculer le poids des engrais à employer pour arriver à donner à une terre la quantité exacte d'éléments fertilisants.

Nous n'avons pu donner ici que des formules et des indications forcément générales, qui permettront quand même, nous l'espérons, aux amateurs de roses, d'arriver, sans trop de tâtonnements, à une formule d'engrais exactement appropriée à la nature particulière des terres dans lesquelles leurs roseraies se trouvent établies.

Il faut bien se rappeler, en effet, que la meilleure formule théorique ne peut être considérée comme parfaite, *pour un sol déterminé*, qu'après avoir fourni pratiquement des résultats *réellement concluants*.

C'est le cas de se souvenir de cette parole profonde, d'un de nos savants agronomes : « En ce qui concerne un engrais, je préfère l'opinion d'une plante, à celle de dix académiciens [1]. »

---

[1] Les lecteurs qui désireraient faire une étude plus approfondie de cette question, liront avec fruit la *Conférence sur l'emploi rationnel des engrais chimiques dans la culture des Rosiers*, faite par M. Cochet-Cochet, rosiériste à Coubert (S.-et-M.), à la séance de la Société d'horticulture des arrondissements de Melun et Fontainebleau, le 14 septembre 1902.

III. — MULTIPLICATION

On multiplie les Rosiers :
　　Par semis ;
　　Par boutures ;
　　Par marcottes ;
　　Par drageons et division des pieds ;
　　Par greffes.

On fait des semis de Rosiers, soit pour obtenir de nouvelles variétés, soit pour multiplier en grand des *espèces* sauvages destinées à servir plus tard de sujets pour la greffe.

Par le bouturage, on multiplie, soit des variétés horticoles qui ont alors l'avantage, étant franches de pied, de ne pas produire de drageons ; soit des espèces ou des variétés destinées à être ensuite écussonnées.

Parmi ces dernières, citons comme étant les plus employées à cet usage, le *Multiflore de la Grifferaie*, le *Manettii*, le *polyantha type* (Hort.) et l'*indica major*.

Le marcottage du Rosier est fort peu usité. Nous parlerons cependant de ce mode de multiplication, parce que, dans certains cas particuliers, il peut rendre quelques services à l'amateur comme à l'horticulteur.

Enfin, la greffe est le procédé le plus employé pour multiplier rapidement les variétés horticoles. Les deux principales greffes sont : 1° la greffe en écusson (à œil dormant et à œil poussant) ; 2° la greffe en fente sur racine, et quelques *greffes analogues*, que nous étudierons plus loin.

A. — **Multiplication par semis.**

I. — SEMIS DE ROSIERS

FAITS DANS LE BUT D'OBTENIR DE NOUVELLES VARIÉTÉS

Lorsqu'on sème une graine, la plante qui en provient ressemble plus ou noins à celle qui a produit cette graine.

Si la plante porte-graines est une *espèce*, ses descendants varient peu et dans la plupart des cas sont même exactement semblables à leur mère. Cette espèce, en effet, s'est depuis longtemps *adaptée* aux conditions particulières qui lui sont faites pour l'existence, et elle a acquis une *stabilité* plus ou moins grande, qu'elle transmet par *hérédité* à ses descendants.

Si la graine, au contraire, provient d'une *variété*, c'est-à-dire d'une forme *non fixée* et *en voie de transformation*, la plante qu'elle donne *varie* à l'infini.

Tantôt, grâce à l'*hérédité*, elle ressemble encore, par son facies général, à ses ascendants directs ; tantôt, par *atavisme*, elle fait un brusque saut en arrière et prend la forme presque parfaite de la souche ancestrale. Tantôt enfin, sollicitée par cette force inconnue qui pousse tous les organismes vers le *perfectionnement*, elle modifie encore, dans un sens, un ou plusieurs de ses organes, déjà modifiés dans le même sens et par la même force, chez la plante porte-graines.

C'est à l'application de cette grande loi à une sélection intelligente, que nous devons beaucoup des belles plantes de toutes sortes que nous admirons aujourd'hui.

Ainsi, une rose semi-double produit souvent, par le semis, une rose plus double encore. Après une sélection rigoureuse, appliquée à plusieurs générations, en choisissant toujours comme porte-graines les plantes dont la duplicature des corolles est la plus parfaite, on arrive bientôt à une complète transformation des étamines en pétales.

L'homme peut donc à sa volonté, par une sélection plus ou moins lente, transformer plus ou moins, chez un végétal, tel organe qu'il lui plaît. Il a multiplié ainsi les pétales de la rose et de cent autres fleurs, il a rendu plus succulent le mésocarpe de la pêche, de la poire, du melon, tout en augmentant considérablement le volume de cette partie comestible. Il a transformé pour son usage les racines d'une plante, la tige d'une seconde, les rameaux d'une troisième : partout où il passe, le règne végétal se modifie.

Mais il ne faut pas oublier que ces modifications, obtenues par la *variation* et la *sélection* seules, sont longues à se produire. La nature a mis des milliers de siècles à former les espèces ; il faut souvent de longues années à l'homme, pour obtenir ainsi de simples variétés.

Aussi, le Créateur, dans sa bonté infinie, nous a-t-il donné un moyen beaucoup plus rapide de transformer le règne végétal.

Tout en réservant à sa toute-puissance le *monopole de la Création*, il a permis à l'homme de dérober aux fleurs la poussière fécondante et d'employer ces cellules, qui contiennent le souffle de la vie, émanant de Lui seul, au croisement des variétés et des espèces entre elles.

Ce transport du pollen d'une fleur sur une autre, qui a reçu le nom de *fécondation artificielle* et d'*hy-*

bridation, est bien la plus merveilleuse opération qu'il nous soit donnée de pratiquer, et la science actuelle est encore impuissante à dissiper complètement les profondes ténèbres qui entourent toujours la transmission de la vie.

Nous accordons à l'hybridation une importance telle en horticulture, que nous n'hésitons pas à consacrer dans cet ouvrage un chapitre spécial à la *Fécondation artificielle* (p. 184). Dans ce chapitre nous étudierons succinctement les moyens de la pratiquer avec chances de succès.

L'amateur qui veut obtenir de belles nouveautés *doit avoir recours à elle.*

Qu'il ne soit pas retenu par la crainte de ne pas réussir, car cette opération est, mécaniquement, beaucoup plus simple à exécuter qu'on ne le croit généralement.

Qu'il opère au contraire de nombreux croisements, qu'il sème les graines obtenues, qu'il multiplie et fixe par la greffe les hybrides ou les métis produits, et il sera surpris lui-même du résultat final.

**

Pour faire un bon civet, il faut prendre un bon lièvre, dit le proverbe ; nous aussi, sommes d'avis que, pour obtenir de belles nouveautés, il faut avoir de bons *porte-graines.* Quel que soit le procédé de fécondation employé, soit qu'on laisse agir la nature, soit qu'on pratique l'hybridation avec un pinceau, les Rosiers plantés pour donner les graines doivent être soigneusement choisis.

En thèse générale, il faut les prendre parmi les

sortes nouvellement créées, qui (théoriquement du moins) sont plus portées à *la variation*. Il faut éviter d'employer à cet usage des variétés anciennes et donnant des graines à profusion, car elles ont pour la plupart déjà tenté les semeurs, leurs descendants sont nombreux et on risque de n'obtenir que des variétés déjà connues.

Il est bon de conserver les premiers fruits qui ont *noués* au printemps, pour produire les graines, car si on réservait des fleurs parues trop tardivement ou si on pratiquait l'hybridation à l'arrière-saison, les graines seraient saisies par les gelées autommales avant leur complète maturité.

Nous avons démontré précédemment dans, le chapitre *Culture*, qu'une plante déploie une grande somme de vitalité pour sa floraison et la nourriture de ses fruits ; il faut donc, dès qu'un Rosier porte-graines entre en fleurs, commencer à l'arroser si besoin est, et à lui donner tous les soins nécessaires, pour entretenir chez lui une bonne végétation. Il faut aussi ne lui laisser comme graines que ce qu'il peut en amener facilement à maturité.

Lorsque les fruits sont mûrs, vers octobre-novembre, on les récolte, comme nous l'avons indiqué précédemment, et on les rentre en vase clos à l'abri des souris et des mulots.

On profite des soirées d'automne ou des mauvais jours pour débarrasser les graines du péricarpe qui les entoure et pour les mettre *à stratifier*.

La *stratification* consiste à mettre les graines dans 4 ou 5 fois leur volume de sable fin et humide, ou mieux de terre de bruyère finement tamisée, et à les laisser dans cet état jusqu'au moment de les semer.

Ainsi traitées, elles se préparent à germer et elles

lèvent ordinairement dès le printemps suivant ; sans
cette précaution et si on les *semait seulement aux
premiers beaux jours*, elles resteraient pour la plupart en terre une année entière, sans montrer leurs
cotylédons.

Les vases où on les garde en *stratification* doivent
être tenus à l'abri des grandes gelées, de la sécheresse et surtout des rongeurs, qui peuvent en quelques heures dévorer toute une récolte sur laquelle
on fondait les plus belles espérances.

Fin de février ou commencement de mars, on prépare une ou plusieurs planches de terrain d'un mètre
de largeur (il ne faut pas les tenir plus larges si on
veut pouvoir les désherber facilement) et un peu
creuses. La terre doit être bien labourée et soigneusement débarrassée des *vers blancs* et même des lombrics ou vers de terre qui pourraient s'y trouver; les
vers rouges tirent en effet les jeunes semis dans leurs
galeries souterraines et peuvent ainsi causer des
dégâts importants.

On met, sur la planche ainsi préparée, 5 ou 6 centimètres de terre de bruyère assez finement passée à la
claie, on en unit la surface en appuyant partout une
planche bien dressée. On sème les graines stratifiées
avec la terre ou le sable auquel elles sont mêlées, on
les recouvre de 2-3 centimètres de terre de bruyère
et on mouille enfin avec une fine pomme d'arrosoir.

Le semis peut se faire d'après les mêmes principes
sous châssis froid ou à peine tiède, ou encore sous
cloches maraîchères. Nous préférons même, personnellement, ces derniers procédés au semis en plein
air.

Quelques semeurs, au lieu de mettre à stratifier
leurs graines, les sèment dès l'automne, aussitôt

récoltées, soit en plein air, soit sous châssis froid ou en terrines et en serre. Les graines passent l'hiver en terre et lèvent aux premiers beaux jours, surtout si elles sont sous verre. Il faut avoir soin de tendre, sur les planches et dans les coffres où les graines passent l'hiver, des souricières et les pièges dont on peut disposer, pour prendre les rongeurs qui se régaleraient aux dépens du semeur trop confiant, n'ayant pas pris la précaution indiquée.

Si les graines étaient semées à l'automne en plein air et sans aucun abri, on ferait bien, dans les pays froids, de couvrir les planches ensemencées d'une couche de mousse ou de feuilles sèches qu'on enlèverait aussitôt les beaux jours arrivés.

Les graines ainsi préservées des grandes gelées *travaillent* plus vite que lorsqu'elles restent tout l'hiver dans un sol durci par le froid.

Voici le procédé que nous employons personnellement pour faire nos semis de Rosiers :

Nous prenons des caisses à harengs (d'une valeur insignifiante) ayant environ 0 m. 40 de longueur, 0 m. 25 de largeur et 0 m. 15 de hauteur. Aussitôt nos graines récoltées, c'est-à dire en novembre, nous remplissons à moitié ces caisses soigneusement drainées et dont le fond a été percé de trous, avec de la terre de bruyère finement tamisée. Nous semons nos graines, nous les couvrons de 2-3 centimètres de même terre, nous mouillons et nous plaçons sur chaque caisse un numéro correspondant à celui de la variété ayant donné les graines semées dans cette caisse. Nous choisissons exactement des boîtes de même dimension comme longueur et largeur, et nous les empilons les unes sur les autres, à mesure qu'elles reçoivent les graines, dans une pièce où il ne gèle pas. La température doit rester assez basse, 4-5° au plus. Les rongeurs ne peuvent pénétrer dans nos caisses puisque l'une couvre exactement l'autre ; la dernière de chaque pile est recouverte par une feuille de verre. Des souricières sont tendues quand même, pour plus de précautions.

Lorsque la terre de bruyère devient trop sèche, nous mouillons légèrement. Aux premiers beaux jours, nous sortons nos caisses et les plaçons côte à côte sous un châssis froid, que nous enlevons aussitôt que les dernières gelées printanières ne sont plus à craindre. Il va sans dire que nous aérons, chaque fois qu'il est possible de le faire, lorsque les graines sont levées.

Ce procédé permet de faire les semis de Rosiers par le mauvais temps et de ne plus avoir à s'occuper de cette opération au printemps qui est l'époque de l'année où on a le plus d'ouvrage en horticulture. Il nous donne d'excellents résultats.

Lorsque les Rosiers commencent à lever, ils doivent être l'objet de soins assidus, car leurs ennemis sont nombreux. Tenus trop secs ils meurent, un peu trop mouillés ils pourrissent. Un coup de soleil les brûle, si on n'a pas la précaution de les ombrer avec des claies ou des baguettes interceptant d'autant plus les rayons du soleil qu'ils sont plus ardents.

Les mollusques : escargots et limaçons, dévorent les jeunes semis si on n'y prend garde. Il est bon d'entourer les planches ou les coffres d'un cordon de poussière de chaux vive, qui *brûle* les mollusques au passage, en s'attachant à leur corps toujours humide et gluant. On leur fait une chasse active et on les perce avec une baguette pointue lorsqu'on les rencontre.

Comme nous l'avons dit, les vers de terre entraînent les jeunes plantes dans leurs galeries ; il faut donc les détruire quand on peut les saisir. On a proposé, pour leur destruction, des arrosages à l'eau de feuilles de Noyer ; mais nous lui préférons de l'eau de marrons d'Inde, qu'on obtient en pilant et faisant macérer une vingtaine de marrons par litre d'eau. Ce procédé donne des résultats très appréciables.

Il faut faire des soufrages préventifs pour éviter le *blanc*. Si le Puceron paraît, il faut employer *le soufre précipité à la nicotine*.

Nous conseillons de faire les semis assez espacés pour pouvoir laisser les jeunes Rosiers en place jusqu'à l'automne, sans danger qu'ils *s'étouffent* mutuellement.

S'ils étaient trop drus, il faudrait en *repiquer* une partie. Ce repiquage doit se faire quand les plantes n'ont encore que leurs cotylédons, ou une à deux feuilles au plus. Il faut tenir à l'eau et ombrer pendant les premiers jours qui suivent la transplantation.

Les jeunes Rosiers sont *extrêmement délicats* et périssent facilement ; on augmente encore les chances de perte en les changeant de place avant qu'ils soient adultes.

Les planches ou les châssis sont tenus dans un état constant de propreté. Il est bon, de temps à autre, de rechausser les jeunes Rosiers. Pour cela, on saupoudre un peu de terre de bruyère très fine ou de sable entre les semis et sur une épaisseur de quelques millimètres, sans jamais recouvrir les cotylédons.

Quelques plantes fleuriront la première année du semis, mais la plupart ne montreront leurs fleurs que les années suivantes.

Il faut surveiller attentivement la floraison des nouvelles plantes et ne pas trop se hâter de rebuter celles qui paraîtraient médiocres. On étudie soigneusement celles qui semblent avoir du mérite et on les greffe en écusson, pendant la belle saison, sur les branches d'Églantiers plantés spécialement pour cet usage. Si le bois des jeunes semis à multiplier n'est pas assez *aoûté*, pour permettre la greffe en écusson en été, on pratique la greffe en fente sur racine vers novembre.

Si on veut obtenir promptement des variétés franchement remontantes, il est bon de toujours prendre, pour les greffer, les rameaux les plus florifères.

On met aux plantes reconnues méritantes des plombs portant *des lettres*, renvoyant à des descriptions succinctes, portées sur un catalogue spécial.

Nous préférons les lettres aux chiffres pour les Rosiers de semis, afin de ne pas établir de confusion avec les numéros portés par les variétés du commerce qu'on possède.

Pour l'hiver, on met en godets ou en pots les nouveautés qui semblent ne pas devoir facilement résister aux gelées intenses, et on rentre ces plantes en serre froide ou sous châssis.

Les Rosiers les plus rustiques sont plantés en planches en pleine terre. On veille attentivement aux *vers blancs*, et il est bon de planter, dans les planches de Rosiers, soit des salades, soit des Fraisiers, devant servir de pièges, si on craint les ravages de ces larves pendant la belle saison.

Il faut égaliser la surface du terrain d'où les jeunes semis ont été arrachés à l'automne, car il est rare que toutes les graines soient levées la première année. Malgré la stratification, il se produit souvent au

printemps suivant une seconde levée assez importante.
Les plantes qui en proviennent sont soignées comme
nous venons de l'indiquer.

II. — SEMIS D'ESPÈCES SAUVAGES
DESTINÉES A SERVIR DE SUJETS POUR LA GREFFE

Semis d'Églantiers. — Les jeunes plants d'Églantiers s'emploient comme sujets, soit pour la greffe en
écusson, soit pour la greffe en fente sur collet ou
tronçon de racines.

On cueille les graines d'Eglantiers dans les bois ou
les haies, aussitôt qu'elles sont mûres, c'est-à-dire
quand les fruits ont revêtu cette belle couleur rouge
qui les rend si décoratifs.

On ne récolte autant que possible que les fruits du
Rosa canina, qui est le meilleur sujet pour la greffe.
Cependant, d'autres espèces analogues peuvent s'y
trouver mêlées sans inconvénient.

Le *Rosa arvensis*, avec ses longs rameaux flexibles
et sarmenteux, doit être rejeté comme trop difficile
à écussonner, à cause de ses branches rampantes.

Les fruits aussitôt récoltés sont légèrement cassés
avec un *marteau de bois*, afin de ne pas blesser les
graines qu'ils renferment. On les étend ensuite quelques jours au soleil et on les met en stratification
dès novembre, dans des tonneaux ou des caisses, en
les mélangeant avec du sable humide.

En février-mars, on les sème en planches, à la vo-
lée ou en rayons, en plein air et même en pleine
terre, si le sol dont on dispose est assez léger. Dans
les terres fortes, il est bon de rendre la surface du
sol un peu plus légère en y mélangeant du sable.

Les graines ainsi stratifiées lèvent en majorité, mais successivement, depuis avril jusqu'en juin et les autres l'année suivante, tandis que celles qui n'ont pas été stratifiées ne commencent à germer qu'au bout d'un an.

Les ennemis des semis d'Eglantiers sont les mêmes que ceux qui s'attaquent aux semis des variétés horticoles. Cependant, les jeunes plants d'Eglantiers sont *beaucoup plus rustiques* que ces derniers. Il est absolument inutile de les ombrer, du moins aux environs de Paris, et d'employer des châssis pour les couvrir. On peut les mouiller à volonté, sans crainte de les faire pourrir ; il faut même leur donner des arrosages réitérés par les temps chauds, si on veut avoir à l'automne des plants assez forts pour être greffés en fente immédiatement, ou plantés au printemps pour la greffe en écusson l'été suivant.

Il est bon de rechausser assez fortement avec du sable les semis, plusieurs fois pendant la belle saison. Ils s'en trouvent très bien et acquièrent par ce procédé des qualités particulières.

On peut faire les semis dès l'automne et aussitôt les graines récoltées. Il est inutile de couvrir les planches de mousse ou de feuilles mortes, mais il faut se méfier des souris. Quelques oiseaux, et particulièrement les *pinsons*, mangent aussi les jeunes plants de Rosiers, au moment où ils montrent leurs cotylédons. Des fils un peu forts tendus au-dessus des planches et portant des plumes d'oiseau tournant au vent, suffisent souvent pour éloigner ces ennemis ailés.

SEMIS DE ROSA POLYANTHA, type (Hort.). — Le *R. po-lyantha* type est beaucoup employé aujourd'hui comme porte greffe. Il entre très facilement en végétation et, pour ce motif, nous préférons ses racines pour la greffe en fente en serre ou sous châssis, à celles de l'Eglantier commun et aussi pour les Rosiers destinés au forçage.

Il faut bien *se garder de mettre à stratifier* les graines du *R. polyantha, car elles germent et lèvent aussitôt mises en terre.* On prépare les planches comme pour l'Eglantier, et on y sème les graines en février-mars, après les avoir simplement débarrassées du péricarpe qui les entoure.

Un petit mois après leur mise en terre, elles sont toutes levées, pour peu que le temps soit favorable. Ces graines sont très petites et il faut se méfier de les semer trop dru.

Les jeunes plants d'*Eglantier* et de *polyantha type*, peuvent être repiqués très facilement et, en les tenant un peu à l'eau pendant les premiers jours qui suivent leur transplantation, il n'y a presque aucun danger de les perdre.

On combat le Blanc, qui peut attaquer les semis quelconques, par les moyens indiqués au chapitre *Culture*.

On trouvera plus loin l'énumération des autres espèces employées comme sujet, dont la multiplication a lieu par bouturage.

B. — Multiplication par boutures.

La plupart des végétaux ligneux possèdent la faculté d'émettre des racines adventives sur la plupart de leurs organes lorsque ceux-ci se trouvent placés dans des conditions propices. Certains d'entre eux émettent d'eux-mêmes ces racines, sans y être sollicités d'une façon artificielle quelconque : les *Pandanus*, les *Palmiers*, certaines *Orchidées*, *Aroidées*, etc., nous offrent de beaux exemples du développement spontané de ces fibres radicales, qui naissent sur la tige, s'allongent dans l'air, descendent et s'enfoncent ensuite dans le sol, pour y puiser la nourriture de la plante qui les produit comme le feraient les racines ordinaires.

D'autres végétaux, au contraire, n'émettent de racines adventives que si le rameau sur lequel on veut les faire naître est placé dans des conditions particulières qui varient, suivant les familles et les espèces sur lesquelles on opère. En théorie, il suffit, dans la plupart des cas, de détacher un jeune rameau et d'en enfoncer l'extrémité inférieure dans la terre humide, en le maintenant à une température voulue, pour le voir s'enraciner.

C'est le cas particulier des Rosiers, qui, *tous*, sont susceptibles *d'être multipliés par boutures*, mais dans des proportions qui varient du tout au tout, suivant les espèces et même les variétés.

En effet, tandis que les *Bengale*, les *Ile-Bourbon*, les *Thé*, les *Noisette*, les *polyantha*, les *sempervirens*, etc., prennent racines très facilement, il est des variétés comme le *Rosier du Roi*, par exemple, qui n'émettent des racines que très difficilement.

Ce mode de multiplication est fort simple théoriquement parlant ; mais, dans la pratique, on rencontre beaucoup plus de difficultés provenant de causes aussi nombreuses que diverses et pouvant entraver une bonne réussite.

Nous allons examiner succinctement comment une simple branche bouturée devient une véritable plante, et quelles sont les causes qui peuvent assurer ou empêcher cette transformation.

Nous avons vu précédemment que chaque végétal possède deux existences, l'une souterraine par ses racines, l'autre aérienne par sa tige et ses feuilles. Les racines servent à fixer le végétal et à puiser dans le sol la nourriture dont il a besoin. La tige, qui se subdivise souvent en branches, a pour mission d'assurer, par les feuilles et les fleurs qu'elle porte, la respiration et la reproduction de la plante. Les racines s'enfoncent dans le sol, tandis que la tige s'élève dans l'air. Le point fixe, d'où s'élancent en sens inverse ces deux organes s'appelle *collet* ou *nœud vital*.

Rappelons, bien que chacun le sache, qu'une élévation de la température active la végétation, et qu'en soumettant seulement une partie d'un végétal à une chaleur plus élevée que celle où reste plongée l'autre partie du même végétal, la première moitié de la plante peut entrer en végétation alors que la seconde reste presque complètement à l'état de repos. C'est ainsi qu'en faisant passer dans une serre chauffée un rameau de Vigne dont la souche et quelques branches restent dehors, on peut faire fructifier la partie sous verre, tandis que le reste du cep n'entre en végétation qu'à l'époque normale [1]. Cette propriété qu'a la sève de se porter ainsi dans la partie du végétal soumise à une chaleur plus élevée, joue un grand rôle dans la réussite des boutures.

La branche de Rosier plongée dans la terre de bruyère ou le sable humide devient, dès cet instant, un

---

[1] Nous n'avons pas fait personnellement l'expérience que nous ont rapportée des cultivateurs très dignes de foi.

organisme indépendant, chez lequel se manifestent bientôt, lentement d'abord, puis avec plus de force, les symptômes de l'existence végétale, c'est-à-dire la circulation de la sève, son élaboration et enfin l'absorption dans le los des parties nutritives qu'il contient, le tout accompagné de la formation plus ou moins lente de *bourrelets*, puis de racines et de feuilles.

Supposons un lot de boutures plantées en pleine terre, sur la bâche d'une serre à multiplication, dans laquelle on ne fera pas de feu et où les rayons solaires seuls porteront la chaleur à 15-20°.

La température du sol de la bâche restera ainsi bien au-dessous de celle de l'atmosphère ambiante La partie aérienne de chaque bouture, soumise à cette température supérieure, recevra l'afflux de la sève et les yeux du sommet se développeront bientôt en donnant naissance aux feuilles.

Fig. 24.
Boutures ligneuses.
1, bouture simple. — 2, bouture avec talon.

La partie souterraine, au contraire, placée dans un sol relativement froid, n'aura pas développé de système radical et beaucoup de ces boutures, bien feuillues et qui paraissent *reprises*, n'auront quelquefois pas même de bourrelet.

Il faut bien peu de choses lorsqu'elles sont dans cet-

état pour les faire périr : un peu trop d'air ou un peu trop d'eau, et les voilà complètement fanées ou pourries.

Si, au contraire, nous plaçons un lot de boutures exactement dans les mêmes conditions, mais que, par un système de chauffage placé sous les bâches, nous entretenions la terre de celles-ci à une température au moins égale ou même supérieure à l'atmosphère de la serre, l'effet contraire se produira. Toute la sève se portant dans la partie souterraine de la bouture, les bourrelets, puis les racines, se développeront avant les feuilles, et lorsque le système foliacé se montrera à son tour, la jeune plante sera déjà munie de radicelles bien constituées. Elle croîtra de suite avec vigueur et se trouvera en état de résister victorieusement aux ennemis qui l'assiègent de toutes parts.

D'après ce qui précède, on voit qu'il est préférable qu'une bouture émette les racines avant les feuilles. Il faut tout au moins tâcher d'obtenir le développement simultané des unes et des autres.

C'est pour arriver à ces résultats qu'il est bon, lorsqu'on bouture en serre, de fermer les côtés des bâches afin d'enfermer la chaleur du chauffrage sous celle-ci. C'est encore dans le même but qu'il est préférable de faire, si possible, des boutures avec un *talon* (fig. 24-2), parce que le point d'attache, qu'on nomme empâtement, d'une branche sur une autre est toujours le siège d'un grand nombre d'yeux à l'état latent, qui attirent à eux la sève et la vie.

Lorsque les branches sont suffisamment longues pour fournir plusieurs boutures de bois *aoûté*, on opère la section de celles qui ne peuvent avoir de talon, exactement sous un œil (à 1 ou 2 millimètres environ) et le plus près possible, sans cependant *l'affamer*.

Les boutures ordinaires auront de 5 à 10 centimètres de longueur et au moins trois yeux. Toutefois, quand le bois manque et qu'on fait des boutures herbacées on peut ne leur laisser que deux yeux ou même un seul, ainsi qu'on le verra plus loin, au chapitre des *Boutures herbacées*. *On évitera avec le plus grand soin qu'elles soient ridées par la sécheresse,* surtout lorsqu'on opère pendant la saison chaude. Pour cela, aussitôt faites, on les jette dans un pot plein d'eau ou on les enveloppe dans un linge humide. On les réunit à mesure par paquets de la même variété avec son nom ou son numéro. Cette prescription est générale. On les pique ensuite à la place qu'on leur a préparée.

Nous entrons ci-après dans les détails particuliers des principaux procédés de bouturage du Rosier.

I. — BOUTURES AOUTÉES, FAITES A FROID, SOUS CLOCHES OU SOUS CHASSIS

Ce procédé est le plus généralement employé pour l'obtention courante des Rosiers francs de pied. Il se pratique en août-septembre, lorsque les rameaux ont à peu près terminé leur développement. On choisit, à cet effet, à l'exposition du levant ou du midi, si possible, le terrain dont on a besoin; on le laboure comme il faut, en lui donnant une bonne fumure. Si la terre est forte, on l'amende en y mélangeant du sable. Les *Mans* en sont détruits jusqu'au dernier ; on doit également, autant que possible, le débarrasser des Lombrics ou Vers de terre qui s'enroulent autour des boutures et les renversent sur le sol en cherchant à les entraîner avec eux.

Les coffres sont mis en place et la surface du terrain est égalisée, puis recouverte de 4 à 5 centimètres de sable, qu'on unit en le frappant avec une batte un peu large. S'il s'agit de cloches, on les place sur le terrain préparé, en planches, sur deux rangées rapprochées, et leur place étant marquée, on trace des lignes parallèles, sur lesquelles on pique les boutures, qui sont enterrées ou plutôt *ensablées* seulement de 2 ou 3 cent., bien calées et espacées de 2 ou 3 cent. l'une de l'autre sur les lignes.

Elles sont faites avec des rameaux bien *aoûtés*, c'est-à-dire bien mûrs, longues de 3 à 5 yeux, selon leur espacement et l'abondance du bois. Les feuilles inférieures en sont enlevées complètement, en coupant le pétiole à 1 cent. du bois et les supérieures conservées intactes ou réduites à une-deux paires de folioles.

Aussitôt piquées en terre, on arrose légèrement avec une pomme d'arrosoir à trous très fins ou avec une seringue d'arrosage.

Il faut avoir soin que le sous-sol soit très perméable si on veut éviter la pourriture. On sera très sobre d'arrosages et on ombrera en cas de grands coups de soleil.

Les boutures passeront l'hiver sous les châssis ou les cloches où on les aura mises. Pendant les grands froids, les coffres seront entourés de réchauds de fumier et les châssis couverts de paillassons ; quant aux cloches, on les entoure simplement de feuilles sèches.

Les praticiens qui multiplient les Rosiers en quantité bouturent parfois de la même manière, mais en plein air et un peu plus tôt, les variétés s'enracinant le plus facilement. Il faut tenir ces boutures constamment humides, en donnant des bassinages d'autant plus fréquents qu'il fait plus sec. On ombre avec des claies lorsque le soleil est par trop ardent. Une fois les boutures *reprises*, on mouille moins souvent.

Pendant les périodes de grandes gelées, on cache les boutures avec des feuilles mortes et au besoin on place un paillasson par-dessus, ou bien on les met en godets et on les rentre sous un châssis froid.

Il ne faut jamais oublier que c'est souvent au moment de la première transplantation que les boutures, *même bien enracinées*, périssent.

Qu'elles aient passé l'hiver en place ou en godets sous châssis, elles sont mises en planches définitivement au printemps, comme nous l'indiquons à la fin de ce chapitre.

II. — Boutures sous verre, en plein soleil

Ce curieux procédé s'emploie pendant les grandes chaleurs, de juin en août. On met, dans un coffre exposé au levant ou en plein midi, 15 cent. d'épaisseur de terre légère et *riche en humus*. On en unit la surface, qu'on recouvre ensuite de quelques centimètres de sable ou de terre de bruyère. On fait des boutures avec ou sans talon, mais munies chacune de deux ou trois feuilles bien constituées et on les pique dans le sable, en les y enfonçant jusqu'au deuxième œil. On arrose avec une seringue à trous très fins et on place les châssis, dont les verres doivent être très propres et très clairs.

On laisse les boutures en *plein soleil sans jamais les ombrer* ; seulement, *on bassine légèrement, chaque jour, un nombre de fois suffisant pour entre-*

*tenir constamment, sous les châssis, une vapeur d'eau
assez intense pour empêcher les rayons solaires de
brûler les boutures*

Ces fréquents bassinages doivent être continués
sans *jamais manquer*, sous peine de tout compromettre, jusqu'à ce que les boutures soient complètement enracinées et qu'il soit, par suite, possible de
commencer à leur donner de l'air et à les soigner
comme les boutures ordinaires.

Des praticiens dignes de foi nous ont affirmé avoir
obtenu par ce système, des résultats réellement sur-
prenants. Pour notre compte, nous devons avouer
n'avoir jamais essayé ce procédé, à cause des soins
extrêmement assidus qu'il exige, si on ne veut pas
voir brûler, d'un coup de soleil, les boutures qu'on
aurait négligé de bassiner en temps opportun.

On doit, pour bien réussir, les laisser passer l'automne et l'hiver en place, et les mettre seulement en
planches au printemps suivant.

III. — BOUTURES A CHAUD, EN SERRE

Ce procédé est employé en grand, en horticulture.
Il se pratique depuis juillet jusqu'au moment où le
bois des *rosiers-mères* restés dehors peut se trouver
atteint par la gelée et devenir ainsi impropre à être
bouturé.

On fait ces boutures *sans leurs feuilles* ou *avec
leurs feuilles*, suivant que le bois employé est bien
mûr ou peu aoûté, et que la température de la serre
à multiplication est moins ou plus élevée. C'est une
question de tact, qui ne peut devenir familière que
par l'expérience.

Chaque bouture est piquée dans un godet de 3 à 4 centimètres de diamètre, rempli de terre de bruyère très fine. On arrose avec *quelques gouttes d'eau seulement*, car il faut être très sobre d'arrosages, si on ne veut pas voir pourrir toutes les multiplications de ce genre, faites en serre.

En règle générale, il vaut mieux mouiller trop peu que trop. Une bouture légèrement fanée *peut revenir*, une autre dont le pied est *noir* est irrémédiablement perdue.

Les boutures aussitôt mises en godets sont placées sous cloches, sur les bâches de la serre. On a soin d'essuyer de temps à autre l'intérieur des cloches, si on remarque un peu trop d'humidité.

Le dessous des bâches doit être, autant que possible, fermé du côté du sentier, afin que les tuyaux qui conduisent la chaleur et qui passent sous les bâches échauffent plus facilement la terre ou la tannée placée au-dessus. Nous avons expliqué les avantages qu'il y a à entretenir dans le sol des bâches une température au moins égale, sinon supérieure à celle de l'atmosphère environnante, afin d'obtenir le développement des racines avant celui des feuilles.

Une fois les boutures bien enracinées, c'est-à-dire quand les racines commencent à faire intérieurement le tour des godets, on les met, *sans les démotter*, dans d'autres pots un peu plus grands, de 6 à 8 cent. de diamètre par exemple.

Lorsqu'elles sont bien *établies* dans ces nouveaux vases, on les sort des cloches et on les laisse simplement en serre. Un peu plus tard, on les place sous châssis à peine tiède, qu'on laisse refroidir, et, au printemps, on les met en pleine terre, après les avoir progressivement habituées à l'air.

IV. — BOUTURES HERBACÉES

Ce procédé n'est guère employé que pour multiplier rapidement les variétés dont on veut avoir de suite un grand nombre d'exemplaires. Telles sont, par exemple, les *nouveautés* livrées au commerce généralement le 1er novembre de chaque année.

Dans ce cas, on commence par greffer en fente sur racines toutes les branches du Rosier. Celui-ci est ensuite empoté dans un riche compost et placé dans une serre tenue à 20 ou 25°. Soumis à cette température, avec un peu d'humidité, il développe promptement des scions vigoureux et pour ainsi dire herbacés.

Lorsque ces rameaux ont atteint 20 ou 30 cent. de longueur, on en fait des boutures auxquelles on laisse les feuilles supérieures, on les pique dans des godets de 3 cent. et on les met enfin sous cloches, comme il est dit précédemment.

On leur donne ordinairement trois ou quatre yeux mais, quand il y a lieu d'obtenir rapidement le plus grand nombre possible de pieds, on peut ne leur en laisser que deux, ou même faire ces boutures à un seul œil, en les taillant alors comme le montre la figure 25. Toutefois, ce n'est que lorsque la nécessité absolue s'en fait sentir qu'on peut opérer ainsi, car la reprise est plus longue, beaucoup moins bonne et les jeunes plantes mettent plus de temps à devenir vendables.

Il faut surtout se méfier de trop mouiller et avoir soin d'essuyer chaque jour, au moins deux fois, l'intérieur des cloches. Quelques multiplicateurs mélangent pour ce genre de boutures moitié sable blanc à la terre de bruyère des godets.

Il faut entourer ces multiplications des soins les plus assidus, si on veut avoir quelques chances de les réussir. Les boutures bien enracinées sont mises, sans les démotter, dans des godets plus grands et en terre de bruyère pure.

On peut prendre sur elles, et sur les greffes faites en fente, une nouvelle saison de boutures herbacées.

Plus tard, on les passe dans une serre moins chaude,

Fig. 25. — Boutures herbacées, pourvues de leurs feuilles.
1, à plusieurs yeux ; 2, à un seul œil.

puis sous châssis tiède, qu'on laisse refroidir. On les habitue à l'air, et au beau temps on les met en pleine terre, à moins qu'on ne les laisse en pots, pour les vendre immédiatement.

V. — BOUTURES DE RACINES

Lorsqu'on est en possession de Rosiers *francs de pied* (ne pas les confondre avec les Rosiers greffés rez de terre), on peut employer des fragments de leurs racines pour en faire des boutures. Ces racines sont coupées par tronçons de 10 à 15 cent. environ, qui sont plantés en pleine terre ordinaire, le bout supé-rieur sortant du sol de 1-2 cent. Il se forme bientôt, sur cette partie exposée à l'air, une espèce de collet, d'où s'élèvent les branches. Certaines variétés, telles que le Rosier *Souvenir de la Malmaison*, donnent, par ce procédé, d'excellents résultats. Nous pensons qu'on arriverait à une réussite tout aussi bonne ou même meilleure, en opérant en serre ou sous châssis.

Il serait peut-être préférable alors, de coucher les racines horizontalement sans les tronçonner, sur le sol des bâches, et de les recouvrir de 2 ou 3 cent. de terre de bruyère, tenue humide. Des rameaux se déve-lopperaient sur ces racines et celles-ci seraient en-suite sectionnées par tronçons d'autant plus courts que les scions seraient poussés plus drus.

Nous ne parlerons pas ici des boutures de *feuilles*, qui ne peuvent pas servir à la multiplication pratique du Rosier.

VI. — MISE EN PLEINE TERRE DES BOUTURES

Les boutures qu'on destine à la pleine terre peuvent y être mises dès la fin d'avril, mais de préférence en mai.

On prépare en hiver le terrain destiné à les rece-

voir au printemps. Pour cela, on le laboure profondément ou mieux on le défonce à deux fers de bêche,
en lui donnant une forte fumure d'engrais bien consommé. Ce terrain doit être assez léger et, s'il y a
lieu, il faut y mélanger du sable ou des terres de route,
pour l'allégir un peu.

On fait chercher et détruire en bêchant les *Mans*
qui pourraient s'y trouver. En opérant ainsi, on est,
au printemps, en possession d'une terre parfaitement
apte à recevoir les boutures. On y trace alors des
planches de 1 m. 20 de largeur et séparées par des
sentiers, de 0 m. 50 ou même de 0 m. 60. Dans chacune de ces planches, on plante cinq rangs de boutures espacés par conséquent de 0 m. 30 l'un de l'autre.
Les jeunes Rosiers sont distancés en plantant de
0 m. 20 ou 0 m. 25 sur les rangs.

On peut mettre en pleine terre à la fin d'avril les
variétés peu sensibles au froid : il faut se rappeler
que, même pour cette catégorie de Rosiers, des
gelées tardives survenant tout à coup peuvent leur
être préjudiciables. En effet, si habituées à l'air que
puissent être les boutures, elles sont encore très
tendres et le moindre froid peut les fatiguer beaucoup. Pour les nuits où l'on craint la gelée, on peut
garantir les boutures en pleine terre en plaçant au-
dessus d'elles un pot renversé d'autant plus grand
que les boutures à protéger sont plus fortes.

Généralement, une fois le 15 mai arrivé, on n'a plus
rien à craindre du froid et on peut, à cette époque,
mettre en pleine terre sans danger les variétés
les plus sensibles, du moins sous le climat de
Paris.

Les boutures non en godets sont arrachées avec
une petite bêche en ayant bien soin de ne pas briser

les racines, qui sont encore très fragiles. On les met par variétés dans une caisse ou un panier fermé, à mesure qu'on les arrache, afin qu'elles ne soient atteintes ni du soleil ni de la sécheresse. On les porte tout de suite au lieu de la plantation définitive et on les met en terre immédiatement. On plante les boutures au *plantoir*. On évite autant que possible de les démotter en les arrachant. Si, malgré les précautions prises, les racines se trouvaient complètement à nu, on ferait bien de les plonger dans un vase plein d'eau, au moment de les mettre définitivement en terre. En appuyant avec le plantoir la terre autour des radicelles, on évite de les briser par une pression trop brusque ou trop forte. Si le sol était trop compact, on ferait bien d'employer le moyen que nous indiquons au chapitre *Culture*, c'est-à-dire de planter chaque jeune Rosier dans un *petit cône de sable*.

Les boutures restées en godets ne seront pas démottées pour la mise en pleine terre. On pourra se servir d'une petite bêche, au lieu de plantoir, si la motte est trop grosse.

On mettra des plombs portant des numéros ou des étiquettes sur les rangs, à chaque changement de variété. La plantation terminée, on arrosera copieusement et on *pincera* l'extrémité des jeunes rameaux qui semblent trop développés et qui feraient faner la bouture transplantée, si on les laissait de toute leur longueur. On mettra un paillis de menu fumier sur les planches et on ombrera pendant les dix à quinze premiers jours qui suivent la mise en pleine terre. Les arrosages seront continués pendant toute la belle saison ; la terre doit toujours être humide si on veut avoir de beaux Rosiers à l'automne. Les soufrages préventifs contre le *Blanc* sont excellents et ne doivent pas être négligés.

L'amateur qui a peu de boutures pourrait en former directement des massifs ou des plates-bandes au printemps, au lieu de les mettre en planches.

VII. — Boutures ligneuses de sujets devant servir pour la greffe

Les sortes les plus employées à cet usage sont :
Le *multiflore de la Grifferaie ;*
La *Manettii ;*
Le *polyantha ;*
L'*indica major.*

Ces boutures se font généralement d'octobre en décembre, en pleine terre et en plein air, avec des rameaux de l'année.

On les coupe le plus souvent sur les sujets de même sorte écussonnés dans l'année ; on fait ainsi d'une pierre deux coups ; on *ébrousse* les sujets greffés et on cueille les boutures. On pourrait aussi avoir des *plantes mères*, sur lesquelles on les prélèverait.

On taille ces boutures à 0 m. 35 de longueur, en faisant la section inférieure sous un œil, bien entendu et de préférence à la *serpette* ; le sécateur produisant toujours une *nécrose* ou mortification du tissu, préjudiciable. En leur donnant la longueur indiquée, on évite plus tard l'emploi des tuteurs pour maintenir les greffes posées sur les boutures, car il est alors facile d'attacher ces greffes après les boutures elles-mêmes.

Il n'est pas nécessaire qu'elles aient un talon. Certains praticiens même ne leur en laissent jamais, parce qu'ils prétendent que c'est sur ce talon que se développent la plupart des drageons qu'on est obligé d'enlever après l'écussonnage ; nous sommes de cet avis.

Les boutures sont enjaugées chaque jour, presque droites et enterrées dans le sol ordinaire, jusqu'à 0 m. 05 du sommet, c'est-à-dire sur une longueur de 0 m. 30 environ. Elles passent ainsi l'hiver *sans recevoir aucun soin*.

La chaleur du sol fait développer des *bourrelets* plus ou moins bien constitués sur la base de ces boutures, et lorsqu'on les met *en place*, en avril-mai, elles ne sont pas encore toutes pourvues de radicelles, ce qui ne les empêche pas de très bien réussir, la plupart du temps. Dans la Brie, on en plante dans ces conditions des millions chaque année.

On peut aussi, au printemps, les repiquer par rangs serrés et en les espaçant seulement de 2 ou 3 cent. sur les rangs. On les laisse passer dans cet état la belle saison et l'hiver suivant. Elles forment des racines sans pousser beaucoup, et un an après, c'est-à-dire au printemps, on se trouve en possession de *sujets* enracinés qu'on plante alors en place, pour la greffe en écusson, ou qu'on met en pots, pour les greffer en serre.

Le *Multiflore de la Grifferaie* constitue un excellent sujet, d'une grande longévité et très recommandable à tous les points de vue. Le seul reproche qu'on puisse lui faire, c'est que, étant lui-même une variété horticole à fleurs doubles, les gourmands qu'il émet, comme d'ailleurs tous les sujets, sont faciles à confondre avec les rameaux de la greffe, qui périt si ces gourmands ne sont pas enlevés, pour peu qu'elle soit de variété délicate; si bien qu'il n'est pas rare de voir un massif de Rosiers négligé ne plus se composer du « La Grifferaie ».

Le *Manettii* ne vaut absolument rien *pour la culture en plein air*. Les Rosiers qu'on lui confie ne tardent pas à périr, malgré la belle vigueur qu'ils possèdent la première année.

Le *R. polyantha* entre facilement en végétation, aussi est-il recherché par certains forceurs pour cette particularité.

On emploie peu l'*indica major*, comme sujet dans la Brie; dans le Midi, au contraire, c'est le sujet par excellence, l'Eglantier y venant mal.

Parmi les autres espèces employées ou proposées comme porte-greffes, nous citerons les *R. laxa, R. rugosa, R. Wichuraiana*. Il ne semble pas toutefois que leur usage doive se généraliser, chacun d'eux présentant de notables inconvénients.

C. — **Multiplication par marcottes.**

(Nous avons réuni à ce chapitre, peu important, la multiplication par drageons et par éclats de pied.)

Longtemps on a multiplié presque exclusivement le *Roi des arbustes* par la division des pieds, par la séparation de la souche mère, des drageons souterrains qu'émettent certaines espèces, et enfin par le marcottage.

Le bouturage n'était alors presque pas usité ; quant à la greffe, on l'employait fort peu, pour ne pas dire point du tout.

Par ces procédés, la multiplication était fort lente, et c'est pourquoi ils ont été à peu près abandonnés par les horticulteurs qui doivent aujourd'hui faire vite, et fournir de bonnes plantes à bon marché.

On rencontre encore, dans les campagnes, des personnes qui, possédant dans leur jardinet quelques Rosiers francs de pieds, se font un plaisir de diviser ces plantes avec la bêche ou le sécateur, pour en offrir des éclats de pieds à leurs voisins ou amis. Chaque rameau muni de quelques racines ou d'un peu de chevelu forme ainsi un nouveau Rosier, dont l'existence est à peu près assurée, surtout si la séparation a lieu à l'automne et qu'on ait soin de tailler un peu les branches, en mettant en terre le rameau éclaté.

La multiplication par drageons est un des moyens employés par la nature pour la reproduction des plantes. Beaucoup de *Rosiers*, cultivés francs de pied, tels que les Centfeuilles (*R. centifolia*), Provins (*R. gallica*), Damas (*R. damascena*), Pimprenelle (*R. pimpinellifolia*), etc., développent de nombreuses pousses stolonifères nommées vulgairement *drageons*, qui s'élancent de la partie souterraine de la plante et s'allongent sous terre, pour sortir sous forme de branches, à quelque distance de la souche, et former ainsi des individus qu'il suffit de séparer du pied-mère pour obtenir des plantes parfaitement viables.

La plante-mère doit être taillée fortement chaque année et le sol bien labouré et *fumé d'hiver* tout autour d'elle, si on veut faire développer beaucoup de drageons souterrains.

Le buttage (qui n'est, somme toute, que le marcottage en cépée) s'emploie parfois en horticulture lorsqu'il s'agit de multiplier des sujets pour la greffe.

Lorsqu'on possède de fortes touffes de *La Grifferaie*, de *Manettii*, de *Polyantha* ou autre, dont on a coupé toutes les branches rez de terre (pour en faire des boutures à l'automne), on peut, au printemps, butter graduellement la partie inférieure des jeunes rameaux sur quelques centimètres de hauteur avec de la terre à laquelle on a mélangé du terreau. Il serait préférable, si on opérait en grand, de planter ces touffes dans le fond d'une tranchée de 20 cent. de profondeur et de rabattre simplement la terre (bien fumée) sur les branches, lorsqu'elles sont déjà assez développées pour ne pas être enterrées complètement. A l'automne suivant, beaucoup de branches ainsi enterrées auront émis des racines et il suffira de les couper au sécateur sur la souche, pour avoir du plant enraciné, qu'on taille à 0 m. 35 de longueur. Le reste des branches est divisé en boutures ordinaires, de même longueur, et enjaugées comme nous l'avons indiqué pour les boutures du même genre.

Dans les sols peu riches, où les Rosiers poussent lentement, il est préférable de laisser croître librement la souche mère pendant une année et de ne butter les branches que lorsqu'elles ont terminé leur première végétation. On les butte alors d'octobre en décembre et on détache d'après la souche les branches enracinées à l'automne suivant. Dans les sols riches, on obtiendrait par ce dernier procédé, des branches enracinées trop grosses pour être facilement écussonnées.

MARCOTTAGE. — Le principe de la marcotte est absolument le même que celui de la bouture. Dans l'une comme dans l'autre, il s'agit de placer un rameau dans des conditions telles qu'il émette des racines adventives.

Seulement, dans la marcotte, on ne sépare le rameau de la *mère* que lorsqu'il est enraciné. Cette séparation se nomme le *sevrage*, en terme de métier.

Lorsqu'on veut marcotter les rameaux d'un Rosier en pleine terre, on creuse tout autour de chaque pied une rigole de 10-15 cent. de profondeur, puis on arque les branches du Rosier, de façon à les faire toucher le fond de la rigole. On maintient la partie courbée dans cette position, au moyen d'un crochet en bois ; l'extrémité du rameau est redressée à peu près complètement, le sommet tourné vers le ciel et hors de terre. On comble la rigole avec la terre en provenant, mais il est bon d'y mêler un peu de terreau. Au bout d'un temps plus ou moins long, quelques mois généralement, la partie de la branche se trouvant en terre a émis des racines ; on la *sèvre* alors, en la coupant *à son point d'entrée dans le sol*. Généralement, on ne sèvre les marcottes en plein air qu'à l'automne.

S'il s'agit de multiplier par marcottage des variétés délicates, reprenant mal de bouture et qu'on tient à avoir franches de pied, on peut opérer en serre. Il est possible, dans ce cas, de faire passer de suite les branches à enraciner dans

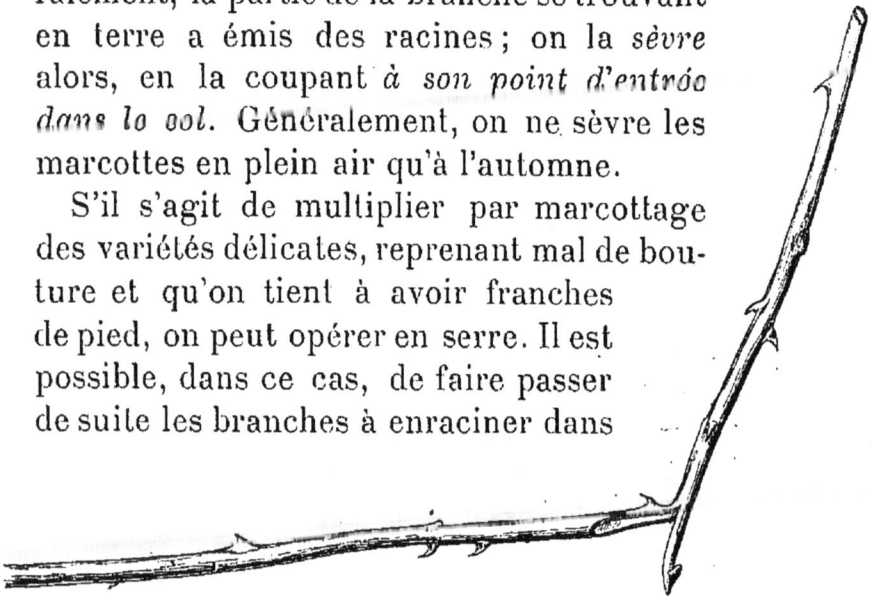

Fig. 26. — Marcotte de Rosier, avec fente et talon.

des godets qu'on remplit de terre de bruyère et qu'on enterre eux-mêmes.

De cette façon, la marcotte aussitôt *sevrée* se trouve

en pot, et elle n'a pas à souffrir de la transplantation.

On peut faire, sur la partie du rameau devant être enterrée, *des incisions dans l'écorce*, au moyen d'un greffoir. Il se formera alors des bourrelets sur les lèvres de ces incisions et des racines ne tarderont pas à en sortir. On peut également inciser les branches à mi-bois, de façon à ce qu'elles s'éclatent à moitié en les courbant. Ce sera alors de cette cassure que partiront les racines. Ces incisions se font toujours sous un œil du côté extérieur de la marcotte et celle-ci prend alors le nom de *marcotte avec fente et talon* (fig. 26). Elle convient à la multiplication des espèces et variétés rebelles à la radication.

D. — Multiplication par greffes.

I. — DE LA GREFFE EN ÉCUSSON

L'opération proprement dite de la greffe en écusson est fort simple par elle-même, mais elle nécessite une préparation préalable des *sujets* sur lesquels on la pratique et des soins particuliers à leur donner après la pose des *écussons*, afin d'arriver au développement normal et parfait des greffes. Nous avons donc cru, pour la clarté de ce chapitre, devoir le diviser en trois articles :

1° Préparation des sujets pour recevoir l'*écusson* ;

2° Pratique de la greffe en écusson ;

3° Soins divers à donner aux sujets greffés, pour faire développer les écussons dans de bonnes conditions.

1° Préparation des sujets pour l'écussonnage

Les principaux sujets employés pour la greffe en écusson sont l'*Eglantier*, qu'on arrache dans les bois et les haies, ou qu'on fait de semis ; les boutures de *Multiflore de la Grifferaie*, de *Manettii*, et d'*indica major* ; les semis et les boutures de *R. polyantha*.

Nous avons vu comment on fait ces diverses boutures et ces différents semis ; il nous reste à parler de l'*Eglantier*, qu'on trouve dans nos bois à l'état spontané.

C'est lorsque la végétation est arrêtée, ordinairement vers le commencement d'octobre, qu'il devient possible de commencer *à faire* des Églantiers, c'est-à-dire de les arracher dans les bois ou les haies. Cet arrachage se fait au moyen d'une pioche spéciale, longue de 25 à 30 cent. sur 7 ou 8 seulement de largeur. Cette forme allongée permet à l'instrument d'entrer profondément et facilement dans le sol pour y couper les racines de l'arbuste, et de plus, de passer entre les tiges de l'Églantier sans les toucher ni les meurtrir.

On doit choisir, pour planter, des Églantiers jeunes, vigoureux et n'ayant pas de *chancres* ; aussi faut-il les chercher dans les jeunes taillis (3 ou 4 ans) des forêts où les lapins, qui font si bien des plaies chancreuses dans l'écorce, n'exercent pas leurs ravages.

Outre la pioche dont nous venons de parler, on doit emporter avec soi, pour *faire* des Églantiers, une serpe et même un sécateur.

Lorsqu'on trouve une touffe d'Églantiers, on l'arrache en la soulevant à coups de pioche. Il n'est pas nécessaire de lui laisser des racines bien longues, puisqu'elles doivent être coupées presque ras quelques instants après, mais on doit bien faire attention de ne pas meurtrir le collet ni la tige, en les frappant par maladresse avec la pioche à arracher.

Une fois la souche hors de terre, on l'examine rapidement pour voir combien elle va produire d'Églantiers. On coupe, avec la serpe ou le sécateur, toutes les brindilles et branches inutiles qui se trouvent le long des tiges principales, à 1 cent. de ces tiges, pour ne pas en meurtrir ou inciser l'écorce. On sépare ensuite la souche avec la serpe, de façon à faire le plus grand nombre possible d'Églantiers, munis chacun de quelques racines.

Ces tiges sont rognées elles-mêmes provisoirement à peu près à la longueur qu'on pourra leur laisser, en tenant compte de leur beauté et de la quantité de racines restant à chacune d'elles. On les met en bottes et on les rapporte le soir à la maison.

On rentre ces Eglantiers dans un endroit humide, à l'abri de la gelée, où ils pourront rester quelque temps sans souffrir, surtout si on a soin de les mouiller un peu. Mais, si on devait ne les *habiller*, c'est-à-dire ne les éplucher que quelques jours après l'arrachage, il vaudrait mieux les mettre provisoirement en jauge.

On peut *faire* des Églantiers jusqu'à fin janvier et même encore février ; mais ceux qui sont arrachés, *habillés* et *enjaugés* à l'automne donnent presque toujours les meilleurs résultats, comme reprise et belle végétation.

Il faut avoir soin de ne pas en arracher quand il gèle et de tenir les racines hors des atteintes du froid. Si on se trouvait pris par la gelée, sans avoir le temps de les enterrer, on devrait les plonger dans l'eau et les y laisser jusqu'au moment de pouvoir les mettre en terre sans danger.

L'amateur qui, au lieu *de faire* lui-même ses Eglantiers, voudrait les acheter à des marchands spéciaux, se livrant chaque automne à ce genre de travail, devrait apporter toute son attention pour les recevoir bons et en parfait état.

Il devrait exiger de son marchand le transport des Églantiers par un temps où le thermomètre est au-dessus de zéro. Il veillerait, si le transport a lieu par voiture ou wagon, à ce qu'ils soient suffisamment garnis de paille ou d'herbages, pour ne pas être écorchés en cours de route. Enfin, il examinerait les racines et les gratterait avec l'ongle. Si elles sont jaune beurre frais, elles sont fraîches et bonnes. Sont-elles rouges une fois grattées? Elles ont souffert de la sécheresse. Si elles sont noires, c'est qu'elles sont gelées. Dans ce dernier cas, les Eglantiers doivent être rebutés rigoureusement, car ils périraient sûrement, malgré les soins qu'on pourrait leur donner.

Une fois en possession des Eglantiers bruts, il faut les *habiller* au plus tôt, c'est-à dire les éplucher de façon à en tirer le meilleur parti possible et à éviter, autant que faire se peut, qu'ils émettent, une fois plantés, des drageons souterrains.

L'*habillage* nécessite une certaine habitude, non seulement pour faire vite, mais encore pour faire bien. Il consiste à rogner toutes les racines, de façon que l'Eglantier puisse facilement être mis en pots, à couper ras sur la souche tous les drageons ou pousses stolonifères qui s'y sont développées, et à supprimer tous les yeux à l'état plus ou moins latent qui menacent de former des drageons et qu'on aperçoit poindre sous l'écorce.

Les pieds trop volumineux sont réduits à la scie ; les petites racines sont enlevées au sécateur, ainsi que les tronçons de branches restant encore le long des tiges.

Les horticulteurs emploient aujourd'hui, pour habiller leurs Églantiers, un grand sécateur à levier, monté sur un bâtis en bois (fig. 27), qui permet d'opérer très rapidement. Cet instrument devrait être entre les mains de tous ceux qui cultivent les Rosiers, si son prix, relativement élevé (60 ou 70 fr.), n'était un obstacle à sa propagation.

Aussitôt habillés, les Eglantiers sont coupés à la longueur voulue. Ordinairement, on rogne les hautes tiges à 1 m. 20, les demi-tiges à 0 m. 80 environ et les nains à 0 m. 45. Ceux des deux premières catégories seront écussonnés sur les branches qui naîtront à

Fig. 27. — Grand sécateur à levier, pour *l'habillage* des Eglantiers.

leur sommet ; les nains recevront l'écusson sur le corps même de l'Eglantier et au niveau du sol ; il est donc sans importance, pour ces derniers, qu'il se trouve des chancres au-dessus de ce point.

Les Églantiers sont mis en jauge, par catégories de même hauteur, aussitôt rognés à la longueur voulue. Avant de mettre les racines en terre, il est bon *de les praliner*, c'est à-dire de les tremper dans une bouillie claire, obtenue par un mélange de moitié terre franche et moitié terreau consommé, avec une quantité d'eau suffisante. Cette bouillie, qui a reçu dans la Brie le nom baroque de *Midauguée* (?), a une heureuse influence sur la formation des radicelles, dont elle active la formation.

On met en jauge les Eglantiers à haute tige et à demi-tige en les couchant presque horizontalement, l'extrémité supérieure tournée vers le soleil, et on les enterre sur la moitié environ de leur longueur totale. En cas de gelées intenses, on les couvre complètement de paille ou de fumier.

Les nains sont enjaugés comme les boutures destinées à servir de sujets pour la greffe : on les enterre toutefois un peu moins, c'est-à-dire seulement sur les deux tiers de leur longueur totale. Si le terrain était sec, on ferait bien, une fois la mise en jauge terminée, de mouiller un peu à la pomme d'arrosoir.

Les Églantiers restent ainsi en terre jusqu'au moment de la plantation, qui a lieu généralement en *mars-avril*, pour la Brie et ses environs.

On prépare l'hiver le terrain destiné à recevoir la plantation. Ce terrain est défoncé, fumé, etc., comme nous l'avons indiqué au commencement du chapitre *Culture*.

On plante ordinairement les tiges et les demi-tiges par rangs espacés de 0 m. 66 (2 pieds anciens) et à 0 m. 25 l'un de l'autre sur les rangs. Les rangées de nains sont seulement espacées de 0 m. 50 ou 0 m. 60 et les sujets plantés à 0 m. 20 ou 0 m. 22 sur la ligne.

La plantation se fait avec une pioche spéciale, longue, assez étroite et légère, car il faut souvent s'en servir d'une seule main. Un aide prend les Églantiers en jauge et en examine le pied pour enlever les dragons qui commenceraient à s'y développer; il veille avec soin à ne pas casser les jeunes racines s'il s'en est formé. Aussitôt hors des jauges et visités, les Églantiers sont placés le pied dans un baquet de *Midauguée*, car il ne faut pas laisser le système radiculaire à l'air libre, sous peine de tout compromettre.

Le planteur tend un cordeau à 0 m. 03 de la future ligne d'Églantiers et il se fait apporter ceux-ci par petits paquets de six ou huit seulement, afin qu'ils n'aient pas le temps de se sécher avant d'être plantés.

Il enfonce sa pioche perpendiculairement dans le sol, en se servant de ses deux mains ; si elle n'entre pas facilement, un coup de talon sur la tête l'enfonce jusqu'au manche. Il redresse alors celui-ci d'une seule main, ce qui soulève la terre ; en même temps, de la main gauche, il ramasse un Églantier et glisse vivement les racines dans le trou formé par le soulèvement du sol. Il faut avoir grand soin que le corps de l'Églantier ne touche pas au cordeau, car, pour peu qu'il le dérange, et si on laisse les suivants faire de même, on arrive à avoir une ligne courbe, au lieu d'un rang bien droit. Les tiges et les demi-tiges sont soigneusement alignées sur le rang ; on plante les nains et les boutures sans tenir autant compte de l'alignement.

Une recommandation importante est de bien *borner* les sujets plantés, c'est-à-dire de les assujettir fortement dans le sol à coups de talons. Sans cette précaution, la reprise en serait fort aléatoire.

Autant que faire se peut, on ne doit planter les tiges que quand les vents secs et brûlants du printemps, nommés *hâles de mars*, ont cessé de souffler, car ils causent de grands ravages dans les plantations. Ils ont beaucoup moins d'action sur les nains.

Les boutures diverses devant servir de sujets pour greffer sont plantées aussitôt la mise en terre des Églantiers terminée. On veille en les sortant des jauges à les débarrasser des drageons qu'elles pourraient avoir. On rejette toutes celles qui sont noires du pied. Celles non munies de bourrelets sont bonnes quand même ; cependant, si on dispose d'une quantité suffisante de boutures avec bourrelet, il est préférable de mettre celles qui n'en ont pas en réserve pour l'année suivante.

Il va sans dire que l'on plante les Églantiers les plus grands en commençant, puis les demi-tiges, les nains, et enfin les boutures, afin d'obtenir une plantation plus symétrique et d'un effet plus agréable à l'œil.

Aussitôt la plantation terminée, on donne un binage entre les rangs, de façon à ameublir la surface du sol, sans cependant déchausser les sujets plantés, ce qui revient à dire que ce premier binage doit être superficiel.

On donne ensuite plusieurs autres *façons* à la plantation, de manière à maintenir la terre dans un état de fraîcheur constante, salutaire aux Rosiers. Outre ces piochages, les sujets doivent être, jusqu'à l'époque de la greffe, l'objet de soins constants.

On veille avec attention à ce qu'ils n'émettent pas de drageons souterrains et on coupe à leur point d'attache sur la souche ceux qui viendraient à paraître. On coupe également sur le corps des nains et des boutures de toutes sortes, les branches qui se développeraient trop près du sol, et qui gêneraient lors de la greffe, la pose rez de terre des écussons.

Quant aux hautes tiges et demi-tiges, on ne laisse croître sur eux que quatre ou cinq branches, *le plus près possible du sommet*. Ces branches sont destinées à recevoir plus tard les écussons. Toutes les autres qui se développent sur le corps sont rigoureusement tranchées lorsqu'elles sont encore à l'état herbacé. Tant qu'un Églantier reste vert, il ne faut pas craindre de lui appliquer ce traitement : il n'y a aucun danger de le faire périr. En agissant ainsi, on forcera la sève à monter au sommet et à donner, à cet endroit, naissance aux rameaux devant recevoir les écussons.

Lorsque les tiges et demi-tiges sont enfin munies de chacune trois à cinq branches au sommet, il faut pincer, si besoin est, l'extrémité de celles qui, en prenant trop de développement, menaceraient d'accaparer la sève au détriment des autres. L'équilibre sera ainsi maintenu entre elles.

On supprimera les branches secondaires qui naissent près de la tige sur celles réservées. Ces deuxièmes branches appelées *entrefeuilles*, gênent, en effet, pour poser et surtout ligaturer les écussons. Les aiguillons pouvant gêner ces deux opérations seront également enlevés avant l'écussonnage.

En prenant les précautions et les soins indiqués ci-dessus, on se trouve, au moment de la greffe, en présence de sujets parfaitement préparés et sur lesquels on peut pratiquer rapidement la pose des écussons.

2° PRATIQUE DE LA GREFFE EN ÉCUSSON

Greffer un Rosier en *écusson*, c'est introduire sous l'écorce d'un Rosier sauvage, nommé *sujet*, une plaquette d'écorce munie d'un bourgeon, appelée vulgairement *œil* et provenant de la variété à multiplier. Cet œil est placé sous l'écorce du sujet, de façon que les deux *libers* coïncident, afin que la sève descendante unisse promptement la greffe au sujet. En attendant cette soudure par le *cambium*, l'écusson

Fig. 28. — OEil ou écusson prêt à être posé et vu de face, mais sans son bout de pétiole.

Fig. 29. — Le même vu de côté et portant encore un bout de pétiole.

Fig. 30. — Incision faite dans l'écorce du sujet pour recevoir l'écusson.

est provisoirement maintenu en place par une ligature de *laine*, de *laîche* ou de *raphia*.

La greffe en écusson tire son nom de la forme particulière de la plaque d'écorce portant l'œil et qui, ainsi taillée, a quelque ressemblance avec un *écu* d'armoirie. Les figures ci-contre en montrent les détails d'exécution ; elle est d'ailleurs bien connue aujourd'hui et se pratique sur les Rosiers comme sur toutes les autres essences ligneuses auxquelles on l'applique.

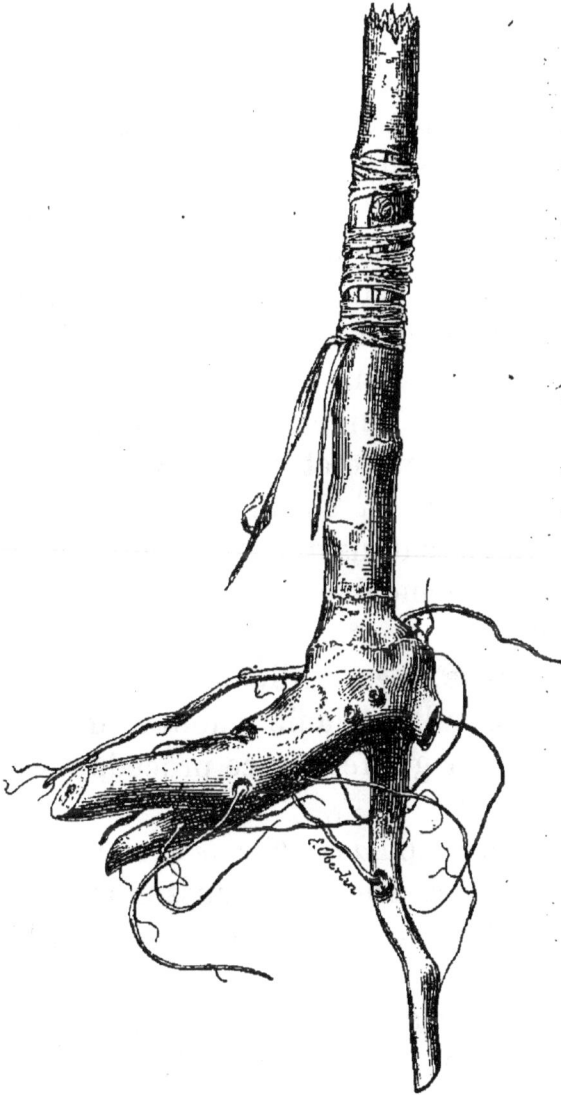

Fig. 31.
Écusson posé et ligaturé sur le corps d'un Eglantier nain.

La grande question, pour bien réussir, est de choisir, pour opérer, le moment où la sève des sujets

est abondante et a acquis un degré de viscosité suffisant pour pouvoir effectuer rapidement la soudure
des *écussons*.

On peut pratiquer la greffe en écusson à deux
époques de l'année :

1º Durant la fin de mai et le commencement de
juin, dès qu'on peut se procurer des greffons en bon
état. C'est la greffe à *œil poussant*, peu recommandable pour le Nord, parce que les jeunes greffes,
poussant peu et s'aoûtant mal, sont très exposées à
geler. Elle est au contraire d'un usage très fréquent
dans le Midi ; le climat y étant doux l'hiver, elle permet de gagner un an.

2º Depuis le 15 juillet, jusqu'à la fin d'août, selon
la température et l'état de la sève des parties. Elle
est dite alors *à œil dormant*, parce que l'écusson
reste à l'état latent jusqu'au printemps suivant. C'est
la plus recommandable dans tout le centre et le nord
de la France.

Dans la Brie, c'est ordinairement de la première
quinzaine de juillet à la fin d'août le moment le plus
favorable, pour greffer par ce procédé les Églantiers
de toutes sortes.

Les boutures de *La Grifferaie* et surtout de *polyantha* peuvent souvent être écussonnées jusqu'à fin
septembre et quelquefois même jusqu'au 15 octobre.
On doit se rappeler que la sève peut manquer tout à
coup, à l'arrière-saison et sans raison apparente ; il
ne faut donc pas compter sur cette prolongation exceptionnelle et anormale de la saison de greffer en
en plein air.

Disons en passant que, lorsque des sujets quelconques manquent de sève à l'époque où, normalement, ils devraient en avoir, il est souvent possible

de leur en *redonner* en leur appliquant deux ou trois binages successifs.

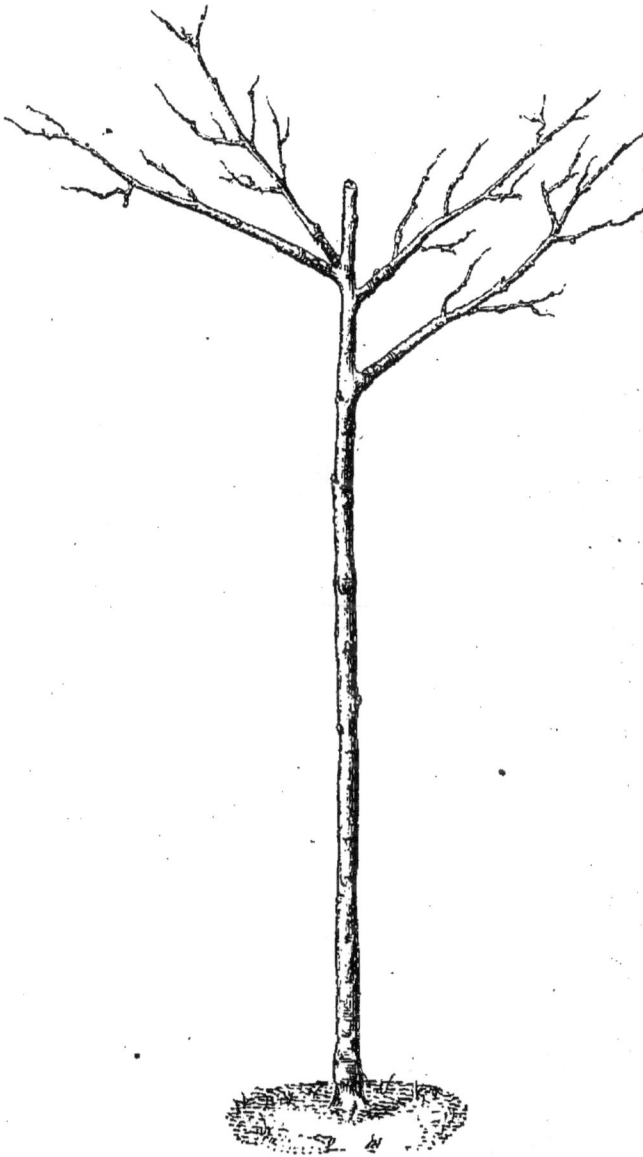

Fig. 32
Églantier à tige, greffé sur les branches.

Il est une autre précaution importante à prendre pour bien réussir la greffe, c'est de choisir des écussons suffisamment *aoûtés*, c'est-à-dire bien lignifiés. Les rameaux qui ont fleuri présentent générale- ment les conditions de maturité nécessaires à un bon résultat.

Si on a des *yeux* à volonté, il est préférable de n'employer, de chaque rameau *porte-écussons*, que les bourgeons situés sur la partie inférieure, qui est la plus mûre, soit environ les 2/3 ou les 3/4 des yeux *bien constitués*, en commençant par le bas. Cette règle n'a, du reste, rien d'absolu, et l'amateur sera bientôt en état de choisir ses greffes avec discernement.

Ce qu'il faut aussi pour opérer vivement et sûre- ment, c'est un bon greffoir. On doit l'acheter chez un coutelier spécial, car ceux de qualité ordinaire, qu'on trouve dans le commerce, ne valent généralement rien. On doit avoir aussi sur soi un cuir et une pierre à rasoir pour repasser le greffoir, qui doit toujours couper excessivement bien. Il ne faut s'en servir absolument que pour greffer, sous peine de le dété- riorer promptement.

On fait sur l'écorce du sujet, à l'endroit choisi pour la pose de l'écusson, l'incision en T représentée par la figure 30, et on soulève légèrement l'écorce avec la spatule du greffoir. Prenant alors le rameau porte- écussons dans la main gauche, d'un coup de greffoir, tenu de la main droite, on lève l'écusson ; on en rec- tifie la section qui doit être bien nette et on l'intro- duit dans la fente de l'écorce. On le pousse bien droit et à fond, soit avec le pétiole, s'il en reste après, soit avec la pointe ou la spatule du greffoir, en prenant toutes les précautions voulues pour ne pas meurtrir ou couper l'œil.

Une fois l'écusson en place, on appuie doucement dessus, avec les deux pouces l'écorce soulevée par l'incision et on ligature avec un brin de *laine*, de *laiche* ou de *raphia*.

Lorsqu'on a beaucoup à greffer, il est préférable d'avoir un aide chargé spécialement de cette dernière opération. On surveille alors sa manière de faire, afin de s'assurer que les yeux sont *entortillés* au fur et à mesure qu'on les pose, qu'ils sont suffisamment serrés pour être maintenus, mais qu'ils ne sont pas cependant meurtris par la ligature. Des numéros sont mis sur les rangs, à chaque changement de variété.

Il faut prendre garde que les rameaux *porte-écussons* ne soient pas fatigués de la sécheresse. Dans le but d'éviter l'action brûlante de l'air, on les enveloppe, aussitôt coupés, dans un linge mouillé, où on les prend juste au moment de s'en servir pour la greffe.

On a fait à tort et pendant longtemps une science de la manière de lever et de poser un écusson. Pour réussir une greffe, il fallait être à demi-sorcier, et le nombre des *greffeurs* était extrêmement restreint ; personne n'osant tenter cette simple opération, par crainte de ne pas la réussir. D'abord, il était de notoriété publique qu'il fallait enlever une partie du bois qui reste dans l'intérieur de l'écusson, si on voulait que celui-ci se soudât ; mais il fallait *n'enlever qu'une partie de ce bois* adhérant à l'écorce, la *fourchette*, comme on disait, car en ôtant tout le bois on *éborgnait* l'œil, qui était, croyait-on, irrémédiablement perdu. Celui qui aurait posé un œil *sans le vider* ou après l'avoir *vidé complètement*, aurait passé pour ne pas savoir greffer du tout. Il est encore d'usage de dire qu'une goutte d'eau tombant sur un écusson prêt à être posé l'empêche de se souder.

Nous pouvons affirmer de la façon la plus formelle qu'il est indifférent, au point de vue de la réussite, de poser un écusson sans être vidé, vidé à moitié, ou complètement débarassé de la partie ligneuse interne.

Personnellement, nous vidons complètement l'œil lorsque nous opérons avec des greffes à gros bois dur. L'écusson adhère alors mieux sur le sujet, et la greffe développée a moins de chances d'être décollée.

Lorsque nous greffons des Thés, ou autres sortes à petits rameaux maigres et peu aoûtés, nous laissons l'œil tel qu'il est enlevé par le coup de greffoir. Nous nous trouvons bien de cette méthode et, dans un cas comme dans l'autre, nos greffes réussissent bien.

Quant à l'eau, sans prétendre qu'il faut exprès écussonner par la pluie, nous sommes à même de démontrer, par des faits, que des écussons une fois levés peuvent être plongés quelques minutes dans l'eau, puis posés et réussir parfaitement.

Ceci dit pour fixer l'amateur sur ce sujet si souvent remis sur le tapis, examinons succinctement les diverses ligatures les plus employées pour *attacher* les greffes en écusson.

LIGATURES. — Pendant assez longtemps on s'est servi exclusivement d'une laine spéciale, qui se trouve encore assez facilement dans le commerce. Ce lien revenait cher, aussi on lui substitua bientôt la *laîche* qui n'est point la feuille d'un *Carex*, mais bien celle du *Sparganium erectum;* plante aquatique de la famille des Typhacées, qui croît assez communément dans les mares.

L'Iris des marais *Iris pseudo-Acorus*, quoique moins bon, peut être employé au même usage.

On récolte ces feuilles vers septembre et on les met

sécher à l'ombre, pour les employer l'année suivante.
C'est la partie inférieure des feuilles qui sert de lien,
aussi, en les récoltant, doit-on les couper le plus près
possible de la souche.

Le *raphia* ou fibre du Japon a détrôné aujourd'hui,
à peu près partout, la laine et la laîche. Il constitue
une ligature extrêmement solide, très facile à employer et d'un prix de revient fort peu élevé.

On trouve le *Raphia* chez tous les marchands de
graines; il sert en outre à un grand nombre d'usages
en horticulture.

La laîche doit être employée *légèrement humide*
pour ligaturer les greffes en écusson. Le raphia s'emploie sec ; utilisé humide, et surtout mouillé, il se
desserre en séchant.

3º Soins a donner aux sujets greffés,
pour faire développer
les écussons dans de bonnes conditions

1. *Greffes à œil dormant.* — Une fois les écussons
posés, les sujets sont abandonnés à eux-mêmes pendant trois semaines ou un mois. Après ce laps de
temps, on examine les greffes une à une, pour voir
celles qui sont mortes et procéder tout de suite à un
nouvel écussonnage. Du premier coup d'œil, on voit
si une greffe est vivante ou morte, d'abord à sa couleur, ensuite en touchant le pétiole qui reste presque
toujours sur l'écusson posé. S'il est sec et *s'il se
détache facilement*, l'œil est bon.

On profite de cet examen pour desserrer les ligatures qui commenceraient à s'incruster dans l'écorce,
empêcheraient le développement de la base des bran-

ches et finiraient par *étrangler* l'écusson, si on n'y prenait garde.

Si l'écusson est parfaitement soudé, on peut enlever complètement la ligature au lieu de la desserrer simplement.

On évite de faire biner les sujets greffés en écusson à *œil-dormant* car, en donnant une façon au sol, on redonne de la sève et on s'expose à faire développer les yeux immédiatement. Il faut éviter ce développement anticipé, car les écussons qui poussent avant l'hiver sont généralement peu aoûtés au moment des gelées et ils sont souvent détruits par celles-ci, pour peu qu'elles soient de quelque intensité.

Il faut également, et pour le même motif, se garder de couper des branches sur les sujets greffés avant l'arrêt complet de la végétation. C'est à ce moment seulement, ordinairement en décembre-janvier, qu'on procède à l'ébroussage des sujets. Le cachage des variétés sensibles au froid se pratique en novembre.

L'*ébroussage* des hautes-tiges et demi-tiges se fait en coupant au sécateur, à 3 centimètres des écussons, toutes les branches greffées ; on coupera sur le corps celles qui n'ont pas reçu d'œil.

On peut profiter de cette occasion pour enlever toutes les ligatures qui pourraient être encore en place. Certains praticiens les laissent jusqu'au printemps sur les yeux, prétendant qu'elles les garantissent des rigueurs de l'hiver. Il faut en tous cas couper celles qui serrent trop les écussons.

Les branches coupées et tombées sur le sol sont tirées hors des rangs au moyen d'un râteau.

On préserve des atteintes de la gelée les variétés sensibles greffées sur tiges, en plaçant sur chaque écusson une petite motte de terre argileuse et humide, qui s'y colle facilement. Elle tombe d'elle-même au printemps. On peut encore employer un capuchon de paille pour le même usage. Le cache-œil Scipion, composé d'un petit rectangle de molesquine de 4 centimètres sur 3, garni de ouate et attaché sur chaque écusson, donne d'assez bons résultats.

Tous ces procédés de cachage sont assez aléatoires ; nous devons même avouer que le moyen certain et peu coûteux de préserver les greffes des gelées rigoureuses est encore à trouver.

Pour les sujets greffés rez terre, l'*ébroussage* se fait en coupant toutes les branches ras sur le corps. On enlève avec une fourche celles coupées sur les Églantiers nains. Il ne faut pas ici se servir d'un râteau, car en traînant ces branches on s'exposerait à détériorer les yeux placés rez terre.

Quant aux rameaux enlevés par l'*ébroussage* sur les *De la Grifferaie, Manettii, polyantha,* etc., ils servent, comme nous l'avons dit, à faire de nouvelles boutures ; ils sont pour cela ramassés à la main.

Les Rosiers greffés rez terre, sensibles à la gelée, en sont préservés en ramenant tout simplement, avec une pioche, un peu de terre sur les yeux .

L'hiver terminé et lorsque les fortes gelées ne sont plus à craindre, on décache tous les Rosiers greffés : *tiges, demi-tiges* et *nains*. On donne une bonne façon au terrain, avec la pioche, et on profite de ce piochage pour trancher ras sur chaque souche les drageons souterrains qui auraient pu y naître.

Il est très utile de tuteurer les jeunes greffes, celles des Rosiers à tiges surtout, afin d'éviter que les vents ne les décollent.

On doit, d'ailleurs, surveiller constamment les carrés de greffes en végétation et procéder à de nombreux *ébourgeonnages*, c'est-à-dire enlever toutes les branches et tous les drageons qui se développeraient sur les sujets, pour *ne laisser croître absolument que les greffes.*

Lorsque celles-ci ont acquis un certain développement, on les *pince*, en coupant avec l'ongle l'extrémité herbacée, pour forcer la greffe à se ramifier. Pour obtenir des Rosiers plus forts, on pourrait supprimer aussitôt formés tous les boutons à fleur.

2. *Greffes à œil poussant.* — Cette greffe ne diffère, comme nous l'avons indiqué plus haut, de la greffe à œil dormant, que par l'époque à laquelle on la pratique, et parce qu'on *fait développer les écussons aussitôt qu'ils sont soudés*, au lieu de les laisser passer l'hiver à l'*état latent.*

Donc, quinze jours ou trois semaines après la pose des yeux, *si ceux-ci sont bien soudés*, on commence à *pincer* un peu l'extrémité des branches du sujet pour *refouler* la sève. On raccourcit ensuite ces branches jusqu'à quelques centimètres des écussons posés, par 4 ou 5 coupes successives, faites à quelques jours d'intervalle.

La sève se porte dans les écussons qui se mettent à croître aussitôt. Il faut alors *délainer*, c'est-à-dire couper les ligatures par un coup de greffoir, donné du côté de la branche opposé à l'œil, et faire des binages pour activer la végétation. On met des tuteurs et on pince les greffes, comme nous l'avons indiqué pour la greffe à *œil dormant.*

Nous avons dit précédemment que cette greffe ne convient pas pour le nord de la France, et les Rosiers qu'elle donne, même dans le Midi, ne sont pas de premier choix.

Quelques personnes ont la mauvaise habitude de pincer l'extrémité des rameaux du sujet au moment de la pose des écussons, prétendant porter la sève dans ceux-ci ; c'est une grosse erreur. Par ce procédé, contraire à toutes les lois de la physiologie végétale, on arrête net la circulation de la sève et, comme le *cambium*, qui doit opérer la soudure, est surtout entraîné dans la sève descendante, on risque tout simplement de causer la perte des écussons, en arrêtant le courant de cette sève.

Ce n'est que lorsque l'écusson est soudé, c'est-à-dire *au moins quinze jours après sa pose*, qu'on doit seulement commencer à pincer le sujet, dans la greffe à œil poussant.

Greffe en écusson en serre. – La greffe en écusson peut être pratiquée en serre l'hiver, sur des sujets en pots, afin de multiplier des Rosiers rares ou nouveaux.

On empote, un an d'avance, dans des godets de 10 ou 11 cent. de diamètre les sujets : semis d'Églantier, de *polyantha* (ceux-ci entrent très facilement en végétation), des boutures de *La Grifferaie* ou même de petits Églantiers des bois. On emploie un compost riche pour cet empotage ; on met les godets en planches dehors, un paillis par-dessus, et on les laisse passer la belle saison ainsi, en donnant des arrosages quand il est besoin. A l'automne, on place les sujets empotés sous les bâches de la serre, ou dans des châssis chauds, pour les faire entrer en végétation.

Lorsqu'ils sont en sève, on les écussonne comme s'ils étaient dehors. On les place alors sur les bâches pour qu'ils aient de la lumière. Une fois les écussons soudés, on commence à raccourcir petit à petit les branches, pour faire développer les écussons, comme nous l'avons indiqué à la greffe à *œil poussant*. On met des tuteurs, s'il y a lieu, et on ébourgeonne selon les besoins.

Les Rosiers ainsi obtenus sont peu résistants et périssent facilement lorsqu'on les plante dehors au printemps. Ils seraient peut-être plus rustiques si, au lieu de faire développer les écussons aussitôt soudés, on les passait alors à une température assez basse pour arrêter la végétation, sous châssis froid, par exemple. L'œil resterait ainsi quelques semaines à l'état latent et croîtrait avec plus de vigueur lorsqu'on le soumettrait de nouveau à la température plus élevée d'une serre à multiplication, ou qu'on le placerait simplement en pleine terre dehors, la belle saison venue.

II. — DE LA GREFFE EN FENTE SUR COLLET ET TRONÇON DE RACINE, SOUS CHASSIS, ET DE DIVERSES GREFFES ANALOGUES.

On peut pratiquer cette greffe depuis le 15 octobre jusqu'en mars ; mais il faut bien se rappeler que si, celle faite à l'automne donne de très bons résultats, celle du printemps n'en fournit souvent que de bien médiocres.

Le moyen de multiplication que nous indiquons permet aux personnes qui ne possèdent pas de serre, de multiplier, dès la *réception*, les nouveautés ou les Rosiers qu'elles achètent l'hiver, et d'avoir par suite leurs jeunes plantes en fleurs au moment où, par les procédés ordinaires de greffe à œil poussant en pleine terre, l'écusson serait à peine posé.

De plus, les plantes obtenues comme nous l'indiquons *sont excellentes*, alors que celles provenant des greffes à *œil poussant* sont presque toujours très défectueuses comme rusticité.

La greffe d'hiver sur collet ou tronçon de racine a encore l'immense avantage de permettre à l'horticulteur de faire greffer par la neige et la gelée, s'il a eu simplement la précaution de faire rentrer à l'abri du froid, par le beau temps et d'enfouir dans du sable humide, les racines et les greffons destinés à pratiquer l'opération.

Les sujets les plus employés sont les semis d'Églantier et de *R. polyantha* type.

Les racines du *R. polyantha* sont divisées à la *serpette* par tronçons de 8 à 10 cent. de longueur, possédant tous, si possible, quelques radicelles à la partie inférieure et une place d'écorce lisse à la partie supérieure, pour placer le greffon.

Lorsqu'on emploie des semis d'Églantiers, il est préférable de ne poser qu'un greffon sur le collet, car, en fractionnant les racines, on n'obtient pas toujours de bien bons résultats. Ces racines ou fragments de racines doivent avoir de 8 à 20 millimètres de diamètre au sommet.

On place devant soi, sur une table, une cinquantaine de racines et autant de greffons *à deux yeux*, en bois bien aoûté, de la variété à multiplier.

La figure 33 représente, en A, un jeune Églantier habillé et fendu sur le côté pour recevoir le greffon, et en B, celui-ci taillé en double biseau, prêt à être posé.

On pratique ainsi la greffe en demi-fente ou fente ordinaire, *en introduisant* le greffon dans la fente, et en ligaturant avec du gros fil à coudre les sacs.

La figure 33 C montre le greffon mis en place et ligaturé ; la greffe est ainsi terminée.

Il ne faut pas oublier que la partie interne des deux écorces (celle de la racine et celle du greffon), doit *coïncider parfaitement*. C'est pour arriver plus faci-

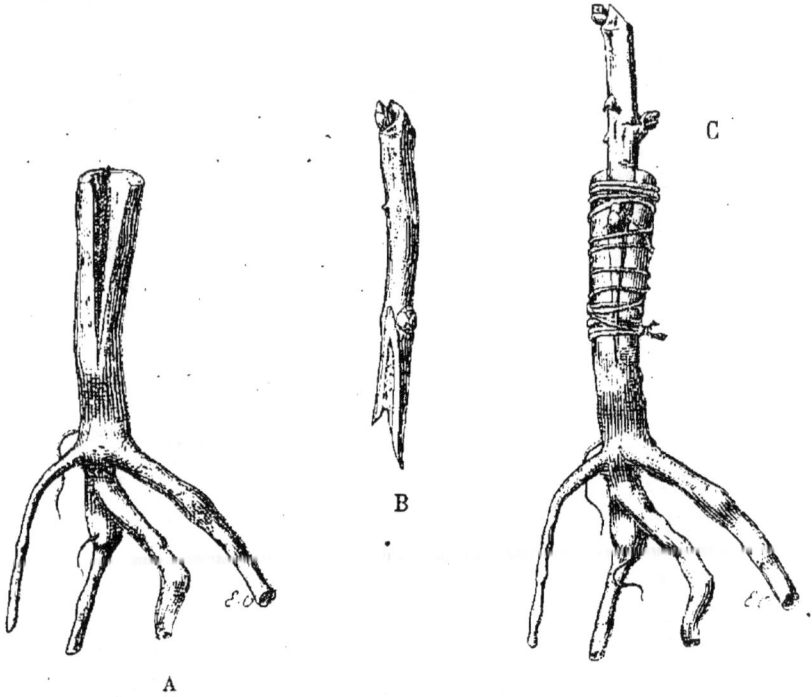

Fig. 33. — Greffe sur collet de racines.

A, jeune Églantier habillé et prêt à recevoir le greffon. — B. greffon taillé et prêt à être posé. — C, greffon mis en place et ligaturé ; la greffe est terminée.

lement à ce résultat que nous conseillons de préparer d'avance environ 50 greffons et 50 racines, ce qui permet d'assortir plus rapidement l'un avec l'autre, c'est-à-dire de les prendre de grosseurs proportionnées. Si le greffon est un peu courbe dans sa partie taillée, il est placé sur une racine affectant la même forme, etc.

Il est très utile de couvrir toutes les plaies avec du mastic à greffer. Nous employons, personnellement, le mastic dont nous donnons la composition à la fin de ce chapitre.

Il faut prendre les précautions nécessaires pour que les racines et les greffons ne soient pas atteints de la sécheresse. Au fur et à mesure que les greffes sont enduites de mastic on les place, pour ce motif, dans du sable humide.

Chaque soir, *s'il ne gèle pas*, les greffes faites dans la journée sont mises sous châssis à *peine tiède et bien clos*. Elles sont plantées dans du sable humide, à raison de 500 environ par châssis de 1 m. 35 de côté. Le *dernier œil du greffon* doit seul être *laissé hors du sable*.

Il faut priver ces greffes *complètement d'air* jusqu'à ce qu'elles *soient bien soudées*. On donne alors de l'air peu à peu et de plus en plus, pour arriver à enlever complètement les châssis huit jours avant la mise en pleine terre, qui a lieu en mai.

Il ne faut jamais laisser pénétrer la gelée sous les châssis de multiplications. On entoure donc les coffres avec des réchauds, et au besoin on les couvre avec de bons paillassons. On donne le plus de lumière possible, mais on évite les rayons de soleil trop ardents. On évite également une trop grande humidité dans les coffres, car les greffes pourriraient On n'arrose donc que s'il y a nécessité absolue.

Les soins et les procédés employés pour la mise en pleine terre sont absolument les mêmes que pour les boutures, c'est pourquoi nous renvoyons le lecteur au chapitre : *Mise en pleine terre des boutures*, p. 146.

AUTRES GREFFES ANALOGUES FAITES EN SERRE, GREFFES FORCÉES

Les greffes faites sur racines ou tronçons de racines peuvent être placées en serre au lieu d'être

mises sous châssis ; elles s'y développent plus vite. Si
on greffait des variétés nouvelles ou rares, on pourrait les mettre en godets aussitôt faites ; elles auraient moins à souffrir de la transplantation.

On peut employer comme sujets des boutures de
La Grifferaie ou autres élevés *en
pots* et pratiquer sur elles, comme du reste sur les racines, des
greffes autres que la greffe en
fente.

C'est ainsi que nous employons
la *greffe en placage* (fig. 34), *la
greffe à l'anglaise, la greffe en
placage à double entaille*, *etc.*,
que nous nous dispenserons de
décrire ici parce qu'elles n'offrent
qu'un intérêt secondaire pour les
amateurs et qu'elles sont bien
connues des praticiens.

Si les sujets en pots reçoivent
une chaleur suffisante pour faire
développer immédiatement les
greffons qu'on leur confie, ce
mode de multiplication prend le
nom de *greffe forcée*.

La greffe est dite *herbacée* lorsque les greffons ne sont pas encore lignifiés.

Fig. 34.
Greffe en placage.

Les Rosiers produits par ces deux derniers procédés résistent mal à la pleine terre ; nous leur préférons, pour obtenir des plantes rustiques, la vulgaire
greffe sur racines.

GREFFE EN FENTE EN PLEIN AIR

On employait anciennement ce procédé pour *regreffer* à nouveau, au printemps, les Églantiers n'ayant pas *repris* à la greffe en écusson l'année précédente. On fendait complètement en deux, au printemps, sur 3 à 4 cent. de longueur, le sommet des Églantiers à tige et on y plaçait deux greffons, un de chaque côté, la partie interne des écorces *coïncidant parfaitement*. Pour les nains, on ne mettait qu'un greffon. On ligaturait avec du gros fil et on enduisait de mastic. Les plantes ainsi obtenues n'étaient pas d'une grande longévité; de plus, les greffes se décollaient assez facilement, surtout pendant le transport. On attachait celles-ci à des tuteurs aussitôt développées et on les *pinçait* pour les faire ramifier.

A notre connaissance, ce mode de multiplication est fort peu employé aujourd'hui.

Voici la composition des mastics que nous employons pour nos diverses greffes.

I. — MASTIC A CHAUD, POUR GREFFER A L'AIR

Poix ordinaire	500 grammes.	
Cire d'abeilles.	60 —	
Suif de chandelle.	40 —	environ.
Résine.	50 —	

II. — MASTIC POUR GREFFER EN TERRE

Poix ordinaire	500 grammes.	
Cire d'abeilles	60 —	
Suif de chandelle	80 —	environ.
Résine.	25 —	

Cette seconde formule donne un mastic plus fusible,

qui fondrait au grand soleil, mais qui a l'avantage
de pouvoir s'employer moins chaud que le précédent.

On doit veiller avec soin à ne jamais employer le
mastic assez chaud pour qu'il puisse brûler les greffes.
Il faut toujours pouvoir l'endurer sans brûlure sur la
peau lorsqu'on s'en sert pour enduire les plaies. Il
ne faut pas faire fondre la préparation sur un feu trop
vif, qui pourrait la brûler.

Pour les amateurs ne greffant qu'un petit nombre
de Rosiers, il est plus simple d'employer un des mastics
à froid qu'on se procure facilement dans le commerce.

Multiplication intensive des Rosiers
dans le Midi

Sur tout le littoral de la Méditerranée, l'Eglantier
vient mal. Le *R. indica major*, qui est une variété
du Rosier du Bengale (*R. semperflorens*), est beaucoup employé par les pépiniéristes comme sujet.
Ce Rosier étant très vigoureux et de multiplication très rapide, il permet d'obtenir, dans le cours
d'une seule année, des Rosiers vendables, commen-
cés par le bouturage des sujets. Nous indiquons ci-
après ce procédé, pour les services qu'il peut rendre
aux personnes habitant des pays à climat analogue.
Voici comment on procède :

Dès la chute des feuilles, on prépare des boutures
longues de 25 à 30 cent., que l'on met en jauge en plein
air. Elles y restent jusqu'en fin février, époque à laquelle on les plante en pépinière de greffage. Pendant
ce temps, et grâce à la température relativement
douce du Midi, elles ont presque toutes formé un bourrelet qui ne tarde pas à émettre des racines. La planta-

tion se fait rapidement à l'aide d'un long plantoir. La
chaleur commençant à se faire sentir dans le courant
de mars, les boutures commencent à pousser. Vers la
mi-mai elles sont en pleine végétation.

A cette époque, il y a déjà des rameaux de Rosiers
suffisamment développés pour fournir de bons écussons, au moins à leur base. On commence donc à
greffer. Les écussons sont posés sur le corps même de
la bouture, au dessous du dernier bourgeon, déjà
transformé en rameau. Le Bengale ayant une écorce
lisse et la sève étant abondante, l'écussonnage se fait
facilement, et la reprise est généralement très bonne
et rapide. La chaleur augmentant on commence à
arroser par irrigation. Sous l'influence de ces deux
facteurs, les écussons se développent au bout de
quelques semaines. Dès que les greffes ont 5 ou 6
feuilles, on les pince pour les faire ramifier. Dès ce
moment, on a soin de réduire, puis de supprimer les
rameaux de la bouture-sujet, afin de laisser la greffe
profiter seule de toute la sève.

Durant tout le cours de l'été, des binages fréquents
et des arrosements copieux entretiennent les jeunes
Rosiers en végétation et leur font développer des rameaux ayant une moyenne de 60 cent. de longueur
et parfois plus, par conséquent livrables dès l'automne.
C'est ainsi que les boutures, puis la greffe, et enfin le
développement de celle-ci ont été effectués dans le
cours d'une seule année. Ces Rosiers ne valent pas,
sans doute, ceux obtenus dans le Nord par la greffe
sur Eglantier ou sur Multiflore de la Grifferaie, mais
ils ont l'avantage d'avoir été obtenus très rapidement
et d'être adaptés au climat méridional.

DE LA FÉCONDATION ARTIFICIELLE

La fécondation artificielle est appelée
à transformer le règne végétal.

COCHET-COCHET.

CONSIDÉRATIONS GÉNÉRALES

Les plantes, comme les animaux, sont doués d'organes spéciaux, destinés à la reproduction de l'espèce. C'est la fleur, chez les végétaux, qui renferme ces organes reproducteurs.

Une fleur complète, la rose, par exemple, dont nous nous occupons exclusivement ici, se compose de quatre verticilles : 1° le *calice* généralement de couleur verte, formé de cinq pièces [1], nommées *sépales ;* 2° la *corolle* ou partie brillante de la fleur, composée de cinq feuilles modifiées et colorées, nommées *pétales ;* 3° les *étamines* ou *organes mâles*, dont l'ensemble constitue l'*androcée ;* 4° les *carpelles* ou *organes femelles*, dont la réunion forme le *pistil* ou *gynécée.*

Les *étamines* se composent chacune d'un *filet* et

---

[1] Le *Rosa sericea* n'a, par exception, que quatre sépales et quatre pétales ; c'est le seul Rosier qui soit à fleurs tétramères.

Nous avons pris comme exemple la rose à corolle simple. Chez toutes les fleurs complètes, on retrouve, dans le même ordre, les quatres verticilles ; mais le nombre des pièces qui les composent varie avec les familles, les genres et les espèces.

d'une *anthère*, qui renferme le *pollen* ou poussière fécondante. L'organe femelle comprend : les *ovaires*

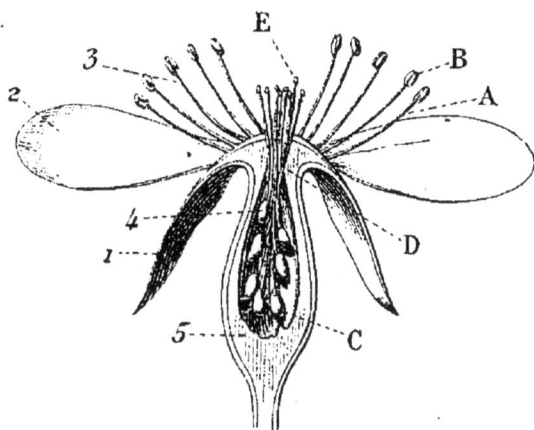

Fig. 35. — Rose simple, coupée longitudinalement pour laisser voir tous ses organes.

qui, fécondés, deviendront les graines ; les *stigmates*, qui reçoivent le *pollen*, et les *styles* qui relient les stigmates aux ovaires.

La figure 35 représente une rose simple, coupée longitudinalement pour laisser voir les divers organes qui la composent. Ce sont :

1, Les *sépales du calice ;*

2, Les *pétales composant la corolle ;*

3, Les *étamines* (A, *filet*, B, *anthères*) ;

4, Le *pistil* ou organe femelle (C, *ovaires*, D, *styles*, E, *stigmates*) ;

5, Le *réceptacle contenant les ovaires.*

La rose est dite hermaphrodite parce qu'elle renferme les organes mâles et femelles. Par opposition, on nomme : fleurs unisexuées, celles dont les organes mâles et les organes femelles sont placés séparément, dans des fleurs distinctes, tantôt sur la même plante et on dit celle-ci *monoïque* (telles sont les fleurs des Cucurbitacées, du Noisetier, etc.), tantôt sur des plantes différentes, et on les dit *dioïques* (Chanvre, Dattier, etc.).

Rôle et mission des différents organes précités

Le *calice* n'a d'autre utilité que de protéger la fleur lorsqu'elle est jeune et encore close.

La *corolle* protège les organes mâles et femelles contre les agents destructeurs et elle *facilite la chute du pollen sur les stigmates*. Peut-être aussi attire-t-elle, par ses brillantes couleurs, les insectes qui butinent de fleur en fleur et portent sur leurs ailes et leur corps la poussière fecondante d'une fleur sur une autre, créant ainsi, inconscients messagers d'amour, des *hybrides* et des *métis* dans leurs courses vagabondes.

Les *étamines* portent au sommet de leur filet les anthères qui renferment le *pollen*. Leur présence et leur forme sont faciles à constater dans toutes les roses simples, à l'aide d'une loupe.

Chaque grain de pollen renferme une substance granuleuse, semi-liquide, dite : *fovilla*, et qui joue le rôle actif dans la fécondation des *ovules*.

L'organe femelle reçoit sur les *stigmates* cette poussière fécondante ; la *fovilla* descend par l'intermédiaire du style jusqu'aux ovules, où elle pénètre dans le *sac embryonnaire* par l'ouverture du *nucelle*.

COMMENT S'OPÈRE LA FÉCONDATION

Nous n'avons à nous occuper ici que du Rosier ; prenons donc la rose comme exemple. Choisissons la fleur à corolle simple d'une espèce quelconque, dont les organes mâles n'ont pas encore été transformés en pétales, par l'œuvre de l'homme. Examinons cette fleur, par une belle matinée, au moment où elle vient de s'épanouir.

Les pétales déployés laissent voir les *anthères* complètement fermées ; les *stigmates* secs ou peu humides paraissent à l'état de repos. Bientôt, sous l'influence de la chaleur et des rayons solaires, la *déhiscence* c'est-à-dire l'ouverture des anthères se produit, la poussière fécondante apparaît sous forme d'une masse granulée, encore trop humide pour permettre aux grains de pollen qui la composent de quitter les *loges* qui les renferment. La vie semble alors se manifester dans l'organe femelle : le stigmate se couvre d'une liqueur visqueuse, souvent légèrement acide [1].

Encore quelques instants et l'anthère ouverte laisse tomber quelques grains de *pollen* sur le stigmate, alors apte à les recevoir.

Plongé dans la liqueur du stigmate, le grain de pollen se gonfle, sa membrane s'allonge sur un point, forme *hernie*, puis se déchire et laisse échapper la *fovilla* qui pénètre dans le tissu du stigmate, est entraînée dans le style et jusque dans l'ovule. C'est alors que se passe l'acte même de la fécondation,

---

[1] Nous avons remarqué que, chez certaines fleurs, cette liqueur rougit légèrement le papier de tournesol

dont les détails aujourd'hui bien connus sont cependant beaucoup trop complexes pour trouver place ici.

Chacun sait maintenant, contrairement à ce que beaucoup d'auteurs ont avancé jadis, que le *grain de pollen entier* n'est pas entraîné dans l'*ovule*; il s'en dégage un boyau pollinique qui pénètre seul dans les canaux du style pour atteindre le sac embryonnaire. Sa membrane vide reste sur le stigmate, où il est facile de la retrouver après la fécondation.

D'après ce qui précède, le lecteur a déjà deviné en quoi consiste la fécondation artificielle ; le voici :

1º Enlever les étamines d'une rose, choisie comme *mère*, avant la déhiscence des anthères,

2º Apporter le pollen d'une autre rose, prise comme *père*, afin de mélanger les deux éléments.

DES INSTRUMENTS NÉCESSAIRES POUR PRATIQUER L'OPÉRATION

L'opérateur doit avoir sur lui différents instruments. Personnellement, nous avons réuni dans une trousse : une paire de petits ciseaux, une pince d'horloger très fine, quelques tubes de verres soudés à la lampe par un bout et destinés à contenir le pollen, une demi-douzaine de petits pinceaux bien doux et de différentes grosseurs, quelques très petites boîtes de carton destinées à recevoir provisoirement le pollen et à l'y laisser sécher un peu ; une fiole minuscule contenant quelques gouttes d'eau pure ou légèrement miellée, un canif, quelques aiguilles, enfin une forte loupe et un de ces microscopes simples, dits *microscopes horticoles*, d'une valeur de 2 ou 3 francs, d'un grossissement très faible, mais pouvant cependant rendre de grands services à l'amateur pour l'étude sommaire des grains de pollen.

1º CASTRATION DE LA FLEUR FEMELLE OU ENLÈVEMENT DES ÉTAMINES

L'enlèvement des étamines de la fleur à hybrider doit toujours être pratiqué *avant la déhiscence des anthères*. On coupe les filets avec les ciseaux, en tenant si possible la rose dans une position inclinée, afin que, pour plus de sûreté, les anthères, même encore closes, ne touchent pas le stigmate.

Si toutes les anthères ne tombent pas facilement, on enlève avec les pinces celles qui pourraient rester dans l'intérieur de la rose.

Dans la presque totalité des cas, la déhiscence des anthères ne se produit qu'après *l'épanouissement complet de la fleur*, mais, dans certaines roses, elle a lieu alors que la corolle n'est pas encore ouverte [1]. Il ne faut pas craindre, dans ce cas particulier, d'ouvrir *mécaniquement* la rose, et de pratiquer la castration comme nous venons de l'indiquer, mais alors avant *l'anthèse*. Si quelques grains de pollen étaient aperçus, avec la loupe, sur le stigmate ou dans son voisinage, on les enlèverait avec une aiguille ou un pinceau légèrement humide.

---

[1] Nous avons déjà signalé ce cas, avec manière d'y remédier, dans la deuxième édition du *Calendrier du Rosiériste*, traité complet de la culture du Rosier pendant les douze mois de l'année, par le rosomane P.-Ph. Petit-coq de Corbehard. Nombreuses récompenses. Cochet-Cochet, horticulteur, seul propriétaire et vendeur à Coubert (Seine-et-Marne). Prix : 1 fr. 15 franco.

On peut couper les pétales s'ils gênent l'opération, car, tant que les organes sexuels ne sont pas blessés, la fécondation peut parfaitement avoir lieu.

L'opération terminée, il est prudent de couvrir la fleur d'un sachet de gaze ou même de papier, pour empêcher l'apport d'un pollen étranger par les vents ou par les insectes, lorsqu'on tient à n'avoir aucun doute sur la paternité de l'hybride créé.

2º APPORT DU POLLEN DE LA ROSE CHOISIE COMME PÈRE

La castration se pratique le matin, à la première heure, mais l'apport du pollen se fait seulement lorsque le stigmate est recouvert de l'enduit visqueux, déjà mentionné. Lorsque cette liqueur fait défaut dans une variété sur laquelle l'hybridation réussit difficilement, on y supplée en touchant le stigmate, au moment de l'apport du pollen, avec un pinceau chargé d'un quart de goutte d'eau légèrement miellée. Le pollen est appliqué aussitôt.

L'apport du pollen peut se faire tout simplement en touchant les stigmates au moment voulu, avec les anthères ouvertes de la rose *père*. On peut encore charger de grains de pollen un pinceau, en le passant sur les organes mâles de cette dernière rose et en toucher ensuite le stigmate. Personnellement, et c'est plus expéditif, nous coupons avec les petits ciseaux les anthères des roses choisies comme pères, le matin et avant leur *déhiscence*. Nous les conservons vingt-quatre heures dans des petites boîtes en carton portant chacune le nom de la variété.

Au bout de ce temps, pollen et anthères ont perdu leur excès d'humidité ; nous les enfermons alors dans nos petits tubes de verre, moins encombrants à transporter que les boîtes, si petites soient-elles.

A l'aide d'un pinceau, nous prenons du pollen au fond de ces tubes, au moment d'opérer un croisement. C'est beaucoup plus expéditif.

Le pollen *ayant perdu son excès d'eau* peut se conserver (étant tenu au sec et dans un tube bien bouché) pendant plusieurs jours ; nous avons obtenu des croisements avec du pollen récolté depuis huit jours. On peut même, paraît-il, le conserver beaucoup plus longtemps encore. On peut tirer profit de cette propriété, lorsqu'il s'agit de croiser deux variétés ne fleurissant pas exactement en même temps.

Nous ne voyons pas la nécessité absolue de couvrir d'une gaze la rose hybridée. Nous avons en effet la conviction, qu'une fois l'application du pollen faite, la fleur n'est plus apte à en recevoir de nouveau. Cette précaution peut donc être négligée le plus souvent *pour les roses*, sans grand inconvénient. *Il n'en serait pas de même pour les fleurs unisexuées, dont nous n'avons pas, du reste, à nous occuper ici.* Toutefois, il peut être utile de conserver *le sachet* pour protéger le fruit contre les agents destructeurs.

Telle que nous venons de la décrire, l'hybridation n'est, dans l'ensemble des procédés actuellement mis en pratique pour l'amélioration des végétaux en général, qu'un des meilleurs moyens de forcer les plantes à produire de nouvelles formes, parmi lesquelles on choisit ensuite les plus intéressantes ou celles qui répondent le mieux au but cherché.

Aussi bien, tout ce qui peut contribuer à réduire l'incertitude de cette opération, moins peut-être dans le sens du succès de la fécondation elle-même, que dans celui de l'obtention des hybrides possédant les caractères ou mérites désirés, doit-il être mis en œuvre, car, il faut bien le dire, tout croisement doit être effectué dans un but préconçu, en choisissant les parents qui, par leurs caractères ou aptitudes quelconques, semblent offrir le plus de chances de l'atteindre.

Les quelques indications qui vont suivre pourront donc ne pas être inutiles aux personnes qui désirent se livrer aux pratiques de la fécondation artificielle.

Nous dirons tout d'abord que le rôle des parents, c'est-à-dire que l'un ou l'autre soit pris comme père ou mère, importe peu ; contrairement à ce qu'on croyait autrefois. Ce qui importe, au contraire, c'est la faculté de transmission des caractères, tous ne possédant pas la même force de reproduction.

Une loi nouvellement mise en pratique, quoique découverte il y a plus de 60 ans, par l'abbé G. Mendel, est venue jeter un jour tout nouveau sur cette question de la transmission des caractères, qui rend aujourd'hui possible, dans bien des cas, d'escompter par avance, et cela presque mathématiquement, ce qu'il adviendra d'un croisement.

Nous devons, toutefois, dire que, chez les Rosiers, qu'on ne propage pas habituellement par le semis et dont les variétés cultivées ne sont par conséquent pas fixées, les résultats peuvent n'être pas toujours certains. Nous ne pouvons, malheureusement, faute d'espace suffisant, aborder dans ses multiples détails l'étude de la loi de Mendel, qu'on trouvera d'ailleurs décrite dans certaines publications étrangères et françaises [1]. Voici néanmoins quelques indications essentielles sur sa théorie.

---

[1] Traduction en anglais, par M. W. Bateson ; *Journal of the Royal Horticultural Society*, vol. XXVI, part. 1 et 2 (1901).

Tout d'abord, il ne faut pas envisager les plantes dans leur intégrité, mais seulement les caractères qu'il s'agit de transmettre. Les uns sont forts à la reproduction par rapport à d'autres qui sont plus faibles. Les premiers sont dits : dominants ou forts, et les seconds recessifs ou faibles. A la première génération, c'est-à-dire les plantes provenant des graines hybridées, ressemblent toutes à celui des deux parents qui possède le caractère dominant. On ne peut donc pas juger le succès d'une hybridation à cette première génération.

Ce n'est qu'à la deuxième, celle que Naudin, qui avait pressenti le fait, avait si bien nommée « variation désordonnée », que les phénomènes d'association ou de dissociation des caractères se montrent dans toute leur ampleur. Pour 100 plantes, 25 % présentent le caractère faible ou latent et sont complètement fixées ; des 75 autres, 50 % sont hybrides et 25 % possèdent le caractère dominant pur, qui seront également fixées à la génération suivante. Les mêmes phénomènes se répètent dans les générations suivantes lorsqu'on ressème les hybrides.

Tel n'est pas, toutefois, le cas chez les Rosiers, qu'on propage usuellement par un moyen artificiel dès leur première obtention. Il suffira donc de savoir qu'on a autant de chances d'obtenir des nouvelles variétés en ressemant les graines d'hybrides de première génération, pour les soumettre à cette période de variation désordonnée, qu'en pratiquant de nouvelles fécondations croisées.

Traduction en français, par M. Chappellier : *Bulletin scientifique de la France et de la Belgique*, tome XLI (1907). Voir aussi, *Espèces et variétés*, par M. Hugho de Vries, traduction en français, par M. Blaringhem.

***

Nous devons maintenant dire quelques mots d'un autre moyen d'obtention de nouvelles variétés, auquel nombre de nos plus belles variétés doivent, d'ailleurs, leur origine.

Nous voulons parler de celles que l'on nomme en jardinage des *variations* ou *sports*, et plus correctement *dimorphismes*, s'il s'agit de différences de formes, et *dichroïsmes*, lorsque la différence porte uniquement sur la couleur des fleurs. Ces variations, assez fréquentes chez les Rosiers, comme, au reste, chez la plupart des plantes amenées à un haut degré de perfectionnement, peuvent commodément être saisies et rapidement multipliées par le simple greffage en écusson des bourgeons du rameau qui les porte.

Il se peut que les mutilations (auxquelles peut être assimilée la taille), dont on a beaucoup parlé ces temps derniers, ne soient pas étrangères à la production des variations par bourgeons.

C'est à un fait du même ordre qu'il faut attribuer l'amélioration, bien connue des praticiens, résultant du choix, comme boutures ou greffons, des rameaux qui ont le mieux remonté.

Ces théories nouvelles et d'autres encore que nous ne pouvons entreprendre de décrire ici, tendent à limiter de plus en plus l'entité spécifique et à la faire pousser jusqu'au bourgeon ou même jusqu'à la cellule.

Terminons en rappelant encore à l'amateur qu'il peut obtenir facilement, par la fécondation artificielle, des variétés nouvelles et méritantes, et citons comme conclusion ce passage de l'ouvrage de Lecoq, sur la *Fécondation des végétaux* :

« Quelque restreint que soit un parterre, quelque exigu que puisse être le coin de terre dont un amateur peut disposer, que d'expériences utiles et d'essais curieux à tenter, et que de jouissances à obtenir, quand, par une fécondation artificielle, il aura doté son jardin, ses amis, son pays même d'une *création* nouvelle, qui devra le jour à ses soins, à son intelligence. Que de plaisirs surtout pour celui qui, s'occupant de plantes de collections, verra naître presque à son gré, des nuances nouvelles, des coloris imprévus ; qui verra les corolles grandir ou les pétales se multiplier à l'infini . . . .
. . . . »

« Chacun peut agir dans sa sphère, dans son coin, se taire s'il ne réussit pas, *ce qui est rare*, et s'enorgueillir, à juste titre, si un grain remarquable est venu couronner ses efforts. »

CHOIX DE VARIÉTÉS HORTICOLES

Il n'est pas d'autre genre de plantes dont les variétés, nées dans les jardins, soient aussi nombreuses que le sont celles des Rosiers. C'est au nombre de plusieurs milliers qu'elles s'élèvent aujourd'hui, sans compter celles, sans doute non moins nombreuses, que nos aïeux possédaient et dont on ne retrouve plus que les citations dans les vieux livres et quelques rares exemplaires dans les anciens jardins.

Cette multiplicité extraordinaire de variétés s'explique, du reste, bien naturellement, tant par la culture séculaire des Rosiers que par la diversité des espèces types et aussi par l'importance des cultures dont ils ont toujours fait l'objet. Actuellement encore les roses nouvelles sortent chaque année plus nombreuses que jamais des mains de leurs habiles semeurs. Toutes sont certainement très belles, mais malheureusement pas toujours suffisamment distinctes de certaines de leurs aînées. Du reste, que peut-on espérer de plus d'un genre ayant atteint une perfection horticole aussi grande que celle des Rosiers ? Néanmoins, on ne peut s'empêcher de reconnaître que l'amélioration des variétés se poursuit encore, lentement peut-être, mais d'une façon continue. Pour s'en convaincre, il n'y a qu'à regarder une dizaine d'années derrière soi ; le progrès apparaît alors d'une façon bien évidente.

Depuis bien longtemps les Rosiers sont groupés, d'après leur origine et leurs affinités botaniques, en sections assez naturelles et aujourd'hui admises par presque tous les rosiéristes et amateurs. C'est en suivant cette classification que nous allons donner un choix des plus belles variétés, étendu peut-être comme nombre total, mais restreint en réalité, en comparaison des milliers de roses connues.

On y remarquera beaucoup de variétés déjà anciennes, mais devenues classiques par leur perfection de forme, de coloris ou à cause de quelque autre mérite. Ce sont elles qui forment le fond des collections d'amateurs, c'est par elles aussi qu'il faut commencer à les former. Du reste, nous donnerons à la fin de ces listes quelques choix restreints pour les amateurs débutants et ceux ne possédant que des petits jardins.

Les premières des sections suivantes renferment les variétés les plus nombreuses et les plus importantes au point de vue horticole, car c'est toujours dans ces sections qu'on choisit la plupart des Rosiers devant former le fond d'une collection. Les Hybrides-remontants sont très recherchés, grâce à leur perfection de forme, la richesse et la variété de leur coloris, ainsi que leur vigueur et leur rusticité relative.

Les Thés, Hybrides de Thés et Noisettes sont non moins estimés que les précédents pour leur abondante floraison et surtout pour leurs coloris excessivement délicats et particuliers, dans lesquels la note jaune est presque toujours présente et domine plus ou moins. Cependant, ils sont bien moins rustiques que les précédents et demandent, sous le climat parisien, à être protégés sur place pendant les grands froids. Ils se prêtent facilement à la culture en pots et leurs rameaux, souvent longs et flexueux, en font d'excellentes plantes grimpantes.

Enfin, les autres sections nous fournissent des variétés éminemment rustiques, telles que les Cent-feuilles, les Provins, qu'on néglige un peu trop parce qu'elles ne sont pas remontantes, mais qui présentent néanmoins, chez les Provins et les Centfeuilles surtout, une grande perfection de forme ; ce ne serait pas aller trop loin que de donner les dernières comme types de la rose parfaite.

Dans les dernières sections, nous trouvons des espèces très sarmenteuses et rustiques, comme le sont les Rosiers d'Ayrshire, R. Boursault et les *R. Sempervirens*, ou frileuses comme le sont les Rosiers de Banks. Enfin dans ces dernières années, les hybrides du Rosier de Wichura ont pris une réelle importance.

Rosiers du Bengale et de la Chine.

(Rosa semperflorens et R. chinensis).

Très remontants.

RosA semperflorens [1]. — Rosier du Bengale. — *Arbuste* de 1 mètre, parfois 1 m. 50. *Rameaux* plutôt

---

[1] L'analyse des caractères distinctifs communs aux diverses formes d'une même espèce et aux diverses variétés d'une même race, ayant été l'objet d'une étude approfondie, de la part de M. Cochet-Cochet, lors de la publication du bel ouvrage de M. Gravereaux « LES ROSES CULTIVÉES A L'HAŸ, EN 1902 », nous ne croyons pouvoir mieux faire que de reproduire ici, *in extenso*, les descriptions des espèces et races, telles qu'elles ont été publiées dans l'ouvrage précité. — Les personnes qui désireraient connaître les variétés non citées ou trouver des renseignements

forts, buissonnants, d'un vert gai et brillant, lisses, sans pubescence, ni glandes, ni soies, armés d'aiguillons peu nombreux, épars, droits ou très peu crochus. *Feuilles* presque toujours 5-foliolées. *Folioles* inégales ; la première paire plus petite, *elliptiques-lancéolées, vert tendre*, glabres, *à peine légèrement pourprées sur les bords* dans leur jeunesse. *Pétioles* armés de petits aiguillons crochus sur la partie inférieure et de glandes pédicellées sur les deux nervures supérieures. *Fleurs* semi-pleines, réunies par 2 à 5, à corolle petite ou moyenne, se montrant jusqu'aux gelées automnales, grâce à la végétation ininterrompue de cette espèce qui porte presque toujours à l'automne des fruits mûrs, des fleurs et des boutons. *Fruits* de forme variable ; obconiques, turbinés ou oblongs, impubescents ; *Sépales* caducs avant la maturité.

Rosa chinensis. — Bengale pourpre. — *Arbuste* plus faible dans toutes ses parties que le *R. semperflorens*, atteignant difficilement 1 mètre, dont il se différencie :

1º Par ses folioles qui sont *ovales-lancéolées* et non elliptiques-lancéolées ;

2º Par des serratures beaucoup plus profondes et très aiguës ;

3º Par la teinte franchement purpurine des folioles, lesquelles sont complètement pourprées en dessous et pourpres sur les bords ;

4º Enfin, par des fleurs cramoisies qui, à elles seu-

plus complets sur celles décrites dans les sections suivantes, notamment leur obtenteur, l'année de leur mise au commerce, leurs parents, consulteront avec fruit ce même catalogue, comme aussi toutes les autres publications du même auteur, qui font aujourd'hui autorité en la matière.

les, suffiraient pour différencier cette espèce du type de Curtis.

Aurore, fl. jaune d'or teinté aurore et rose carminé.

Cramoisi supérieur (R. *chinensis*), fl. rouge cramoisi très vif.

Cramoisi supérieur grimpant, fl. rouge cramoisi vif ; rameaux allongés, sarmenteux.

Ducher, fl. blanc pur, moyenne et pleine ; extra.

Gruss an Teplitz (H. de Bengale), pourpre très brillant.

La Neige, fl. moyenne, pleine, blanche.

Le Vésuve, fl. rouge foncé passant au pourpre ; c'est le plus foncé.

Madame Eugène Résal, fl. grande, demi-pleine, bicolore, variant du rouge capucine au rose de Chine sur fond orange.

Madame Jean Sisley, fl. blanc mat nuancé rose à l'extérieur.

Madame Laurette Messimy, fl. rose de Chine à fond cuivré ; grande et très florifère.

Malton (Hyb. de Bengale) sarmenteux, fl. moyenne, rouge cerise carminé.

Ordinaire, fl. rose, double, très jolie.

Sanguin ou *Sanglant* (R. *chinensis*), fl. rouge variant jusqu'au rouge sang.

Souvenir d'Aimée Terrel des Chênes, fl. rose cuivré nuancé carmin.

Viridiflora, fl. entièrement vert de feuille, parfois striée de rouge, petite et double ; curiosité végétale.

Rosiers du Bengale pompon ou R. de Miss Lawrence.

(Rosa indica minima, var.).

Cette race est une *forme naine* du *R. semperflorens*, dont elle possède, réduits à une petite échelle, tous les caractères spécifiques. Chez cette plante, les folioles atteignent difficilement 15 millim. de longueur et la foliole impaire 2 cent.; la hauteur totale de la plante est rarement de 0 m. 50. Introduite de Chine vers 1820 par Sweet. Même culture que le *R. semperflorens*. Les fleurs qu'elle produit sont, je crois, les plus petites du genre, si on en excepte celles des *R. polyantha nains*.

Bijou, fl. rose clair, très petite.

Blanc, fl. presque blanche.

De Chartres, fl. rose, très petite et presque double.

Gloire des Lawrenceana, fl. cramoisi, pleine et petite.

La Désirée, fl. rose vif.

Pompon de Paris, fl. petite, rose.

Rosiers à odeur de Thé ou R. indiens.
Vulg. Rosiers Thés.

(Rosa indica fragrans, var.).

Rameaux parfois courts, souvent longs ou même sarmenteux dans certaines variétés probablement métissées par le *R. Noisetteana,* généralement glabres et lisses, sans soies ni glandes, parsemés de quelques aiguillons rouges, crochus, plus ou moins faibles ou forts, épars, quelquefois, cependant, gémi-

nés sous les feuilles. *Feuilles 5-7 foliolées* ; à *folioles*
de formes variant beaucoup, suivant les variétés, le
plus souvent elliptiques-lancéolées, d'un beau vert
tendre, presque toujours pourprées ou pourpres sur
les jeunes rameaux, lesquels revêtent eux-mêmes
cette teinte très caractéristique.

Pétiole parsemé souvent de glandes pédicellées et
armé d'aiguillons crochus et fins.

Serrature variable, mais jamais pubescente et très
rarement glanduleuse. *Pédoncules* quelquefois forts,

Fig. 36. — Rosier Thé.

mais le plus souvent trop faibles pour maintenir la
fleur droite, laquelle, par suite, s'incline alors vers
le sol.

Fleurs doubles ou pleines, jamais simples dans les formes actuellement connues et même dans celles d'introduction. Couleurs et formes extrêmement variées, possédant les teintes les plus riches de toutes les formes du genre *Rosa*.

Fruits glabres, dilatés, à base parfois ventrue, même brusquement élargie, plus rarement piriformes. Chez cet organe encore, la forme varie beaucoup, comme celle des autres parties de la plante, avec les variétés.

Sépales réfléchis après l'épanouissement, puis se redressant généralement ensuite.

Floraison et végétation continuelles pendant le cours de la belle saison. Les yeux portés par les jeunes rameaux se développent presque toujours avant la complète lignification de ceux-ci.

Introduit sous deux formes très affines, en 1809 et 1824. C'est du mélange de la sève des Rosiers Thés. avec nos Rosiers européens (*R. gallica* et sa forme *damascena*) que sont nés les Hybrides-remontants.

Culture assez difficile dans les pays du Nord, et même sous le climat séquanien, à cause du manque de résistance au froid, des formes dérivées de cette espèce.

Butter les nains en couvrant préalablement le pied de feuilles mortes. Les tiges sont plus difficiles à préserver. Les formes introduites étaient à rameaux courts et, comme nous le disons au début de cette note, il est probable que les rameaux de certaines variétés ne sont devenus sarmenteux que par hybridation.

Les variétés de cette section, de même que celles des Hybrides-remontants, sont si nombreuses et si belles que le choix en est très embarrassant; même en n'admettant que les plus méritantes, ce choix devient, en dehors des variétés classiques, en quelque sorte personnel. On fera donc bien de ne pas s'en tenir exclusivement à ces listes, qui ne doivent être considérées que comme des indications générales. Toutes ces variétés étant vigoureuses, florifères et remontantes, nous ne donnerons donc pas d'indication spéciale à ce sujet.

Adam, fl. rose chair pâle, grosse et bien double.

Adrienne Christophe, fl. gr., jaune cuivré, abricoté nuancé rose pêche.

Auguste Comte, fl. gr., rose garance, à pétales extérieurs rouge-carmin et centre rose.

Baronne Henriette de Lœw, fl. pleine, rose tendre nuancé jaune, à revers rose vif.

Beauté de l'Europe, fl. jaune foncé à l'intérieur et cuivré à l'extérieur ; très belle.

Beauté inconstante, fl. rouge capucine, à reflets carmin nuancé jaune.

Belle Lyonnaise, fl. jaune pâle, grande et bien double ; semis très distinct de la *Gloire de Dijon*.

Catherine Mermet, fl. rose carné tendre, grande et très belle.

Colonel Juffé, fl. moyenne, rouge pourpre à reflets noirâtres.

Comtesse de Frigneuse, fl. moyenne, jaune canari éclatant.

Deegen's Maréchal Niel Weiss (Maréchal Niel à fleurs blanches), fl. grande, blanc crème.

Devionensis, fl. blanc crème, grande et pleine.

Docteur Grill, fl. rouge cuivré à reflet aurore ; très grande et belle.

Ernest Metz, rose carminé à centre vif, grande et pleine ; bouton allongé.

Etoile de Lyon, fl. jaune soufre à centre vif, très pleine et bien faite ; extra.

E. Veyrat Hermanos, fl. très grande, beau coloris rose carmin et jaune abricot ; extra.

Francis Dubreuil, fl. pl., rouge cramoisi velouté ; à reflet cerise vif.

Général Galliéni, fl. rouge ponceau teinté sang.

Général Schablikine, fl. moyenne, rouge vif (La première fleurie).

Georges Farber, fl. gr. pl., pourpre velouté veiné de rouge.

Germaine de Mareste, fl. gr., blanc crème, saumonée au centre.

Gloire de Dijon, fl. beau jaune saumoné clair, très grande, bien pleine et s'ouvrant bien ; rameaux sarmenteux ; très répandue.

Homère, fl. rose vif, à centre carné, parfois tacheté de pourpre.

Honourable Edith Gifford, fl. blanc carné, à centre jaunâtre et saumoné, très grande et superbe en bouton ; extra.

Innocente Pirola, fl. blanc crème ou parfois rosé, très large et bien pleine ; très beau bouton allongé.

Jean Ducher, fl. jaune saumoné, nuancé pêche ; globuleuse ; extra.

Jean Pernet, fl. jaune clair, grande et pleine.

Kaiserin Friedrich, fl. gr. pl., jaune, bordée et ombrée de rouge carmin ; sarmenteux.

Léon XIII, fl. blanc nuancé jaune paille ; grande et bien faite ; extra.

Luciole, fl. rose de Chine vif, à fond jaune cuivré ; grande et pleine ; très belle.

Madame Barthélemy Levet, fl. beau jaune canari; sarmenteux.

Madame Bérard, fl. jaune saumoné clair à revers des pétales chair, grande et pleine; très florifère et remontant; un des meilleurs Rosiers sarmenteux.

Madame Camille, fl. rose saumoné tendre; grande et bien faite.

Madame Charles, fl. jaune soufre à centre saumoné; grande et pleine.

Madame Chauvry, fl. jaune nankin nuancé rose cuivré.

Madame Creux, fl. rose saumoné à reflets bronzés, à pétales extérieurs blanc rosé, bien ouverts; sarmenteux.

Madame la Duchesse d'Auerstaëdt, fl. jaune vif à centre nankin, imbriquée; rameaux sarmenteux.

Madame Emilie Charrin, fl. rose de Chine à reflets incarnats.

Madame Eugène Verdier, fl. jaune chamois foncé; forme parfaite, mais très délicate; extra.

Madame Falcot, fl. jaune nankin clair, pas très double; belle surtout en bouton, très florifère, tardivement surtout; cultivé dans le Midi pour l'exportation.

Madame Hippolyte Jamain, fl. blanche, à centre jaune et teinté de rose tendre.

Madame Honoré Defresne, fl. beau jaune foncé, grande et pleine.

Madame Hoste, fl. blanc jaunâtre, à fond jaune pâle, larges pétales imbriqués; grande et bien faite; très florifère.

Madame Jules Gravereaux, fl. jaune chamois, centre pêche, reflets aurore; admirable.

Madame Lambard, fl. rouge vif, pâlissant à l'automne.

Madame Margottin, fl. jaune citron foncé, à bords blancs ; pleine et globuleuse.

Madame Mélanie Villermoz, fl. blanche, à centre jaunâtre, grande pleine.

Madame Philémon Cochet, fl. grande et pleine, rose clair, parfois tachetée de blanc à l'extérieur, à fond nuancé pâle et à reflets saumonés.

Madame Philippe Kuntz, fl. grande, pleine, rouge cerise passant à l'incarnat saumoné.

Madame Pierre Guillot, fl. orange cuivré, bordée et lisérée de carmin ; très odorante.

Madame Scipion Cochet, rose pâle à fond jaune clair, centre canari abricoté.

Madame de Watteville, fl. rose tendre et saumoné, à bords rose vif ; teinte remarquable.

Mademoiselle Francisca Krüger, fl. rouge cuivré nuancé rose et jaune.

Mademoiselle Marie Guillot, fl. grande, blanc teinté de jaune légèrement verdâtre.

Mademoiselle Marie Van Houtte, fl. blanc jaunâtre bordé rose vif ; extra.

Maman Cochet, fl. rose carné lavé de carmin clair mêlé de nankin ; très grande, pleine et odorante ; extra.

Maréchal Niel, fl. jaune vif pur ; très grande, pleine et bien faite ; un des plus beaux Thés sarmenteux ; très répandu.

Marie d'Orléans, fl. pl., moy., rose très vif nuancé.

Marquise de Vivens, fl. carmin vif, nuancé rose de Chine et paille ; demi-pleine.

Nardy, fl. grande, pleine, jaune saumoné cuivré.

Niphetos, fl. blanc pur, à larges pétales ; extra.

Papa Gontier, fl. rose vif, à centre ombré de jaune ; grande et demi-pleine, très belle.

Paul Nabonnand, fl. rose hortensia ; grande et très pleine.

Perfection de Montplaisir, fl. jaune canari, forme parfaite.

Perle des jardins, fl. jaune paille, grande et pleine ; très vigoureux ; extra.

Perle de Lyon, fl. jaune foncé, parfois abricoté ; très grande et pleine.

Princesse Stéphanie, fl. gr., pleine, jaune saumon orangé ; extra.

Reine Marie-Henriette (Syn. Gloire de Dijon à fleur rouge), fl. rouge cerise foncé et chaud, grande et pleine ; très sarmenteuse et particulièrement vigoureuse ; magnifique variété.

Reine Nathalie de Serbie, fl. rose incarnat tendre sur fond crème et nuancé jaune.

Rose d'Evian, fl. gr., pl., rose de Chine carminé.

Rubens, fl. blanc lavé rose tendre, globuleuse.

Safrano (Syn. Rose de Nice), fl. jaune nankin pâle, semi-pleine, à boutons pointus, cuivrés extérieurement, magnifiques lorsqu'ils sont à peine épanouis ; floraison très tardive ; beaucoup cultivée dans le Midi pour l'exportation et souvent vendue aux Halles sous le nom erroné de Mme *Falcot*.

Socrate, fl. rose tendre, à centre abricoté.

Sombreuil, fl. jaune citron très pâle, presque blanc.

Souvenir d'un ami (Syn. Queen Victoria), fl. rose tendre, grande, pleine et bien faite.

Souvenir de Gabrielle Drevet, fl. blanc saumoné à centre rose vif ; excellente variété.

Souvenir de Madame J. Métral, fl. rouge cerise vif, nuancé cramoisi ; sarmenteux.

Souvenir de Paul Neyron, fl. blanche, délicatement bordée de rose tendre; très pleine.

Souvenir du Rosiériste Rambaux, fl. gr. et demi-pleine, rose carmin, à onglet jaune paille se fondant vers le centre.

Souvenirs de Thérèse Levet, fl. rouge ponceau nuancé, grande, pleine et bien faite.

Sunset, fl. jaune orange foncé; variation de *Perle des jardins*.

The Bride, fl. blanc pur, grande, pleine et globuleuse; variation de *Catherine Mermet*.

V. Vivo E. Hijos, fl. très pleine, rose carminé, à centre jaune.

Waban, fl. rouge carmin nuancé plus pâle et à centre clair; issu de *Catherine Mermet*.

White Maman Cochet (Maman Cochet à fleurs blanches).

Ye Primrose Dame, fl. jaune primevère à centre abricot.

Rosiers Hybrides de Thé.

Très remontants.

On donne le nom d'*Hybrides de Thé* aux Rosiers obtenus par le croisement de variétés du *R. indica*, avec des Hybrides-remontants et autres variétés.

Les Hybrides de Thé possèdent, pour la plupart, des caractères hétéromorphes qu'ils tiennent de leur origine complexe [1].

La longueur des rameaux varie depuis quelques

---

[1] Consulter à ce sujet : *L'Origine des hybrides de Thé*, par M. Viviand-Morel. *Journal de la Société Nationale d'Horticulture de France*, Congrès de 1905, p. 345.

décimètres, chez les variétés délicates, jusqu'à plusieurs mètres, dans les formes sarmenteuses; mais, ces rameaux portent presque toujours de forts aiguillons droits ou légèrement crochus, qui rappellent, à première vue, ceux qui garnissent les branches des *Hybrides-remontants*. L'écorce est assez souvent

Fig. 37. — Rosier Hybride de Thé.

pourprée d'un côté, de même que l'extrémité des rameaux et les jeunes folioles, qui sont moins rudes que celles des Hybrides-remontants, et chez lesquelles on sent l'influence directe du R. des Indes.

La floraison des variétés Hybrides de Thé est très abondante et les fleurs solitaires ou en inflorescence au plus pauciflore, varient du blanc au rouge, en passant par le rose et même le jaune, chez certaines variétés obtenues pendant le cours des dix dernières années.

Antoine Rivoire, fl. grande, pleine, bien faite, rose carné à fond jaunâtre.

Beauté Lyonnaise, fl. grande, blanc teinté de jaune clair.

Belle de Siebrecht, fl. grande, pl., beau rose clair.

Camoëns, fl. rose de Chine à fond rose, souvent rayée de blanc ; moyenne et pleine.

Clara Watson, fl. grande, beau rose saumoné et rose œillet.

Etoile de France, fl. très grande, pleine, rouge grenat velouté, centre rose vif ; extra.

Gloire Lyonnaise, fl. jaune chrome très pâle, bordée de blanc pur ; très belle.

Grace Darling, fl. rose pêche nuancé.

Honourable George Bancroft, fl. cramoisi vif ombré pourpre.

Kaiserin Augusta Victoria, fl. gr., blanc crème, intérieur jaune de Naples.

Lady Mary Fitzwilliam, fl. rose carné tendre ; très grande et globuleuse ; variété poussant très peu.

La France, fl. rose tendre et satiné à l'intérieur, plus foncé à l'extérieur ; grande, bien faite et très odorante ; extra.

La France de 89, fl. rouge vif, grande, pleine et en forme de *Centfeuilles ;* extra.

Madame Abel Chatenay, fl. moy., pl., rose carminé nuancé plus pâle ; extra.

Madame Caroline Testout, fl. rose clair satiné à centre plus vif, en forme de *Centfeuilles*, très pleine; extra. Issue de *La France*.

Madame J. Combet, fl. blanc crème.

Madame Joseph Bonnaire, fl. rose de Chine vif, à revers argenté ; extra.

Madame Joseph Desbois, fl. blanc carminé, à centre saumoné.

Madame Jules Groslez, fl. grande pleine, beau rose de Chine glacé ; extra.

Madame Léon Pain, fl. grande, pleine, rose carné argenté, à centre jaune orange.

Madame Second Weber, fl. très grande, rose saumon pur.

Madame Viger, fl. très grande, imbriquée, beau rose tendre, à bords et revers des pétales blanc argenté, retouché de carmin.

Mademoiselle Augustine Guinoisseau (Syn. La France à fleurs blanches), fl. blanc légèrement carné, forme de *La France*, dont elle est issue, vigoureuse et florifère ; extra.

Mademoiselle Germaine Caillot, fl. rose clair à centre nuancé de jaune ; très grande et pleine, à bouton allongé.

Mademoiselle Germaine Trochon, fl. gr., pl., carnée et saumonée, à centre nankin.

Marquise de Sinety, fl. très grande jaune, teinté de rose et saumon ; extra.

Mildred Grant, fl. énorme, rose pâle teinté rose œillet ; extra.

Prince de Bulgarie, fl. grande, rose chair argenté, ombré de saumon et d'aurore ; extra.

Rhea Reid, fl. grande, rose cuivré et rouge Richemond.

Rosette de la Légion d'honneur, fl. moy., bien faite, rouge incarnat nuancé saumon et lignée de jaune.

Sarah Bernhardt, fl. grande, pleine, cramoisi nuancé de pourpre velouté.

Vicomtesse Folkestone, fl. rose clair passant au saumoné, à grands pétales ; odorante.

Waltam Climber, fl. rouge clair ou foncé, en forme de *Niphetos* ; très sarmenteux. (Il en existe trois nuances qu'on désigne sous des numéros.)

White Lady, fl. très gr., globuleuse, blanc crème ; pousse peu.

William Francis Bennet, fl. d'un beau rouge cramoisi vif, à bouton allongé.

Rosiers Noisette

Syn. Rosiers de Philippe Noisette

(Rosa Noisetteana, var).

Très remontants.

Arbuste de 1ᵐ,50 et beaucoup plus chez les variétés sarmenteuses, à rameaux vigoureux, vert gai brillant, glabres, portant quelques aiguillons forts, presque droits, épars.

Feuilles à sept ou rarement cinq *folioles* larges, ovales-lancéolées ou elliptiques lancéolées, d'un beau vert tendre, glabres sur les deux faces ; *stipules* adnées, assez profondément pectinées, comme celles du *R. moschata*, dont est issue cette race ; *serrature* variable, parfois peu accentuée, quelquefois à dents très profondes ; *Fleurs* nombreuses, souvent réunies en bouquet, de couleur blanc carné chez le type ; mais extrêmement variable chez ses variétés. *Floraison* très abondante, se prolongeant toute la belle saison. *Fruits* ovoïdes, parfois étroits et allongés.

Le *Rosier Noisette* est un hybride produit par le

croisement des *R. moschata* et *R. indica*, obtenu en Amérique, probablement par Philippe Noisette, qui l'envoya en France, à son frère Louis Noisette, en 1814.

Les variétés du *R Noisetteana* sont nombreuses aujourd'hui, mais il y a lieu de supposer que beaucoup d'entre elles ont subi un nouveau métissage,

Fig. 38. — Rosier Noisette.

par l'action du pollen de diverses variétés horticoles.

Quelques variétés du R. Noisette supportent mal les hivers rigoureux du nord de la France, il est nécessaire de les abriter légèrement.

Aimé Vibert, fl. blanches, petites, réunies en gros corymbes terminaux ; floraison tardive.

Baronne de Hoffmann, fl. moyenne, rouge cuivré nuancé.

Bougainville, fl. rouge lilacé unique ; plante vigoureuse, à folioles étroites, un des plus vieux *Noisette*.

Bouquet d'or, fl. jaune à centre un peu cuivré.

Céline Forestier, fl. jaune brillant, plus foncé au centre ; pleine et bien faite.

Chromatella (SYN. Cloth of Gold), fl. jaune chrome ; grande et pleine.

Claire Carnot, fl. jaune vif liséré blanc.

Desprez, fl. jaune cuivré ou aurore, moyenne.

Jean André, fl. jaune orangé à centre plus vif, moyenne.

Joseph Bernacchi, fl. blanc jaunâtre, foncé au centre ; boutons allongés ; sarmenteux.

Lamarque (SYN. Thé Maréchal), fl. blanc jaunâtre pâle ; grande et belle.

L'Idéal, fl. jaune nuancé rouge et doré, demi-pleine ; coloris très distinct ; sarmenteux, mais délicat.

Madame Carnot, fl. gr., très pleine, jaune d'or, à bords plus pâles.

Madame Pierre Cochet, fl. jaune d'or passant au jaunâtre, cuivré à l'intérieur, pleine, bouton allongé ; sarmenteux ; amélioration de William Allen Richardson.

Madame S. Mottet, perfection de William Allen Richardson, dont elle est issue et dont elle se différencie par une teinte franchement rosée lors du complet épanouissement.

Mademoiselle Adelina Viviand Morel, fl. abricoté nuancé canari, passant au jaune paille éclairé d'incarnat ; odorante.

Ophyrie, fl. jaune abricot cuivré.

Reine Olga de Wurtemberg, fl. rouge éclatant ; demi-pleine ; sarmenteux.

Rêve d'or, fl. jaune foncé, parfois cuivré, très sarmenteux, vigoureux et florifère.

Solfatare, fl. jaune soufre vif ; sarmenteux.

Triomphe de la Duchère, fl. rose tendre, grande et pleine.

Triomphe des Noisette, fl. rose très vif, grande et presque pleine.

Unique jaune, fl. jaune cuivré nuancé vermillon.

William Allen Richardson, fl. jaune orangé foncé, moyenne et d'un coloris très distinct ; sarmenteux.

Rosiers Hybrides de Noisette.

Très remontants

Les variations légitimes du Rosier Noisette sont, croyons-nous, beaucoup plus rares qu'on l'admet généralement, et telles formes, comme *Rêve d'or*, *William Allen Richardson*, etc., etc., considérées, *comme variétés*, pourraient bien n'être que des *métis* du R. Noisette avec le *R. indica*. Sans trancher cette question, et quoi qu'il en soit, on est convenu de nommer, plutôt *Hybrides de Noisette*, les produits du R. Noisette, croisé avec certains Hybrides remontants. Chez ces métis, ou pour parler le langage ordinaire, chez ces variétés, les feuilles ont perdu de leur vernis pour prendre des nervures un peu plus saillantes, un parenchyme légèrement plus gaufré. Les rameaux, armés de nombreux aiguillons inégaux, sont souvent moins élancés, rarement sarmenteux (*M*me *Alfred Carrière*). L'inflorescence conserve, chez ces variétés, le même mode que chez les Noisette, mais leur bois et leur feuillage les rapprochent légèrement, pour la plupart, des Hybrides-remontants.

Nous croyons que le premier hybride de Noisette est *Prudence Rœser*, obtenu vers 1840, par M. Rœser, à Crécy (Seine-et-Marne).

Baronne de Meynard, fl. blanc pur, pleine et bien faite.

Boule de neige, fl. blanc pur, moyenne et pleine.

Coquette des blanches, fl. blanc pur, moyenne, très florifère.

Madame Alfred Carrière, fl. blanc à peine carné, pas très pleine mais légère et très belle; très sarmenteux, franchement remontant; longues tiges; extra.

Madame Alfred de Rougemont, fl. blanc nuancé rose et liseré carmin.

Madame Fany de Forest, fl. blanc saumoné passant au rose.

Madame Olga Marix, fl. blanc carné, moyenne et bien faite.

Mademoiselle Anne-Marie Cote, fl. blanc pur ou parfois nuancé, moyenne et bien faite.

Perle des blanches, fl. blanc pur, moyenne et pleine.

Rosiers de l'Ile-Bourbon.

(*Rosa burboniana*, var.).

Remontants.

Cette race possède des variétés de faibles dimensions (*Hermosa*) et d'autres franchement sarmenteuses (*Climbing Souvenir de la Malmaison*). Le type fut introduit en France en 1819, de graines envoyées de l'Ile-Bourbon, par le directeur des jardins royaux

de cette Ile, M. Bréon, à son ami M. Jacques, alors
jardinier du duc d'Orléans, à Neuilly.

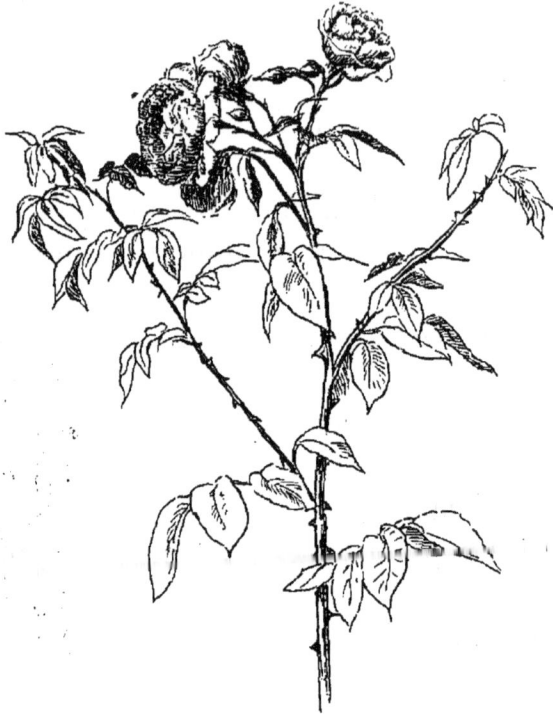

Fig 39. — Rosier de l'Ile-Bourbon.

On suppose que ce type (trouvé à l'état subspon-
tané à l'Ile Bourbon) était le produit d'une fécondation du *R. semperflorens* avec le *R. gallica*, dans sa
forme *dama cena*. Il atteignait de fortes dimensions.

D'après Prévost, le premier type introduit se
nommait « Rose Edward ».

Rameaux généralement forts, vigoureux, d'un
beau vert, pourprés d'un côté, presque toujours
glabres, parsemés d'aiguillons forts, droits ou très
légèrement crochus.

Feuilles à cinq folioles, rarement sept, rapprochées,
généralement amples, ovales arrondies, d'un beau

vert, légèrement pourprées sur les bords et *presque toujours incurvées*.

Pédoncules presque toujours couverts de soies glanduleuses, ainsi que le réceptacle et les bords des sépales.

Fleurs de nuances variant du blanc presque pur au rose foncé (il n'en existe pas de jaunes), rarement petites (*Hermosa*), souvent grandes ou très grandes, réunies par trois à six.

Apolline, fl. moyenne, presque pleine, d'un beau rose ; extrêmement florifère.

Bardou-Job, fl. d'un beau rouge écarlate, à fond noirâtre ; coloris curieux. Vendu comme Thé. Issu de la *Gloire des Rosomanes*.

Baron J.-B. Gonella, fl. rose clair à centre argenté.

Baronne de Noirmont, fl. d'un beau rose vif.

Climbing Souvenir de la Malmaison, fl. moins grande que celle du Souvenir de la Malmaison, de même couleur. Plante franchement sarmenteuse, mais peu florifère.

Comtesse de Barbentane, fl. blanc carné, en coupe.

Hermosa, fl. rose tendre, moyenne et pleine.

Kronprincessin Victoria, fl. jaune soufre et blanc de lait à l'extérieur.

Lewson Gower (SYN. Souvenir de la Malmaison à fleurs roses), fl. rose foncé, grande et pleine.

Madame Ernest Calvat, fl. rose de Chine plus ou moins vif, grande et très pleine ; vigoureux.

Madame Isaac Pereire, fl. rose carminé, pleine, grande et bien faite.

Madame Pierre Oger, fl. blanc crémeux et jaspé bordé de rose tendre ; extra.

Marie Paré, fl. saumon à centre vif.

Mistress Bosanquet, fl. blanc carné, moyenne et pleine ; extra.

Paxton, fl. pleine, rose carminé nuancé feu.

Petit Œillet flamand, fl. rose vif panaché blanc pur.

Philémon Cochet, fl. rose vif et foncé; perfection de *Madame Isaac Pereire* ; extra.

Pink Rover, fl. grande, bien faite, rose tendre délicat. A beaucoup d'analogie avec Souvenir de la Malmaison, mais à fleurs plus roses ; extra.

Reine des Ile-Bourbon, fl. carmin saumoné ; bonne et belle variété.

Reine Victoria, fl. rose vif, moyenne et de forme parfaite.

Réveil, fl. rouge cerise nuancé violet.

Révérend H. Dombrain, fl. carmin brillant ; grande et pleine.

Robusta, fl. rouge purpurin vif et velouté, moyenne, pleine et en corymbes.

Souvenir de la Malmaison, fl. blanc légèrement carné, bien pleine, grande, s'épanouissant en large coupe; fleurit bien à l'automne ; magnifique variété très répandue.

Souvenir de Nemours, fl. rose frais et vif.

Souvenir de Victor Landeau, fl. rouge vif nuancé carmin, pleine et s'ouvrant en coupe.

Victor Emmanuel, fl. rouge pourpre, moyenne et pleine.

Zéphirine Drouhin, fl. semi-pleine, rose de Chine vif ; extrêmement remontant et florifère, très sarmenteux, *sans épine* ; extra comme grimpant.

Rosiers Hybrides-remontants.

Cette race, purement horticole, est, sans conteste, une des plus riches, sinon la plus riche du genre. Elle est extrêmement précieuse pour les pays du

Fig. 40. — Rosier Hybride-remontant.

Nord, dans lesquels les formes plus sensibles au froid ne résistent pas.

Quelle est l'origine des rosiers dits : *Hybrides-remontants?*

Elle est très certainement le résultat de l'hybridation du *R. gallica*, ou d'une de ses formes affines, par
des variétés des *R. indica fragrans* et *semperflorens*.
Les caractères des Hybrides-remontants actuellement
cultivés sont, en somme, très variables parce que les
premiers obtenus (aujourd'hui pour la plupart dis-
parus des cultures) ont été à leur tour métissés, et
que les produits mêmes de ces métissages ont parfois à nouveau subi l'action naturelle ou artificielle
d'un pollen étranger. Certaines véritables sous-races,
ou groupes se sont ainsi trouvés constitués, dont les
variétés ont entre-elles des caractères communs. Les
principaux caractères auxquels on reconnaît les
Hybrides-remontants sont les suivants :

Rameaux forts ou très forts, raides, presque toujours verts, rarement légèrement pourprés du côté
du soleil, toujours hétéracanthes, c'est-à-dire armés
d'aiguillons forts, crochus, presque toujours entremêlés d'acicules. Ce caractère est constant, sauf chez
quelques rares formes, métissées à nouveau, et chez
lesquelles les rameaux sont peu armés, mais cependant non inermes. L'extrémité des rameaux est brusquement atténuée et raide. *Le pédoncule* est ferme,
droit et rigide, à de rares exceptions près. *Les feuilles*
ont cinq-sept folioles de forme variable, mais presque toujours rudes, à nervures saillantes, plus ou
moins gaufrées, n'ayant jamais la belle teinte vert-
clair ou pourprée et la transparence des variétés du
R. indica. L'aspect des folioles rappelle toujours,
plus ou moins, celles du *R. gallica* ou du *R. damascena*, à moins qu'un nouveau métissage ne soit inter-
venu (Captain Christy, par exemple).

Les fleurs, grosses ou très grosses, varient du blanc
pur au rouge le plus foncé ; *il n'y en a pas de jaunes*.

Les fruits, de formes assez variables, sont presque toujours pyriformes, plus ou moins longuement atténués à la base, mais très rarement brusquement dilatés ou presque sphériques.

Les Hybrides-remontants résistent, pour la plupart, très bien aux froids normaux du climat séquanien et du nord de la France.

Abel Carrière, fl. rouge cramoisi nuancé pourpre et noirâtre, grande et bien faite ; extra.

Alfred Colomb, fl. rouge feu, grande et pleine.

Anna de Diesbach, fl. rose carminé vif, très grande.

Baron Girod de l'Ain, fl. à pétales échancrés, cramoisis liserés de blanc.

Baron Nathaniel de Rothschild, fl. rouge cramoisi vif ; extra.

Baronne A. de Rothschild, fl. rose tendre suffusé de blanc, grande et très belle, mais inodore ; rameaux très forts ; extra.

Baronne Prévost, fl. d'un beau rose ; extra.

Camille Bernardin, fl. rouge vif, grande et pleine.

Captain Christy, fl. blanc carné à centre plus foncé, grande, pleine et bien ouverte ; magnifique variété très cultivée.

Captain Christy à fleur rouge, fl. grande, pleine, bien faite, comme celle du Captain Christy, mais d'une belle couleur rose foncé.

Captain Christy grimpant, fl. de mêmes couleur et forme que le type, mais à rameaux légèrement sarmenteux.

Catherine Soupert, fl. liserée et ombrée rose, grande et pleine.

Clara Cochet, fl. rose clair, à centre plus vif.

Clio, fl. très grande, pleine, bien faite, globuleuse,

couleur chair à centre nuancé de rose plus vif.

Comte Adrien de Germiny, fl. beau rose vif et brillant, imbriquée et bien faite.

Comte d'Eu (Hyb. de Bengale), fl. rouge cramoisi vif; cultivée dans le Midi pour l'exportation.

Fig. 41. — Rose de la Reine.

Comte Horace de Choiseul, fl. rouge écarlate, velouté très foncé ; extra.

Comtesse de Paris, fl. rose frais et vif, grande ; remontante et florifère ; extra.

Countess of Oxford, fl. carmin vif ombré pourpre, très grande et belle ; extra.

De la Reine, fl. rose satiné ou glacé lilacé, grande, pleine, en forme de *Centfeuilles ;* se force beaucoup.

Deuil du Colonel Denfert, fl. pourpre noir velouté.

Directeur Alphand, fl. pourpre noirâtre foncé, éclairé rouge vif.

Duc de Montpensier, fl. rouge nuancé cramoisi et brun.

Duchesse de Cambacérès, fl. beau rose frais, grande et très bien faite.

Duchesse de Morny, fl. rose tendre à revers des pétales argenté.

Duchesse d'Orléans, fl. rose hortensia nuancé.

Duhamel Dumonceau, fl. rouge vif et brillant.

Duke of Connaught, fl. grande, pleine, cramoisi velouté.

Duke of Edinburgh, fl. rouge cramoisi vif nuancé carmin.

Dupuy Jamain, fl. rouge cerise, belle surtout à l'automne.

Eclair, fl. rouge feu vif ; extra.

Edouard Morren, fl. rose carminé tendre.

Elisa Boëlle, fl. grande, bien faite, blanc légèrement carné.

Empereur du Maroc, fl. rouge pourpre nuancé et très foncé.

Emperor, fl. moyenne, très foncée, presque noire.

Enfant de France, fl. moyenne, bien faite, rose carné ; très rustique et très vigoureux.

Eugène Appert, fl. rouge cramoisi vif.

Eugène Fürst, fl. cramoisi velouté, nuancé pourpre, pleine et bombée ; très remontant ; extra.

Ferdinand Chaffolte, fl. rouge brillant, en coupe ;
bonne variété à corbeilles.

Fisher-Holmes, fl. rouge écarlate brillant.

François Arago, fl. moyenne, rouge amarante
velouté.

François Coppée, fl. grande, cramoisi brillant à
reflets rouge grenat ; coloris nouveau et très beau.

Frau Karl Drüschki (Syn. *Reine des Neiges*), fl. très
grande, blanc pur ; la plus belle des roses blanches ;
extra.

Géant des Batailles, fl. rouge feu éclatant, ancienne
variété vigoureuse et rustique, mais prenant très
facilement le Blanc.

Général Appert, fl. pourpre noirâtre et velouté.

Général Jacqueminot, fl. rouge cramoisi brillant
et velouté ; globuleuse, très odorante ; variété très
remontante et beaucoup cultivée.

Georges Moreau, fl. rouge très vif nuancé vermillon, grande et globuleuse ; extra.

Gloire de Ducher, fl. rouge pourpre ardoisé.

Gloire de Margottin, fl. rouge cerise brillant ; presque
pleine.

Grand-Duc Nicolas, fl. grande, bien faite, imbriquée, rouge éclatant à reflets vermillon.

Gustave Piganeau, fl. en coupe, rouge laque carminé brillant.

Helen Keller, fl. grande pleine, rouge cerise
vif.

Her Majesty fl. rose tendre, très grande, pleine et
d'une grande beauté, mais fleurissant peu ; ressemble à la *Baronne A. de Rothschild*, mais beaucoup
plus ample.

Hippolyte Jamain, fl. rose vif ombré cramoisi.

Horace Vernet, fl. pourpre velouté et nuancé cramoisi, à larges pétales ; très florifère.

Jean Liabaud, fl. cramoisi foncé nuancé carmin et pourpre noirâtre ; extra.

Jean Soupert, fl. grande, bien faite, rouge pourpre velouté.

John Hopper, fl. rose brillant à centre carmin.

Jules Margottin, fl. rouge cerise vif, grande et bien imbriquée ; une des roses se forçant le mieux.

La Rosière (Syn. Prince Camille de Rohan), fl. rouge amarante, cramoisie sur les bords.

Léa Levêque, fl. rose tendre et frais, à revers argenté ; moyenne globuleuse.

L'Etincelante, fl. rouge écarlate très vif ; demi-pleine.

Louis Van Houtte (Lacharme), fl. écarlate et amarante, ombrée de violacé ; extra.

Madame Bœgner, fl. pleine, rouge vif, à centre velouté.

Madame Eugène Verdier, fl. rose vif satiné et nuancé, à larges pétales.

Madame Eugénie Frémy, fl. rose frais et vif, pleine et très belle.

Madame Gabrielle Luizet, fl. rose satiné, très belle ; se force bien.

Madame Joseph Linossier, fl. rose tendre, striée rose plus foncé et bordée blanc, rappelant une fleur d'Azalée de l'Inde.

Madame Lacharme, fl. blanche, à centre parfois rosé ; se force bien.

Madame Prosper Laugier, fl. grande, pleine, rose vif et très frais.

Madame Scipion Cochet, fl. rose cerise vif ; grande et très pleine.

Madame Victor Verdier, fl. rouge cerise brillant, grande et en coupe.

Mademoiselle Eugénie Verdier, fl. rose clair et vif, à reflets blancs.

Mademoiselle Honorine Duboc, fl. grande ou moyenne, rose carné vif.

Mademoiselle Marie Perrin, fl. grande, double, d'un beau rose tendre argenté.

Mademoiselle Thérèse Levet, fl. rose cerise vif, grande et pleine.

Magna Charta, fl. rose vif suffusé de carmin.

Marchioness of Londonderry, fl. très grande, pleine, blanc d'ivoire très pur.

Marguerite de Roman, fl. très grande, bien faite, blanc carné, à centre rose chair.

Marie Baumann, fl. rouge foncé et brillant.

Marie Rœderer, fl. grande, rouge vif ombré de carmin ; très odorante.

Maurice L. de Vilmorin, fl. rouge clair nuancé ponceau et brun ; pleine et bien faite.

Merveille de Lyon, fl. d'un beau blanc très légèrement lavé de rose, en forme de *Baronne A. de Rothschild* ; extra, mais peu florifère.

Miller Hayes, fl. rouge cramoisi à centre très vif.

Mistress John Laing, fl. rose très tendre.

Monsieur Boncenne, fl. pourpre noir velouté, grande et pleine ; une des roses les plus foncées.

Monsieur de Morand, fl. rouge cerise vif nuancé bleuâtre, en forme de Camellia, très belle et s'épanouissant bien.

Napoléon III, fl. grande, bien faite, d'un beau rouge écarlate.

Paul's Early Blush, fl. grande, bien faite, blanc carné argenté.

Paul Neyron, fl. d'un beau rose foncé ; excessivement grande et pleine, mesurant jusqu'à 15 cent. de diamètre ; rameaux longs et très forts ; se prête bien au forçage et très utile pour la fleur à couper ; extra.

Pie IX, fl. rouge cramoisi foncé, nuancé de violet.

Pierre Notting, fl. rouge foncé et noirâtre teinté de pourpre.

Pride of Reigate, fl. grande, cramoisi clair, ponctuée et striée de blanc ; une des plus belles roses panachées.

Prid of Waltham, fl. rose clair ombré rose brillant, grande et pleine, à larges pétales.

Prince A. de Wagram, fl. rouge cramoisi foncé ; extra.

Prince noir, fl. carmin foncé à centre pourpre noirâtre.

Princesse de Béarn, fl. rouge ponceau noirâtre éclairé vermillon ; extra.

Reynold Hole, fl. marron foncé suffusé d'écarlate ; bien distincte.

Roger Lambelin, fl. pourpre velouté foncé et vif, à pétales dentelés et finement marginés de blanc, ce qui lui donne l'aspect d'un œillet ; belle et curieuse rose.

Rose de France, fl. grande, belle, carminé vif.

Sénateur Vaïsse, fl. rouge éclatant superbe.

Silver Queen, fl. rose argenté à centre plus vif, grande, pleine et en coupe ; très belle.

Souvenir d'Alphonse Lavallée, fl. rouge grenat foncé.

Souvenir de Charles Montault, fl. rouge feu éclatant ; très pleine.

Souvenir de Madame Eugène Verdier, fl. très grande, beau rose vif, belle forme.

Souvenir de la Reine d'Angleterre, fl. d'un beau rose vif, grande et pleine ; extra.

Souvenir de Victor Hugo, fl. rose satiné très vif, grande et globuleuse.

Souvenir de Victor Verdier, fl. rose vif nuancé carmin.

Souvenir du Rosiériste Gonod, fl. rouge cerise, veinée de rose, grande et pleine ; convient pour le forçage.

Star of Waltham, fl. rouge cramoisi foncé nuancé de pourpre.

Suzanne-Marie Rodocanachi, fl. rose tendre, nuancée et lisérée de blanc d'argent ; très belle.

Triomphe de l'Exposition, fl. rouge cramoisi, grande, pleine et bien faite.

Ulrich Brunner fils, fl. rouge cerise, grande, semi-pleine, à bouton un peu pointu ; se force beaucoup et des plus utiles pour la fleur à couper ; splendide rose.

Vick's Caprice, fl. gr., beau rouge, rayée de blanc, très panachée ; très florifère ; extra.

Victor Verdier, fl. rose vif nuancé de cramoisi, grande et pleine.

White Baroness, fl. gr., presque pleine, blanche.

Xavier Olibeau, fl. moy., rouge feu ombré de feu et d'amarante.

Rosiers multiflores

(*Rosa multiflora. — R. polyantha, var.*)

Sarmenteux, à fleurs en corymbes, non remontants.

Arbuste à rameaux sarmenteux, de plusieurs mètres de longueur, flexibles, souvent pourprés. *Aiguillons* crochus, épars ou géminés sous les feuilles. *Stipules* très *profondément laciniées*, caractère qui se retrouve dans toutes les variétés en culture issues de cette espèce. *Feuilles* à sept-neuf *folioles* ovales-lancéolées, vert sombre des deux côtés et ridées, pubescentes dans le type, mais souvent d'un beau vert chez ses variétés et ses hybrides, à *serrature* large, simple et profonde. *Fleurs* petites et blanches chez le type, réunies en inflorescence pyramidale, très multiflore ; variant de couleur chez les variétés.

Dans certaines formes hybrides (*Multiflore de la Grifferaie*), les fleurs sont devenues grandes et doubles.

La série des Rosiers hongrois a eu très probablement pour ascendants le *R. multiflora*, croisé avec le *R. gallica*.

Les fruits du type sont très petits et presque ronds ; ils deviennent gros et pyriformes chez les rares hybrides qui ne sont pas complètement stériles. Cette espèce et ses dérivés se bouturent très facilement ; ils doivent être légèrement abrités en cas de très grands froids seulement.

Cette section s'est enrichie, dans ces dernières années, d'une série de variétés déjà nombreuses, principalement dues aux croisements des multiflores avec le Rosier de Wichura et ses hybrides. Ces variétés, remarquables par leur grande végétation (on voit fréquemment des pousses de 5 mètres et plus de longueur) et par leur floraison extrêmement abondante et brillante, sont aujourd'hui très recherchées comme Rosiers grimpants et beaucoup employées en Angleterre pour le forçage. On trouvera les principales citées ci-après et surtout dans la section des hybrides de Rosiers de Wichura.

Aglaïa, fl. petites, blanc jaunâtre, en corymbes très multiflores.

Bennett's Seedling (Hybr. de *R. multiflora ?*), fl. blanches, à reflets légèrement jaunâtres ; corymbes très multiflores.

Daniel Lacombe, fl. jaune pâle passant au blanc.

De La Grifferaie, fl. rouge pourpre carminé ; très sarmenteux.

Euphrosyne, fl. petites, en corymbes, pleines, rose pur.

Hélène, fl. rose tendre, moyenne, quoique pleine.

Laure Davoust, fl. rose carné vif, très petites.

Queen Alexandra Rambler, fl. rose tendre à centre blanc ; issu de Turner's Crimson Rambler × multiflore type.

Thalia, fl. petite pleine, blanc pur, en corymbe.

Tricolore, fl. rose lilacé à bords lisérés de blanc et dentelés.

Turner's Crimson Rambler (Japonais) fl. moy, en bouquets, rouge vif. Unique et superbe. Plante *extrêmement* décorative ; cultivé au Japon sous le nom de *Sakoura Ibara*.

Rosiers polyantha nains

R. Polyantha var.

Remontants.

Au point de vue horticole, le terme de « *Polyantha nains* » sert à désigner une race hybride, provenant probablement du croisement du *R. multiflora*, avec des variétés horticoles remontantes de la section des *Indicæ*.

L'origine de cette race est assez obscure. On admet généralement qu'elle résulte de l'action spontanée du pollen de roses remontantes sur des fleurs du *R.*

multiflora, introduit de graines du Japon et semées à Lyon vers 1875? Ce qui est certain, c'est que les Rosiers *polyantha nains* ont, comme souche ancestrale maternelle, le *R. multiflora* et que cette espèce très sarmenteuse et non remontante, a donné naissance à des arbustes absolument nains et fleurissant abondamment pendant toute la belle saison.

Les variétés de cette race atteignent, au plus, quelques décimètres de hauteur et forment de minuscules buissons, à *rameaux* grêles, divergents, portant de petits *aiguillons* crochus, bruns, épars. *Feuilles* à cinq-sept *folioles* petites, ovales arrondies, à serrature très variable, les folioles de la première paire sont plus petites et souvent plus profondément dentées que les autres; ces folioles sont largement espacées sur le pétiole commun ; *stipules* profondément pectinées, couvertes de poils et de glandes ; *fleurs* extrêmement nombreuses, réunies en faux corymbes, très petites, semi-pleines, variant, avec les variétés, du blanc pur au rouge et jaune.

Anne Marie de Montravel. fl. blanc pur, petite.

Cécile Brunner, fl. rose vif, à fond jaunâtre, rose sur les bords, petites et nombreuses.

Clotilde Soupert, fl. moyenne, blanche, à centre rose nuancé rouge, en forme de Reine-Marguerite; très florifère ; extra.

Eugénie Lamesch, fl. petite, jaune ocre.

Georges Pernet, fl. rose très vif, nuancé jaune et passant au rose, petite.

Gloire des polyantha, fl. rose vif, à fond blanc et rayé de rouge, petite ; extra.

Léonie Lamesch, fl. petite rouge cuivré foncé, centre jaune pur ; teinte unique dans le genre rosier.

Madame Norbert Levavasseur, fl. petite, en corymbe très multiflore, rouge carmin vif ; très remontant ; extra.

Mademoiselle Bertha Ludi, fl. blanc pur ou carné, assez grande, bien faite.

Ma fillette, fl. rose pêche sur fond jaune, le centre rouge carmin.

Maman Levavasseur, variété de même facies que Madame Norbert Levavasseur, mais de nuance plus pâle.

Ma Pâquerette, fl. blanc pur, très double et très petite.

Marie Pavié, fl. blanc carné et rosé au centre, très petite.

Mrs. W. Cutbush, fl. petite, en corymbe, rose délicat et tendre.

Mignonnette, fl. rose tendre passant au blanc rosé, très petite ; extra.

Miniature, fl. blanc rosé, devenant presque blanc pur ; très petite.

Perle des rouges, fl. rouge cramoisi.

Perle d'or, fl. jaune nankin à centre orange, moyenne.

MULTIFLORE NAIN REMONTANT VARIÉ (Lille). — Sous ce nom, s'est répandue, il y a une quinzaine d'années, une race de petits Rosiers hybrides, d'origine lyonnaise, et sans doute horticole, dont le principal mérite réside dans l'aptitude, curieuse et même exceptionnelle, qu'ont ces plantes, de se reproduire très facilement de semis, et surtout de commencer à fleurir moins de trois mois après le semis. Elles donnent des petites roses simples ou doubles, en proportions à peu près égales, dont les coloris varient du blanc au rouge et qui, d'abord solitaires sur les jeunes pieds, deviennent réunies en bouquets et se succèdent pendant toute la belle saison. A la deuxième année, l'ar-

Fig. 42. — Rosier multiflore nain remontant.

buste prend la forme d'un petit buisson haut d'environ 50 centimètres, comme le montre la figure 42.

Rosiers de Wichura.

(*Rosa Wichuraiana*, var.).

Non remontants.

Rameaux atteignant jusqu'à 4 et 5 mètres dans une année, absolument couchés et traînant sur le sol, d'une extrême flexibilité, vert tendre brillant, à *aiguillons* crochus, épars ou géminés sur les rameaux florifères. *Feuilles* à 3-4 paires de *folioles* petites, largement obovales ou sub-orbiculaires, plus ou moins obtuses au sommet ; la terminale plus allongée, largement dentées, toujours glabres, presque persistantes, d'un vert brillant, comme vernissées. Sous ce rapport, le *R. Wichuraiana* laisse loin derrière lui les *R. bracteata* et *Banksiæ*, et même le *R. lævigata*, dont le feuillage est cependant si brillant. *Fleurs* simples chez le type, doubles et même pleines chez certaines variétés horticoles. *Inflorescence* pyramidale, pauciflore ou multiflore.

Originaire de Chine et du Japon et d'introduction encore récente, ce Rosier a supporté sans souffrir 17ᵒˢ centigrades au-dessous de zéro.

Très recommandable pour garnir les rocailles, les pentes abruptes et pour faire des Rosiers pleureurs. Comme Rosier grimpant, ses tiges manquent un peu de rigidité et ne peuvent s'élever d'elles-mêmes.

VARIÉTÉS ET HYBRIDES

Albéric Barbier, fl. semi-double, blanc crème, à centre canari, odorante ; extra (Hyb. de *Shirley Hibbert*).

Auguste Barbier, fl. semi-double, lilas violacé à centre blanc (Hyb. de *L'Idéal*).

Dorothy Perkins, fl. moyenne, beau rose vif carminé.

François Foucard, fl. semi-double, blanc crème (Hyb. de *L'Idéal*).

Hiawatha, fl. petite, simple, rouge cramoisi.

Jersey Beauty, fl. simple, blanc crème.

Lady Gay, fl. moyenne, rose cerise passant au blanc rosé.

Marco, fl. pleine, moyenne, blanc à centre cuivré et orangé.

May Queen, fl. double, lilas ; odorante.

Paul Transon, fl. double, rose carné vif (Hyb. de *L'Idéal*).

Pink Roamer, fl. simple, rouge pourpre à centre blanc, large de 5 à 7 cent., en corymbes multiflores.

René André, fl. semi-double, souvent solitaire, rouge aurore (Hyb. de *L'Idéal*).

Ruby Queen, fl. doubles, rose lilacé à centre blanc, en corymbe ; port de Bengale.

Souvenir de Paul Raudnitz, fl. petite, très double, forme parfaite, blanc de porcelaine à peine carné et nuancé de rose hortensia.

Universal favourite, fl. doubles, lilas tendre à centre blanc, en corymbe.

Wichuraiana rubra, fl. simple, carmin vif à centre blanc (Hyb. de *Crimson Rambler*).

Rosiers de Provins.

(*Rosa gallica*, var.).

Non remontants.

Arbuste de 1 mètre au plus, parfois seulement 50 cent. *Rameaux* diffus, peu élancés, à écorce d'un vert sombre, souvent bruné et plus ou moins pourprée d'un côté, armés d'aiguillons nombreux, sétacés, presque droits, entremêlés d'acicules et de glandes pédicellées, parsemés de quelques aiguillons crochus, plus longs et plus forts. *Feuilles* généralement à cinq folioles, accidentellement à trois paires de *folioles* largement ovales, à sommet arrondi et presque obtus, d'un vert sombre, légèrement gaufrées et d'aspect rude et coriace, pubescentes en dessous, à *serrature* velue et glanduleuse, promptement caduques. *Fleurs* souvent solitaires ou réunies par trois au plus, à corolle très grande, simple dans le type et double ou semi-pleine chez ses variations légitimes. *Styles* libres, souvent saillants; sépales généralement caducs, mais quelquefois persistants. *Fruits* ronds ou ovoïdes.

Fig. 43. — Rosa gallica, var.
Rosier de Provins.

L'aspect général des feuilles et des folioles, ainsi que la forme des rameaux et des aiguillons se retrouvent, plus ou moins modifiés, dans les races qui dérivent directement du *R. gallica* (R. Centfeuilles, R. Portland, etc.).

Cette espèce est, comme son nom l'indique, spontanée en France. Elle résiste, ainsi que ses dérivés, aux hivers les plus rigoureux et se multiplie facilement par division des pieds. Ses variétés furent estimées jusqu'au milieu du siècle dernier, puis abandonnées parce qu'elles ne remontent pas. Quelques belles variétés à fleurs franchement panachées sont encore cultivées dans les jardins.

Belle des jardins, fl. rouge purpurin et violacé vif, strié blanc pur.

Belle Villageoise, fl. semi-double, rouge bien panaché de blanc.

Commandant Beaurepaire (Syn. Panachée d'Angers), fl. rose vif, panachée pourpre, violet et blanc; parfois remontant.

Dometil Beccard, fl. gr., pl., blanc carné, curieusement striée de rose vif.

La Rubanée, fl. violet panaché blanc.

Napoléon, fl. rose foncé ombré pourpre.

Perle des panachées, fl. panachée de lilas; moyenne et pleine.

Petit Saint-François (*R. parvifolia*, Lindl.), arbuste nain; fl. rouges, très petites.

Président Dutailly, fl. cramoisi à reflets carmins et à centre nuancé amarante violacé; remontant.

Provins panaché ancien, fl. gr., semi-pleine, rouge, bien panachée de blanc.

Tricolore de Flandres, fl. blanc strié et panaché de rouge et de violet.

Rosiers Centfeuilles ou R. de Provence.

(Rosa centifolia, var.)

Arbuste se rapprochant beaucoup, comme dimensions et aspect général, du *R. gallica*, dont il provient. Il se différencie du *R. gallica* par des *pédicelles* plus longs, par des *folioles* moins rudes ; par le *calice* qui est visqueux et porte des *sépales* dressés ; enfin et surtout par des *fleurs* très doubles, pleines, de forme parfaite, penchées vers le sol.

La variété « *Centfeuilles des peintres* » produit des roses d'une régularité incomparable, d'une forme fort belle. Fleurit une seule fois par an, en juin-juillet.

Les sépales du calice de cette race ont une tendance à présenter des végétations particulières. C'est ainsi que, chez le *centifolia cristata*, la moitié des sépales sont couverts, sur les bords, d'appendices multipartites, plusieurs fois divisés et subdivisés en lamelles étroites, portant des glandes odorantes, production qu'il ne faut pas confondre avec la mousse des variétés du *R. muscosa*, autre forme de R. Centfeuilles, à calice couvert de mousse, que nous étudierons plus loin. On suppose que le *R. centifolia* est originaire d'Asie-Mineure. Il a été trouvé à fleurs doubles dans le Caucase.

A feuilles bullées ou à *feuilles de Laitue* (*R. centifolia bullata*), fl. roses, doubles et feuilles bullées.

Centfeuilles ancien, fl. rose, double ; très bien faite.

Cristata, fl. rose à bords pâles ; grande, pleine, superbe ; calice pourvu de crêtes.

Unique blanc, fl. blanc pur, grande et pleine.

Unique panachée, fl. à fond blanc rosé panaché de rose vif, grande et pleine.

Vierge de Cléry, fl. blanc pur, grande et pleine, réunies par huit-dix en corymbes.

Rosiers Centfeuilles Pompons.

(*Rosa centifolia pomponia, var.*).

Charmant petit arbuste de quelques décimètres, à rameaux droits, verticaux, grêles, portant de nombreux petits aiguillons très fins, très aigus, épars. C'est le R. Centfeuilles réduit à une très petite échelle.

Feuilles à cinq-sept folioles très petites, en rapport avec les fleurs minuscules et de forme parfaite.

Très rustiques, les diverses variétés de Centfeuilles pompons se cultivent franches de pied ou écussonnées sur demi-tige ; sous cette dernière forme, elles produisent un effet ravissant.

De Bourgogne ou *de Mai*, fl. rose tendre, pleine, petite.

De Bourgogne blanc, fl. blanche, à centre rosé, petite et pleine.

De Meaux ou *Pompon*, fl. lilas rosé, très petite.

Rosiers Centfeuilles moussus, vulg. R. mousseux.

(*Rosa centifolia muscosa, var.*).

Généralement non remontants.

Les caractères de cette race sont exactement ceux du *R. centifolia*, dont elle se différencie seulement par le *pédoncule* et surtout par le *calice* et les *sépales*

qui sont absolument couverts d'un tissu moussu,
formé de ramifications innombrables, entremêlées et
couvertes de glandes, répandant une excellente
odeur lorsqu'on les froisse.

Les variétés du *R. centifolia muscosa* ne fleurissent
généralement qu'une fois l'an. Cependant, il en est
quelques-unes, récemment créées, qui fleurissent
plusieurs fois.

NON REMONTANTS

Alice Leroy, fl. gr., rose légèrement lilacé.

Baron de Wassenaër, fl. rouge lilacé vif, moyenne
et pleine.

Blanche Moreau, fl. blanc pur, bien faite et très
moussue.

Capitaine Basroger, fl. gr., pl., rouge carmin vif
nuancé pourpre ; très vigoureux.

Centifolia muscosa alba, fl. blanc pur, parfois panachée de rose vif, très belle.

Chevreul, fl. gr., beau rose satiné.

Comtesse de Murinais, fl. blanche, grande et demi-
pleine.

Crimson globe, fl. rouge carmin foncé, pleine, globuleuse, à calice bien moussu.

Gloire des Mousseux, fl. rose carné, grande et
pleine.

Impératrice Eugénie, fl. moyenne., rose vif, parfois
nuancée.

Lane, fl. gr., rose cramoisi, parfois teintée de
pourpre.

Mousseux du Japon, fl. moy., rouge vif. Les jeunes
rameaux de cette plante sont absolument couverts
de mousse.

Nuit d'Young, fl. moy., pourpre violacé ou presque noir.

Œillet panaché, fl. blanc carné, panaché de rose vif.

Fig. 44. — Rosier Centfeuilles moussu.

Ordinaire ou *Ancien*, fl. grande, pleine, d'un beau rose vif ; forme parfaite.

Reine Blanche, fl. blanc pur, moyenne et pleine.

REMONTANTS

Deuil de Paul Fontaine, fl. pourpre foncé ombré feu ; remonte bien.

Eugénie Guinoisseau, fl. rouge cerise passant au violacé.

Madame Edouard Ory, fl. rose carminé vif, moyenne et pleine.

Madame Louis Lévêque, fl. grande, pleine, rose tendre ; superbe.

Madame Platz, fl. rose vif, moyenne et s'ouvrant bien.

Mousseline, fl. blanc rosé, moyenne et pleine.

Salet, fl. rose vif passant au rose pâle.

Soupert et Notting, fl. moyenne, rose vif.

Rosiers de Damas.

(*Rosa damascena*, var.).

Rosiers des Quatre-saisons.

Non romontants.

Arbuste de 1 m. 50, rarement 2 à 3 mètres.

Rameaux secondaires nombreux et diffus, rappelant par leur forme et leurs aiguillons ceux du *R. gallica*. Les rameaux principaux, au contraire, sont élancés, droits et possèdent des aiguillons forts et crochus.

Feuilles à sept *folioles* ovales-lancéolées, amples, d'un vert plus vif que celles du *R. gallica*, quelquefois lavées de brun sur les bords, non promptement caduques.

Fleurs généralement réunies par trois à sept, en faux corymbes, à pédoncules glanduleux, presque pleines et très odorantes.

Fruits très allongés, couverts de soies glanduleuses.

Cette plante est probablement née du croisement du *R. gallica* par le *R. canina*. Elle a été introduite en France, selon toute apparence, par Thibaut IV, vers 1250; mais sûrement de Syrie en 1573.

La Rose de Damas est cultivée depuis la plus haute antiquité, à cause de sa floraison continuelle. On a de fortes raisons de croire que les Romains la cultivaient à Pœstum, et que c'est là le « *Biferique rosaria Pœsti* », dont parle Virgile au livre IV des *Géorgiques*.

Une forme très voisine du type était cultivée au siècle dernier, à Puteaux, près Paris, pour la production des fleurs sèches destinées à la pharmacie. Ce Rosier résiste bien à nos hivers.

Botzaris, fl. blanc pur, moyenne et pleine.

Damas de Puteaux, fl. rouge lilacé, très odorante ; arbuste vigoureux, florifère et remontant.

Madame Hardy, fl. blanche, grande, pleine et superbe.

Madame Zoutmann, fl. blanc crème ombré rose, grande et pleine.

Marie de Saint-Jean, fl. blanc pur, moyenne, pleine et bien faite.

Œillet parfait, fl. blanc rosé, striée de cramoisi, très pleine.

Rosiers de Portland ou R. perpétuels.

(*Rosa portlandica*, var.)

Remontants.

Arbuste de 75 cent. environ. *Rameaux* forts, droits, rigides, vert sombre, souvent pourprés du côté du soleil, couverts d'aiguillons inégaux, aciculaires, les plus longs légèrement crochus, les autres droits, entremêlés de soies glanduleuses.

Feuilles généralement à sept *folioles* coriaces, rigides, ovales, plus ou moins arrondies au sommet, l'impaire rarement lancéolée, d'un vert sombre, glabres en dessus, légèrement tomenteuses en-dessous; *serrature* généralement simple, glanduleuse ou velue; *nervures* des folioles accentuées.

Fleurs roses ou rouges, très odorantes, solitaires ou réunies par 2-3, courtement pédonculées, se montrant parfois à l'aisselle des feuilles, à la seconde floraison.

Fruits rouges, presque toujours allongés.

On suppose le *R. portlandica*, originaire d'Angleterre et on le considère comme un hybride du *R. gallica*.

Très résistant au froid, il a joui d'une grande vogue, grâce à sa faculté de remonter, jusqu'à l'introduction en France du *R. indica*.

Blanc de Vibert, fl. moy., bien faite, blanc pur.

Célina Dubos, fl. blanc rosé, moyenne et pleine.

Julie Krudner, fl. rose chair, moyenne et pleine.

Madame Boll, fl. très gr., beau rose, forme parfaite, très belle.

Madame Knorr, fl. rose tendre, grande et pleine.

Rose du Roi, fl. rouge vif, grande et pleine.

Rosiers microphylles.

Syn. : Rosier à petites feuilles.

(Rosa microphylla, var.)

Rameaux glabres, minces, flexueux, à épiderme vert ou brun, portant des aiguillons droits, très aigus et *ascendants, c'est-à-dire dont la pointe est tournée vers le ciel* (ce caractère ne se retrouve pas dans toutes les variétés horticoles nées de cette espèce), régulièrement géminés sous les feuilles.

Feuilles à onze-treize *folioles* elliptiques, petites, simplement dentées, glabres. *Pétioles* très profondément canaliculés. *Réceptacle* couvert d'aiguillons spiniformes, qui couvrent également les sépales du calice et donnent au bouton, prêt à s'épanouir, l'aspect d'une châtaigne (*R. microphylla* pourpre ancien). *Fleurs* solitaires ou réunies par deux-trois.

Cette espèce, originaire de Chine, résiste assez bien à nos froids ordinaires ainsi que ses variétés.

Ma surprise, fl. d'un beau rose, en coupe.

Pourpre ancien (Rose châtaigne), fl. rouge, souvent striée au centre, pleine.

Triomphe de la Guillotière, fl. rose clair, nuancée de blanc, grande et pleine.

Rosiers rugueux ou du R. Kamtschatka.

(*Rosa rugosa*, Syn. ; *R. kamtschatica*, var.)

Remontants.

Arbuste vigoureux, à *rameaux* diffus, **forts**, à écorce tomenteuse, disparaissant sous un léger duvet grisâtre, portant de nombreux aiguillons inégaux, mais tous très fins et très aigus, droits, les plus grands géminés sous les feuilles ; les autres, pour la plupart sétiformes, extrêmement nombreux. *Feuilles* à sept-neuf ou même onze *folioles* amples, épaisses, fortement nervées-réticulées, ovales, obtuses ou elliptiques-obtuses, vert brillant foncé et glabre à la face supérieure ; vert gris, tomenteuses et glanduleuses en dessous, généralement simplement et peu profondément dentées. *Stipules* très amples, à oreillettes très larges, frangées de glandes et contournées ; bractées orbiculaires ou ovales, très amples. *Fleurs* très grandes, blanches, roses ou rouges ; simples, doubles ou même très pleines (*Souvenir de Ph. Cochet*), il n'en existe pas de jaunes. *Inflorescence* généralement pauciflore. *Fruits* très gros et d'un beau rouge, presque sphérique, souvent plus ou moins déprimés, couronnés par les sépales du calice persistants. Ces fruits, très nombreux, qui mûrissent dès septembre, sont extrêmement décoratifs.

Le *R. rugosa*, qui habite le Japon, la Mandchourie et le Kamtschatka, résiste aux températures les plus basses connues. Il forme rapidement des buissons énormes, toujours couverts de fleurs et de fruits. C'est une des plus belles espèces du genre.

A parfum de L'Haÿ (Hybride), fl. rouge cerise carminé, à onglets blancs ; bien doubles, en corymbes ; parfum très suave ; très remontant.

Alba, fl. blanche, simple.

Blanc double de Coubert (*R. kamtschatica*), fl. blanc pur, grande, semi-double, odorante ; remontant, extra ; c'est la rose la plus blanche que l'on connaisse.

Calocarpa (Hybride), fl. simple, rose. Plante décorative par ses fruits nombreux et rouges.

Comte d'Epremesnil, fl. rouge violacé, semi-double.

Conrad Ferdinand Meyer (Hybride), fl. gr., bien pleine, de très belle forme, rose argenté frais ; extra ; très vigoureux et très florifère.

Fimbriata, fl. moyenne, semi-double, rose pâle,

à pétales fimbriés, qui lui donnent l'aspect d'un œillet.

Madame Alvarez del Campo (Hybride), fl. très grande, très double, forme parfaite, rose chair saumoné ; superbe coloris.

Madame Ancelot, fl. très grande, pleine, rose chair très frais.

Madame Charles Frédéric Worth (Hybride), fl. rouge carminé, grande et bien faite.

Madame Georges Bruant (Hybride), fl. blanc pur, semi-double, très odorante ; très remontant, fleurit jusqu'aux gelées ; extra.

Madame Henri Gravereaux, fl. très grande, en coupe, rose saumoné, pourtour blanc jaunâtre ; superbe.

Madame Lucien Villeminot, fl. très grande, d'un beau rose pâle.

Madame René Gravereaux, fleur très grande, en coupe, rose lilacé ; superbe.

Mercédès, fl. gr., bien faite, rose œillet tendre.

Nova Zambla, fl. très grande, blanche, accident fixé de *Conrad Ferdinand Meyer*.

Roseraie de L'Hay, fl. tr. grande, rouge foncé ; la plus parfumée des roses cultivées.

Rubra, fl. rouge violacé, simple.

Souvenir de Christophe Cochet, fl. grande, rose carné vif ; extra.

Souvenir de Philémon Cochet (Issu du *Blanc double de Coubert*), fl. très gr., bien pleine et d'un très beau blanc rosé, rappelant celle du « Souvenir de la Malmaison » ; extra.

Souvenir de Pierre Leperdrieux, fl. rouge vineux vif ; vigoureux et florifère.

Rosiers jaunes.

(Rosa lutea, var.)

Non remontants.

Arbuste de 2 à 3 et même 4 mètres, à *rameaux* forts, très rigides, luisants, rouge brun, jamais verts. *Aiguillons* longs, subulés, droits, épars. *Feuilles* 5-7 folioliées ; *stipules* à oreillettes longues et divergentes ; *folioles* ovales ou suborbiculaires, à sommet le plus souvent obtus, luisantes et glabres en dessus, souvent glanduleuses en dessous ; *serrature* simple ou double, mais toujours très profonde.

Fleurs presque toujours solitaires ou par deux, d'un jaune superbe, simples chez le type, doubles dans certaines variétés. *Réceptacle* globuleux, jaune orangé, presque toujours stérile chez le type ou ne contenant qu'une seule graine, par suite de l'avortement de tous les ovules, moins un. Les bords de l'orifice réceptaculaire sont toujours dépassés par une épaisse collerette de poils.

Austrian Copper, fl. cuivré, rouge simple.

Austrian Yellow, fl. jaune, simple.

Capucine (*R. punicea*), fl. simple, rouge orangé clair sur la face supérieure des pétales et jaune sur l'inférieure ; la fleur est parfois rayée, à un pétale ou même totalement jaune.

Harrisonii, fl. jaune d'or, doubles.

Jaune ancien (*R. sulfurea*), fl. grande, pleine, d'un beau jaune d'or.

Les Rosati, fl. grande, pleine, carmin vif, reflets rouge cerise, onglet maculé jaune vif.

Lyon-Rose, fl. grande, rose crevette, à centre rouge corail et rouge saumoné nuancé jaune chrome.

Persian Yellow, fl. d'un beau jaune d'or, moyenne, semi-double, en forme de Centfeuilles.

Soleil d'or (Antoine Ducher × Persian Yelow), fl. jaune saumoné, grande, bien double ; remontant ; extra.

Rosiers à feuilles de Pimprenelle.

(*Rosa pimpinellifolia*, var.).

Non remontants.

Arbuste de 1 m. à 1 m. 50, à *rameaux* grêles, très diffus et très armés, toujours rouges ou bruns. *Aiguillons* très nombreux, grêles, droits, inégaux, entremêlés ou non d'acicules. *Feuilles* à 7-9 ou 11 et même 13 *folioles* petites, sub-orbiculaires ou ovales, obtuses au sommet, régulièrement dentées, ayant réellement quelque analogie avec les feuilles de la Pimprenelle commune (*Poterium Sanguisorba*, L.). *Fleurs* petites et jaunâtres chez le type, doubles et de nuances diverses chez les variétés horticoles. *Fruits* de forme variable, le plus souvent hémisphériques ou ovoïdes, couronnés par les sépales du calice persistants. La plupart des variétés du *R. pimpinellifolia* ne fleurissent qu'une fois, en mai-juin.

Souvenir de Henry Claye, fl. rose, moyenne et pleine.

Stanwel, fl. blanc carné, grande et pleine ; très remontant.

Rosiers à feuilles de Ronce.

Syn : Rosier des prairies.

(*Rosa setigera*, Syn. *R. rubifolia*, var.).

Non remontants.

Arbuste droit, mi-sarmenteux, à tiges armées d'aiguillons courts, épars, crochus, entremêlés de soies à la partie inférieure des rameaux. *Feuilles* à 3-5 *folioles* ovales-lancéolées, très nervées, glabres, vert clair en dessus, glauques en dessous, présentant au sommet des rameaux le facies général des feuilles des *Rubus*. Ce caractère suffit, à lui seul, pour différencier cette espèce et ses variétés. *Fleurs* disposées en inflorescences pyramidales, pauciflores, simples chez le type, doubles ou semi-pleines dans ses variétés, généralement rose pâle ou rose vineux.

Originaire de l'Amérique du Nord, cet arbuste résiste bien au froid.

Anna Maria, fl. blanc carné, à centre plus vif.

Beauté des prairies, fl. rose violacé, moyenne et pleine.

Belle de Baltimore, fl. blanc carné, moyenne et pleine.

Mill's Beauty, fl. rouge vif.

Rosiers des champs et Rosiers d'Ayrshire.

(*Rosa arvensis* et *R. a. capreolata*, var.).

Non remontants.

Le *Rosa arvensis* est spontané en France, comme le *R. sempervirens*. C'est un *arbuste* à rameaux très sarmenteux, moins longs peut-être que ceux du *R. sempervirens*, vert grisâtre, souvent glauques, pourprés s'ils ont vécu au soleil. *Aiguillons* épars, souvent d'égale longueur. *Feuilles* à 5-7 *folioles* ovales, d'un vert foncé, parfois un peu sombre, non persistantes, souvent glauques en dessous. *Pétioles* pubescents. *Stipules* finement ciliées de glandes. *Fleurs* réunies le plus souvent par 5 à 15 en inflorescence ombelliforme. *Réceptacle* ovoïde, plus gros que chez le *R. sempervirens*, très gros même chez certaines variétés, et dans ce cas presque rond.

Le *R. arvensis* a donné naissance aux Rosiers d'Ayrshire (*R. capreolata*), qui constituent une race très voisine, presque identique, aux variétés cultivées du *R. arvensis*.

A fleurs pleines, fl. blanches, à centre carné tendre.

Dundee Rambler, fl. blanc teinté de rose.

Reines des Belges, fl. blanc rosé.

Rudolphus, fl. moyenne, pleine, blanc de lait.

Runga, fl. carné pâle, semi-double et très odorante.

Splendens ou *à odeur de Myrrhe*, fl. blanc carné, grosse.

Thoresbyana, fl. petites, blanches, en nombreuses panicules.

William's Evergreen, fl. blanc crème, moyenne.

Rosiers Boursault.

(*Rosa alpina*, var.).

Non remontants.

Arbuste de plusieurs mètres, à rameaux droits, élancés, brun, rougeâtre, glauques ou pourprés d'un côté, inermes, à l'exception de la base des rameaux secondaires qui portent parfois des aiguillons séti-formes. *Feuilles* à 7-9 et même 11 *folioles* ovales-lancéolées, profondément dentées. *Fleurs* solitaires ou réunies par 2 à 4, simples dans le type, doubles dans les variétés horticoles, et dans ce dernier cas souvent inclinées. *Fruits* de forme toute particulière. ventrus à la base, pour s'atténuer longuement en un col droit, couronné par les sépales du calice.

Le rosier Boursault est très probablement issu du croisement du *R. alpina* par une forme du Rosier de l'Inde. Le *R. alpina* est spontané en France et par-faitement rustique ; il fleurit en juin, mais ne re-monte pas.

Les variétés suivantes sont vigoureuses et sarmen-teuses.

Amadis ou *Cramoisi*, fl. rouge cramoisi foncé, grande et demi-double.

Calypso, fl. rose carné, moyenne.

Gracilis, fl. rouge rosé vif; très épineux.

Madame Sancy de Parabère, fl. rose clair, semi-pleine, très odorante ; belle variété inerme, très flo-rifère et précoce.

Ornement des bosquets, fl. rouge tendre ; moyenne.

Rosea corymbosa, fl. rose très clair, moyenne et pleine.

Rosiers de Macartney.

(*Rosa bracteata*, var.).

Non remontants.

Arbuste de 1 m. 50 à 3 mètres, à rameaux génicu-lés à l'insertion de chaque feuille, à écorce vert sombre, cotonneuse. *Aiguillons* forts, crochus, très régulièrement géminés sous les feuilles. *Feuilles* rapprochées, à 7-9 *folioles* atténuées à la base et arrondies au sommet, ce qui leur donne un aspect tout particulier ; glabres, d'un beau vert brillant, à nervure principale très accentuée ; les secondaires très peu visibles ; *serrature* simple, presque invisible. *Stipules* presque libres, pectinées, très courtes. *Fleurs* grandes, blanches, simples dans le type, entourées de 8-10 bractées ovales, imbriquées, soyeuses, à bords laciniés. *Etamines* extrèmement nombreuses, jusqu'à 300. *Ovaires* également très nombreux. Originaire de la Chine, ce Rosier résiste assez bien à nos hivers ; il convient de le couvrir par précaution. Croisé avec une forme du R. de l'Inde, il a donné le Rosier *Maria Leonida*.

Alba odorata, fl. blanc jaunâtre, grande et pleine ; rameaux sarmenteux.

Maria Leonida, fl. blanc très légèrement rosé, grande, semi-pleine, à bouton pointu ; se cultive en sujets nains, pour la vente en pots sur les marchés.

Rosiers toujours verts

(*Rosa sempervirens.*)

Arbuste à rameaux longuement sarmenteux, de plusieurs mètres de longueur, portant des aiguillons crochus, souvent géminés sous les feuilles. *Feuilles* d'un beau vert brillant, glabres, presque persistantes et restant sur la plante tout l'hiver, quand il ne gèle pas très fort, à 5-7 *folioles* ovales-lancéolées, simplement et peu profondément dentées *Stipules* étroites, adnées et ciliées de glandes. *Fleurs* réunies en inflorescence ombelliforme, simples dans le type, doubles dans les variétés cultivées. *Fruits* presque ronds ou légèrement allongés, petits, rouges.

Les variétés du *R. sempervirens* sont très recherchées pour garnir des tonnelles, murailles, etc., à cause de leur superbe feuillage, de leur brillante floraison qui a lieu en juin et de leur vigueur extraordinaire. Elles résistent à nos hivers normaux et se bouturent facilement. Greffées sur très hautes tiges, elles produisent des Rosiers pleureurs admirables.

Elegans, fl. rose chair, moyenne et pleine.

Félicité-Perpétue, fl. blanc crème, moyenne en bouquets très nombreux ; très sarmenteux.

Flore, fl. rose vif, pleine et très belle.

Mutabilis, fl. moyenne, blanc rosé, très florifère.

Princesse Marie, fl. rose chair, moyenne et pleine ; extra.

Spectabilis, rose, moyenne et pleine.

Bonnes variétés de Rosiers sarmenteux, conservant leur feuillage pendant presque tout l'hiver.

Rosiers de Banks.

(Rosa Banksiæ, var.)

Non remontants.

Arbuste très sarmenteux, surtout dans les contrées chaudes où ses rameaux atteignent 10 mètres de longueur. *Rameaux verts*, faibles, inermes et glabres, portant seulement parfois, à la base, quelques rares aiguillons crochus, épars. Il est presque inutile de les tailler. *Feuilles* presque toujours trifoliées, rarement à cinq *folioles* d'un beau vert souvent brillant, glabres, elliptiques, lancéolées, presque persistantes. *Stipules* libres, filiformes, promptement caduques. *Fleurs* en inflorescence pauciflore, simples ou doubles, accompagnées de bractées caduques. *Fruits* presque sphériques, brillants. La floraison a lieu en mai-juin.

Cette espèce, originaire de l'Asie, est peu rustique et périt facilement dans le nord de la France. Croisée au Japon avec le *R. lœvigata*, elle a donné naissance au *R. Fortuneana*, ou *Banks de Fortune*, qui est un peu plus rustique, très vigoureux et à fleurs doubles, d'un certain mérite.

Blanc, fl. blanc pur, petites, odorantes, bien doubles et en corymbes ; rameaux inermes.

De Fortune, blanc pur, moyenne, bien double ; rameaux faiblement épineux.

Jaune, fl. jaune vif, petites, inodores, mais bien doubles et en corymbes.

CHOIX DE ROSIERS

LES PLUS FRANCHEMENT SARMENTEUX

Les Rosiers sarmenteux sont d'une grande utilité pour orner les murs, les treillages, les berceaux, les piliers et autres endroits ; leur emploi est, du reste, très général, mais il y a intérêt à n'employer que les variétés les mieux appropriées à cet usage, à belles fleurs et remontantes. Néanmoins, lorsqu'on voudra des Rosiers très rustiques, d'une grande vigueur et susceptibles d'atteindre une grande hauteur, on fera bien d'adopter quelques-unes des variétés non remon-

Fig. 45. — Arceaux de Rosiers grimpants.

tantes des différentes espèces mentionnées précédemment, et dont nous donnons ci-après un petit choix.

Pour la description de ces variétés, se reporter aux listes précédentes.

(Les noms des meilleures variétés sont imprimés en PETITES CAPITALES.)

VARIÉTÉS REMONTANTES

AIMÉE VIBERT (Nois.), blanc pur.

Albert la Blotais (Hyb. rem.), rouge.

BEAUTÉ DE L'EUROPE (Thé), jaune foncé.

Belle Lyonnaise (Thé), jaune paille.

Bracteata alba odorata, blanc jaunâtre.

Céline Forestier (Nois.), jaune brillant.

CHROMATELLA (Nois.), jaune chrome.

CLAIRE CARNOT (Nois.), jaune vif.

Deegen's Maréchal Niel weiss (Thé), blanc crème.

Desprez (Nois.), jaune cuivré.

Devoniensis Climbing (Thé), blanc jaunâtre.

Elie Beauvilain (Thé), blanc rosé.

E. Veyra Hermanos (Thé), jaune nuancé abricot.

Gaston Chandon (Thé), rose cerise.

GLOIRE DE DIJON (Thé), saumon.

Gloire de Margottin (Hyb. rem.), rouge vif.

KAISERIN FRIEDRICH (Thé), jaune nuancé rose.

JOSEPH BERNACCHI (Nois.), blanc jaunâtre.

LA FRANCE DE 89 (Hyb. de Thé), rose vif.

Lamarque (Nois.), blanc jaunâtre.

MADAME ALFRED CARRIÈRE (Nois.), blanc saumoné.

Madame Barthélemy Levet (Thé), jaune canari.

MADAME BÉRARD (Thé), saumon.

MADAME CHAUVRY (Thé), nankin.

Madame Couturier Mention (Beng.), cramoisi, rayé blanc.

Madame Creux (Thé), jaune nuancé.

MADAME JULES GRAVEREAUX (Thé), jaune nuancé. Extra.

MADAME PIERRE COCHET (Nois.), jaune d'or.

MADAME LA DUCHESSE D'AUERSTÆDT (Thé), nankin.

Madame Marie Lavalley (Nois.), rose vif.

MARÉCHAL NIEL (Thé), jaune vif.

Météor (Nois.), rouge carminé brillant, nuancé rouge feu.

NARDY (Thé), jaune vif.

NOELLA NABONNAND (H. de Thé), rouge cramoisi velouté.

Ophirie (Nois.), aurore cuivré.

PRINCESSE STÉPHANIE (Thé), jaune orangé cuivré.

REINE MARIE HENRIETTE (Thé), rouge cerise ; extra.

Reine Olga de Wurtemberg (Hyb. Nois.), rouge éclatant.

RÊVE D'OR (Nois.), jaune foncé ; très sarmenteux.

Souvenir de Léonie Viennot (Thé), rose de Chine, nuancé jaune.

Triomphe de la Duchère (Nois.), rose tendre.

Triomphe des Noisettes (Nois.), pourpre ombré violet.

Waltham Climber (Hyb. Thé), rouge plus ou moins foncé.

WILLIAM ALLEN RICHARDSON (Nois.), jaune orangé.

ZÉPHIRINE DROUHIN (Hyb. Bourb.), cramoisi brillant.

VARIÉTÉS NON REMONTANTES

Albéric Barbier (Hyb. de Wichura.), jaune pâle.

Amadis (Alpina), cramoisi.

Banks, blanc ou jaune.

Beauté des prairies (Rubif.), rose violacé.

Belle de Baltimore (Rubif.), blanc carné.

Bennett's Seedling (Multifl.), blanc.

Catherine Bonnard (Hyb. non remont.), rose carminé vif.

Calypso (Alpina), rouge.

Daniel Lacombe (Polyantha), blanc jaunâtre.

Décoration de Geschwindt (Multifl.), rose violacé vif.

Dorothy Perkins (Hyb. de Wichura.), rose vif.

Dundee Rambler (Arvensis), blanc rosé.

Félicité et Perpétue (Semperv.), blanc crème.

Flore (Semperv.), rose passant au carné.

Grifferaie (De La) (Multifl.), rouge carminé.

Lady Gay (Hyb. de Wichura), rose cerise.

Madame Sancy de Parabère (Alpina), rose clair.

Malton, (Hyb. de Bengale), rouge cerise.

Mutabilis (Semperv.), blanc rosé.

Paul's Carmine Pillar (Hyb. non remont.), rouge très vif, simple ; extra.

Princesse Marie (Semperv.), rose clair.

Reine des Belges (Semperv.), blanc carné.

Turner's Crimson Rambler (Polyantha), cramoisi.

Virago (Rubif.), rose carné vif.

Rosiers à fleurs simples.

Depuis quelques années, les Rosiers à fleurs simples sont recherchés par certains amateurs épris de la beauté que leur donne la simplicité même de leurs fleurs, souvent très grandes et parées de coloris excessivement frais et variés. Ils méritent grandement les honneurs de la culture car, avec l'âge, ils forment souvent de grands buissons se couvrant de fleurs extrêmement abondantes et de la plus grande élégance. Espèces ou variétés, voici ceux que nous pouvons recommander à l'attention des amateurs. Dans leur nombre, se trouvent des variétés remontantes et d'autres sarmenteuses.

Anemonenrose (*R. lævigata, var.*), fl. rose vif, larges de 8 à 10 centimètres, sarmenteux, demi-rustique ; *extra.*

Bardou-Job (Bourbon), fl. cramoisies, grandes, semi-doubles ; remontant ; sarmenteux ; *extra.*

Blanc double de Coubert (*R. rugosa, var.*), fl. blanc pur, très grandes, semi-doubles ; *extra.*

Bracteata (type) fl. blanches, grandes ; sarmenteux ; très beau feuillage vernissé.

Capucine (*R. lutea var. punicea*), fl. rouge orangé en dedans, jaune en dehors ; coloris unique.

Camellia (*R. lævigata*), fl. blanches, très grandes, atteignant jusqu'à 10-12 centimètres de diamètre ; sarmenteux, demi-rustique ; *extra.*

Dawn (Hyb. Thé), fl. rose vif, semi-doubles, grandes ; remontant.

Ferruginea (*R. rubrifolia*), fl. rouges, abondantes ; méritant surtout par son feuillage purpurin, très distinct et décoratif.

Hiawatha (Hyb de Wichura), fl. simples, rouge cramoisi, en corymbes ; sarmenteux.

Jersey Beauty (*R. Wichuraiana, var.*), fl. grandes, blanc crème, à bouton canari.

Leuchstern (Multiflore), fl. moyenne, rouge cramoisi, en panicules multiflores (semis de *Crimson Rambler*).

Lutea (type), fl. très larges, jaune d'or.

Macrantha (*gallica* $\times$ *arvensis*), fl. blanc rosé,

Fig. 46. — Rosier pleureur.

larges de 8 à 10 centimètres, les plus grandes des roses indigènes ; *extra*.

Miss Wilmott (Hyb. de Thé), fl. rouge cuivré.

Moschata alba, fl. blanc pur, en corymbes multiflores, sarmenteux, tres vigoureux ; *extra*.

Paul's Carmine Pillar (Hyb. non rem.), fl. rouge carminé très vif ; sarmenteux.

Paul's Single White (Noisette), fl. blanc pur, à étamines brunes, demi-grimpant.

Pink Roamer (*Wichuraina*, var.), fl. rose vif à centre blanc, larges de 5 à 7 centimètres, en corymbes multiflores, sarmenteux ; *extra*.

Polyantha grandiflora, fl. blanches, en corymbes très nombreux, très sarmenteux et un des plus vigoureux ; *extra*.

Rugosa alba et rubra, grandes fleurs, beau feuillage et gros fruits rouges ciliés, très décoratifs.

Una (*Thé* ✕ *canina*), fl. blanc crème.

Virago (*Rubif.*), fl. rose carminé foncé, grandes semi-doubles, remontant et sarmenteux.

Royal scarlet (Hyb.-rem.), fl. rouge écarlate.

Rosiers pleureurs.

Les Rosiers pleureurs, si décoratifs, sont devenus très à la mode en France, depuis quelques années.

On les obtient en écussonnant les variétés à rameaux sarmenteux sur de très hauts Eglantiers. Les rameaux de ces variétés, trop flexibles pour se soutenir, se réfléchissent et retombent vers le sol, produisant ainsi l'effet d'un vaste parapluie absolument couvert de roses.

Les variétés non remontantes, ayant une floraison beaucoup plus abondante au printemps que les variétés remontantes, produisent un effet absolument féérique, au moment de la complète floraison.

La masse des fleurs produites par les variétés remontantes est moins dense, lors de la première floraison, mais les fleurs se succèdent généralement pendant un laps de temps assez long, et font préférer cette dernière catégorie de Rosiers pleureurs par certaines personnes, notamment par les amateurs de roses qui n'habitent pas la campagne au printemps.

VARIÉTÉS REMONTANTES

Aimée Vibert.
Bracteata alba odorata.
Céline Forestier.
E. VEYRA HERMANOS.
Gloire de Dijon.
Kaiserin Friedrich.
Madame Alfred Carrière.
MARÉCHAL NIEL.
PRINCESSE STÉPHANIE.
REINE MARIE-HENRIETTE.
RÊVE D'OR.
WILLIAM ALLEN RICHARDSON.
ZÉPHIRINE DROUHIN.

VARIÉTÉS NON REMONTANTES

A fleurs roses de Laffay.
Aglaïa.
ALBÉRIC BARBIER.
ANÉMONENROSE.
Ayrshire à fleurs pleines.
Banks jaune et blanc.
BENNETT's SEEDLING.
Daniel Lacombe.

Dorothy Perkins.

Dundee Rambler.

Fée opale.

Flore.

Lady Gay.

Madame Sancy de Parabère.

Malton.

Marco.

Mutabilis.

Princesse Marie.

Reine des Belges.

Souvenir de Paul Raudnitz.

Turner's Crimson Rambler.

Virago.

CHOIX DE VARIÉTÉS

LES PLUS RECOMMANDABLES

POUR LES JARDINS D'AMATEURS

Bien que les choix précédents soient restreints en comparaison du nombre de variétés existantes, ils sont encore beaucoup trop importants pour la plupart des amateurs et en particulier pour ceux qui ne possèdent que de petits jardins. Pour ces derniers, il est très important de ne composer leur petite collection qu'avec les variétés les plus belles et les plus méritantes à différents points de vue. Afin de leur éviter ce choix, très embarrassant et sujet à des déceptions, nous donnons ci-après, ainsi que nous l'avons indiqué précédemment, quatre choix comprenant respectivement 50, 25, 12 et 6 variétés. Par économie d'espace, nous indiquerons les trois derniers dans le choix de 50 et nous marquerons d'une :

× les variétés composant le choix de 25.

⊙   —   —   —   12.

☆   —   —   —   6.

× *Abel Carrière* (Hyb.-rem.), cramoisi.

× *Aimé Vibert* (Nois.), blanc.

Anna de Diesbach (Hyb.-rem.), rose vif.

× *Auguste Comte* (Thé), rose garance.

× *Baronne A. de Rothschild* (Hyb.-rem.), rose tendre.

Belle Lyonnaise (Thé), jaune.

⊙ × *Captain Christy* (Hyb.-rem.), blanc carné.

Céline Forestier (Nois.), jaune.

Comtesse d'Oxford (Hyb.-rem.), carmin vif.

De la Reine (Hyb.-remon.), rose satiné.

× *Empereur du Maroc* (Hyb.-rem.), pourpre très foncé.

☆ ⊙ × *Eugène Fürst* (Hyb.-rem.), cramoisi foncé.

× *E. Veyra Hermanos* (Thé), jaune nuancé.

François Coppée (Hyb.-rem.), rouge vif.

⊙ × *Frau Karl Druschki* (Hyb.-rem.), blanc pur.

Georges Moreau (Hyb.-rem.), rouge vif.

☆ ⊙ × *Gloire de Dijon* (Thé), jaune saumoné.

Her Majesty (Hyb.-rem.), rose tendre.

Jean Liabaud (Hyb.-rem.), cramoisi foncé.

Jules Margottin (Hyb.-rem.), rouge cerise.,

☆ ⊙ × *La France* (Hyb. Thé), rose satiné.

Lamarque (Nois.), blanc jaunâtre.

La Rosière (Hyb.-rem.), cramoisi noirâtre.

Madame Abel Chatenay (Hyb. Thé), carminé, nuancé plus pâle.

☆ ⊙ × *Madame Alfred Carrière* (Nois.), blanc saumoné.

✗ *Madame Bérard* (Thé), saumoné.

Madame Boll (Portland), rose vif.

✗ *Madame Caroline Testout* (Hyb. Thé), rose clair.

Madame Eugène Verdier (Hyb -rem.), rose clair.

Madame Joseph Bonnaire (Hyb. de Thé), rose de Chine.

Madame Jules Gravereaux (Thé), jaune.

✗ *Madame Pierre Cochet* (Nois.), jaune d'or.

Madame Pierre Guillot (Thé), orange carminé.

Madame Pierre Oger (Bourb.), blanc rosé.

☉ ✗ *Mademoiselle Augustine Guinoisseau* (Hyb. Thé), blanc carné.

☉ ✗ *Mademoiselle Marie Van Houtte* (Thé). blanc jaunâtre.

✗ *Maman Cochet* (Thé), rose carné lavé carmin.

Maréchal Niel (Thé), jaune vif.

✗ *Merveille de Lyon* (Hybr.-rem.), blanc pur,

Niphetos (Thé), blanc pur.

Paul Nabonnand (Thé), rose hortensia.

☆ ☉ ✗ *Paul Neyron* (Hybr.-rem.), rose foncé.

✗ *Perle des jardins* (Thé), jaune.

Prince A. de Wagram (Hybr.-rem.), rouge cramoisi foncé.

☉ ✗ *Reine Marie-Henriette* (Thé), rouge vif.

Soleil d'or (Lutea hyb.), jaune nuancé.

☆ ☉ ✗ *Souvenir de la Malmaison* (Bourb.), blanc carné.

Souvenir de la reine d'Angleterre (Hybr.-rem.), rose vif.

⊙ ✕ *Ulrich Brunner fils* (Hybr.-rem.), rouge
cerise.

✕ *Vick's Caprice* (Hybr.-rem.), rouge, bien
rayé de blanc.

CHOIX DE VARIÉTÉS

POUR FORMER DES CORBEILLES

ROSIERS REMONTANTS

Abel Carrière.
+ *Anna de Diesbach.*
Baronne A. de Rothschild.
+ *Baronne Prévost.*
Captain Christy.
Clio.
Coquette des Blanches.
Eclair.
Etoile de France.
Eugène Furst.
Ferdinand Chaffolte.
+ *Frau Karl Druschki.*
Général Jacqueminot,
+ *Jules Margottin.*
La France.
+ *La France de 89.*
La Reine (Rose de).
Madame Abel Chatenay.
Madame Caroline Testout.
Madame Joseph Bonnaire.
Madame J. Combet.
+ *Madame Jules Gravereaux.*
Madame Jules Groslez.

Mademoiselle Augustine Guinoisseau.
Merveille de Lyon.
Mistress John Laing.
Paul Neyron.
Roger Lambelin.
Souvenir de la Malmaison.
+ *Souvenir de la reine d'Angleterre.*
Souvenir de Madame Eugène Verdier.
+ *Triomphe de l'Exposition.*
+ *Ulrich Brunner fils.*
Vick's Caprice.

Nota. — Les variétés marquées d'une + sont ordinairement les plus vigoureuses et pourraient occuper le centre de la corbeille. Tenir compte, pour la vigueur relative de chaque variété, du climat et de la nature du sol.

ROSIERS THÉ A VÉGÉTATION MOYENNE

Beauté inconstante.
Camoëns.
Comtesse Riza du Parc.
Elisa Fugier.
Etoile de Lyon.
Madame Eugène Verdier.
Madame Hoste.
Mademoiselle Marie Van Houtte.
Maman Cochet.
Marquise de Vivens.
Papa Gontier.
Perle des jardins.
Princesse de Sarsina.
Souvenir d'un ami.
Souvenir de Gabrielle Drevet.
Souvenir de Thérèse Levet.

Souvenir du rosiériste Rambaux.
Sunset.
The Bride.

Nota. — Les garantir du froid pendant l'hiver.

VARIÉTÉS DU ROSIER DU KAMTSCHATKA

(*R. rugosa,* var.).

TRÈS VIGOUREUSES ET TRÈS PROPRES A ÊTRE PLACÉES ISOLÉMENT
SUR LES PELOUSES OU A FORMER DES SOUS-BOIS

Blanc double de Coubert.
Conrad Ferdinand Meyer.
Madame Charles-Frédéric Worth.
Madame Georges Bruant.
Mikado.
Parnassina.
Roseraie de l'Haÿ.
Souvenir de Christophe Cochet.
Souvenir de Philémon Cochet.
Souvenir de Pierre Leperdrieux.

Nota. — Ces plantes sont très décoratives par leur feuillage,
par leurs fleurs et par leurs fruits rouges. Les planter sur de
bons trous bien fumés et les tailler peu ou pas.

CHOIX DE VARIÉTÉS

POUR LA PRODUCTION EN PLEIN AIR
DE FLEURS A COUPER

Baronne A. de Rothschild (Hybr.-rem.),
rose tendre.
Captain Christy (Hybr.-rem), blanc carné.
Eclair (Hybr.-rem.), rouge feu.

Etoile de France (Hybr.-rem.), rouge.

Frau Karl Druschki (Hybr.-rem.) blanc.

Général Jacqueminot (Hybr.-rem.), rouge vif.

Her Majesty (Hybr.-rem.), rose tendre.

Jules Margottin (Hybr.-rem.), rouge cerise.

Kaiserin Augusta Victoria (Hybr. Thé), blanc.

La France (Hybr. Thé), rose satiné.

Lamarque (Nois.), blanc jaunâtre.

Madame Alfred Carrière (Nois.), blanc.

Madame Caroline Testout (Hybr. Thé), rose clair.

Madame Gabrielle Luizet (Hybr.-rem.), rose satiné.

Madame J. Combet (H. thé), blanc.

Madame Viger (Hybr. Thé), blanc.

Mademoiselle Augustine Guinoisseau (Hybr. Thé), blanc carné.

Magna Charta (Hybr.-rem.), rose brillant.

Maman Cochet (Thé), rose carné.

Maréchal Niel (Thé), jaune vif.

Merveille de Lyon (Hybr.-rem.), blanc pur.

Mistress John Laing (Hybr.-rem.), rose vif.

Nardy (Thé), jaune.

Paul Neyron (Hybr.-rem.), rose foncé.

Souvenir de la Malmaison (Bourb.), blanc carné.

Ulrich Brunner fils (Hybr.-rem.), rouge cerise.

CHOIX DE VARIÉTÉS
A FLORAISON AUTOMNALE

Aimée Vibert (Nois.), blanc.

Apolline (Beng.), rose tendre.

Bengale ordinaire, rose.

Gloire des rosomanes (Hybr. Beng.), carmin.

Hermosa (Bourb.), rose tendre.

Madame Alfred Carrière (Nois.), blanc saumoné.

Madame Falcot (Thé), jaune nankin.

Madame Norbert-Levasseur.

Safrano (Thé), jaune nankin, cuivré en bouton.

Souvenir de la Malmaison (Bourb) blanc carné.

Souvenir de la Reine d'Angleterre (Hybr.-rem.), rose vif.

Stanwel (Pimprenelle), blanc carné.

ROSES
VENANT DE LA RÉGION NIÇOISE
PENDANT L'HIVER

Comtesse d'Eu (Hybr.-rem.), rouge cerise.

✕ *La France* (Thé), rose satiné.

Lamarque (Nois.), blanc jaunâtre.

✕ *Madame Gabrielle Luizet* (Hyb.-rem.), rose tendre.

✕ *Mademoiselle Marie Van Houtte* (Thé), blanc jaunâtre.

✕ *Maréchal Niel* (Thé), jaune vif.

Papa Gontier (Thé), carmin vif.

✕ *Paul Nabonnand* (Thé), rose hortensia.

Paul Neyron (Hybr.-rem.), rose foncé.

Reine Marie Henriette (Thé), rouge cerise.

Safrano (Thé), jaune nankin, cuivré en bouton.

✕ *Souvenir de la Malmaison* (la plus important·tante).

Ulrich Brunner fils (Hybr.-rem.), rouge vif.

William Allen Richardson (Nois.), jaune orangé.

Nota. — Les variétés précédées du signe ✕ sont les plus gé-néralement cultivées sous verre.

MALADIES DES ROSIERS

INSECTES NUISIBLES

ET

MALADIES CRYPTOGAMIQUES

Comme hélas ! beaucoup, sinon la plupart des végétaux cultivés, le Rosier a ses ennemis, animaux et végétaux, et ils sont même très nombreux ; mais quoique beaucoup ne causent heureusement que des dégâts accidentels et souvent peu appréciables, l'horticulteur et l'amateur doivent souvent compter avec quelques-uns de ces ennemis. Nous ne mentionnerons donc ici que ceux qui présentent un réel intérêt pour l'horticulture, et nous les rangerons sous les deux rubriques de notre titre. M. Heim a bien voulu se charger de la rédaction de ces deux chapitres, où l'on trouvera d'abord les principaux insectes nuisibles aux Rosiers, les caractères propres à les faire reconnaître, leurs mœurs, et surtout les moyens de destruction ; puis l'histoire et les caractères des Champignons parasites, ainsi que les moyens de les détruire ou de réduire au moins leurs ravages.

INSECTES NUISIBLES AUX ROSIERS [1]

Coléoptères.

Hanneton. Ver blanc. — Les caractères et les ravages du Hanneton (*Melolontha vulgaris*, FABR.) et

Fig. 47. — Hanneton commun.
Insecte parfait et sa larve.

surtout de sa larve (Ver blanc, Man, Turc) sont trop connus de tous pour qu'il soit besoin d'y insister ;

---

[1] Une bonne étude sur les Insectes nuisibles aux Rosiers est due à M. Fallou (Jules) : *Catalogue des Insectes nuisibles aux Rosiers* (2 pl. color.). *Bull. de la Soc. centrale d'agriculture,* 1895. Le lecteur pourra s'y reporter avec fruit.

les divers moyens de destruction proposés contre ce fléau exigeraient, pour être exposés en détail, un long chapitre ; nous ne pouvons nous y attarder.

Dans les jardins, les Vers blancs s'attaquent fréquemment aux Rosiers, mais les pépinières de Rosiers et les semis d'Eglantiers ont particulièrement à souffrir de leurs ravages.

Le Hanneton adulte peut lui-même ronger les feuilles des Rosiers au printemps, mais ses dégâts sont de peu d'importance comparativement à ceux de sa larve.

Phyllopertha horticola, L. (Hanneton horticole, H. de la Saint-Jean) (Syn. *Anisoplia horticola, Melolontha horticola*, FABR.). — Ce petit Hanneton, velu, n'atteint, à l'état adulte, que 9-10 millimètres ; tête et corselet vert-brillant, élytres jaune fauve, pattes noires ; éclôt en mai-juin, pas de pygidium.

Dévore les pétales et les étamines des fleurs des Rosiers et occasionne parfois de grands dégâts dans les cultures de Rosiers, pour la fleur à couper.

Fig. 48

PHYLLOPERTHA HORTICOLA (Hanneton de la St-Jean).
a, patte grossie.

Les larves, très nuisibles aux plantes potagères et ornementales, n'ont pas été jusqu'ici signalées comme s'attaquant aux Rosiers.

Le meilleur moyen de destruction est de secouer les plantes (de préférence les Rosacées) attaquées

par l'adulte, au-dessus d'une toile, et de procéder
ensuite à un hannetonnage manuel.

Cetonia aurata, Fabr. (Cétoine dorée). — Adulte
d'un beau vert doré en dessus, parfois bronzé, teinte
cuivrée en dessous ; élytres marquées de petites
taches blanches éparses. Fait, comme nombre de ses

Fig. 49. — Cétoine dorée, au vol.

congénères, le mort lorsqu'on le saisit ; éclôt l'été,
de préférence en mai-juin.

Attaque nombre de fleurs, mais a une prédilection
marquée pour les Roses, dont elle détruit les étamines.

La larve se nourrit uniquement de terreau et de
bois pourri. On peut détruire une grande quantité de
Cétoines en secouant au-dessus d'un parapluie
retourné les Rosiers où elles sont posées, le matin,
à la rosée. Ses vives couleurs décèlent sa présence
et permettent la récolte manuelle.

Cetonia stictica, Fabr. (Cétoine stictique). — Moi-

tié plus petite que la précédente, noire sur les deux
faces, à reflet quelque peu bleuâtre; élytres et corselet parsemé de points blancs. Sa livrée lui a fait donner le nom de « Drap mortuaire ». Eclôt en mai et attaque les fleurs des Rosiers, mais surtout celles des
Pommiers et Poiriers. Somme toute, insecte peu
nuisible aux Rosiers; mêmes modes de destruction
que pour la précédente.

Gnorimus nobilis L. (Trichie noble, Syn. *Trichius
nobilis*). — Plus petit, plus massif, moins aplati que
la Cétoine dorée, élytres chagrinées, pattes longues.

Eclôt en mai; est accusé de manger les pétales des
Roses, mais est rarement assez commun pour être
redoutable. Mêmes moyens de destruction que pour
les Cétoines.

Hyménoptères.

Tenthrèdes. — Les Rosiers sont attaqués par les
larves de nombreuses espèces du groupe des Tenth-
rédines. On peut, sans inconvénient, au point de vue
horticole, considérer ce groupe comme formé d'un
seul grand genre : *Tenthredo* L. Ce genre est démembré par les spécialistes en nombreux genres, fondés
sur les caractères des ailes (nervures) et des antennes
de l'insecte parfait.

Tous les types que nous allons passer en revue sont
donc des Tenthrèdes, dont les caractères généraux
sont : abdomen sessile, appliqué au corselet dans
toute sa largeur, cylindrique ou à peine aplati, formé
de 9 anneaux, muni à son extrémité inférieure, chez

lá femelle, d'une tarière (d'où le nom de mouches à scie ou porte-scie) ; tête carrée, avec deux fortes mandibules ; antennes à articles en nombre et de forme variable ; ailes un peu chiffonnées, au nombre de quatre.

Les larves ont, à première vue, la forme et la livrée des chenilles, mais elles se distinguent facilement de ces dernières.

Ces *fausses chenilles* ont toujours plus de seize pattes, une tête arrondie en bouton, avec deux yeux ; les vraies chenilles, au contraire, n'ont jamais plus de seize pattes, la tête cordiforme ou triangulaire et jamais d'yeux. Les six premières pattes des fausses chenilles sont dites écailleuses, et chez les types vivant à l'intérieur des branches, les pattes postérieures ou membraneuses sont souvent réduites à de petits mamelons.

La métamorphose s'effectue dans un cocon, en terre, à la surface de la plante nourricière ou à l'intérieur des branches attaquées par la larve. Les fausses chenilles vivent isolées ou par bandes (grégaires). Il y a, le plus souvent, deux générations par an : la première au printemps, la seconde à la fin de l'été.

Hyloloma rosarum, FABR. (Tenthrède, Hylolome des Rosiers). — L'adulte a la forme d'une mouche à quatre ailes, longues de 7-8 millimètres ; corps de teinte ferrugineuse, antennes, tête, dos et poitrine d'un brun noir ; voltige matin et soir autour des Rosiers, pond de dix à onze heures, puis s'arrête et recommence vers cinq heures du soir.

Le nom général de Mouches à scie donné aux

Tenthrèdes est bien mérité par cet insecte. La femelle porte à l'extrémité de son abdomen une tarière dont elle écarte les deux valves lors de la ponte. En faisant jouer les deux lames de scie qu'abrite cette tarière, elle pratique, dans l'écorce des branches des Rosiers, une entaille, où se trouve déposé un œuf, avec une goutte d'une liqueur irritante, qui détermine vrai-

Fig. 50. — Fausses chenilles d'*Hylotoma rosarum.*

semblablement l'hypertrophie des lèvres de la plaie, et les empêchent de se rejoindre, en écrasant l'œuf. Le temps exigé pour la ponte d'un œuf n'excède guère une minute, et la femelle pondeuse continue de même la ponte successive de huit à quinze œufs, à peu de distance les uns des autres, puis elle change de rameau et même de Rosier.

Au bout de huit à dix jours, chaque œuf éclôt, et les larves, semblables à de petites chenilles, changent quatre fois de peau, sans grandes modifications. Ces fausses chenilles ont dix-huit pattes ; tête jaune, avec yeux noirs ; corps jaune plus ou moins foncé en dessus, vert jaunâtre en dessous, parsemé de petits tubercules punctiformes, noirs, brillants, porteurs de poils courts. En un mois, ces larves acquièrent tout leur développement ; on les voit cramponnées aux feuilles des Rosiers par leurs pattes de devant, toute la partie postérieure du corps redressée. Les larves, écloses de la première ponte en mai, s'enfoncent en terre en juin, s'y construisent une coque double, solide, et y restent un nouveau mois, avant de se changer en nymphes. En août, l'insecte parfait éclôt et donne naissance à une nouvelle génération, dont les larves hivernent en terre, dans leur coque.

Il est douteux, à cause de la forte odeur qu'elles dégagent, que ces larves soient fréquemment attaquées, comme on l'a dit, par les oiseaux insectivores et les guêpes. Leur principal ennemi est un Chalcidite (*Pteromalus hylotomæ*), qui pond son œuf dans le corps de la fausse chenille : la larve qui en sort ronge les tissus de l'Hylotome et la fait périr avant la nymphose.

On peut détruire l'insecte adulte en mai et en août, lorsqu'il est lourdement posé à terre ou sur un Rosier. Les larves, grâce à leur brillante livrée, sont facilement visibles à la surface des feuilles. On peut aussi, avec de l'attention, découvrir les entailles pratiquées par la femelle pondeuse, et passer, au-dessus des œufs qu'elles abritent une couche légère de colle forte, qui s'oppose à leur éclosion.

On a remarqué (Margottin) que l'Hylotome recherche, vers le milieu du jour, les fleurs du Persil. Sur un seul pied de cette plante, placé à proximité de massifs de Rosiers, il est possible de détruire des centaines d'Hylotomes adultes. Aussi, recommande-t-on, comme procédé infaillible de destruction, de planter à proximité des Rosiers quelques pieds de Persil, jouant le rôle de plantes-pièges.

Cladius difformis, PANZER. (Tenthrède difforme. Syn.

Tenthredo difformis). — Espèce moins répandue que la précédente, plus petite, entièrement noire ; antennes pectinées chez le mâle, filiformes chez la femelle (d'où le nom spécifique de *difformis*). L'adulte apparaît à deux reprises dans le courant de la belle saison : en mai et en août. Il y a donc deux générations de larves. La femelle pondeuse pratique une ou plusieurs petites entailles à la face inférieure de la nervure médiane des feuilles ; dans chacune est déposé un œuf, dont l'éclosion se produit au bout de huit à dix jours.

Les larves méritent entièrement leur nom de fausses chenilles par leur couleur, leur forme, leur attitude, mais elles possèdent vingt pattes et leur tête rousse, arrondie comme un bouton, porte deux yeux ; la teinte vert tendre du corps les dissimule parfaitement à la surface des feuilles ; sur leurs flancs, on voit une série de points proéminents, portant chacun un petit faisceau de poils grisâtres. Ces larves ne vivent pas en société, il est rare d'en trouver plus de trois ou quatre sous la même feuille qu'elles rongent, pratiquant, dans le milieu du limbe, des entailles semblables à celles des Limaçons.

La nymphose s'effectue dans une petite coque double, attachée aux feuilles sèches, la deuxième génération y passe l'hiver, pour n'éclore qu'au printemps suivant.

Il est plus rare de découvrir sur les Rosiers l'insecte adulte ; le plus sûr moyen de destruction est de couper les feuilles où se tiennent les larves et de les brûler.

Cladius pectinicornis. — Adulte long de 8 millimètres, noir luisant, avec des poils épais, des ailes empennées. La larve, vert pâle, vit également à la face inférieure des feuilles des Rosiers.

Cladius Padi est aussi cité comme vivant accidentellement sur les Rosiers.

Tenthredo zona, Klug. (Tenthrède zonée). — Espèce relativement peu répandue. Adulte long de 8 millimètres, corps noir, sauf la base des antennes, le bord du premier, du quatrième et du cinquième segment abdominal, et les derniers anneaux, qui sont jaune brillant ; pattes jaune pâle. Comme pour les types précédents, il y a deux générations par an, et l'adulte apparaît en mai, puis en août.

La fausse chenille a vingt-deux pattes ; sa tête, rousse plus ou moins pâle, porte des yeux noirs ; le corps, vert grisâtre, a ses côtés et sa face inférieure d'une teinte pâle, il est tout couvert de petits points blancs et saillants.

A l'état de repos, la fausse chenille est enroulée en spirale sur elle-même, et ne se tient allongée que lorsqu'elle attaque la feuille. Il est rare que ces larves soient assez abondantes pour être réellement nuisibles. La nymphose s'effectue en terre, dans une coque formée de particules de terre agglutinées par de la salive.

Tenthredo æthiops, Fabr. (Tenthrède noire). — Insecte parfait noir brillant, à ailes enfumées, cuisses noires, pattes d'un fauve claire. La femelle pond en mai, sur les feuilles des Rosiers ; l'éclosion des larves a lieu fin mai.

Fausse chenille cylindrique, pourvue de vingt-deux

pattes, d'un vert jaunâtre, pâle avec une ligne plus foncée sur le dos ; tête jaune orangé, avec deux petites taches noires de chaque côté.

Il n'y a qu'une génération par an, la fausse chenille passe en terre, dans une petite coque, une partie de l'été, l'automne et l'hiver. La larve ne ronge que la face supérieure des feuilles des Rosiers, laissant intacte la face inférieure. La face attaquée semble parsemée d'écorchures, et l'auteur de ces lésions ne s'aperçoit qu'avec peine, grâce à sa coloration. Les feuilles atteintes prennent tout à coup une couleur brun pâle, analogue à celle des parties brûlées par le soleil, et le Rosier ne produit plus que des fleurs mal venues.

Ce n'est pas un parasite très commun.

Athalia Rosæ (Tenthrède de la rose. Syn. *Tenthredo Rosæ*, L.). — Il est facile de confondre, à première vue, l'adulte de cette espèce avec celui de l'Hylotome ; il est cependant plus petit, long de 7 millimètres, de teinte ferrugineuse, avec la tête, les antennes, le dessus du corselet, l'extrémité des jambes noires, les appendices buccaux blanchâtres.

L'œuf est pondu dans une entaille, pratiquée à la nervure médiane des feuilles des Rosiers. Il y a deux générations par an, comme pour les types précédents.

Les fausses chenilles, longues de 12 à 15 millimètres, ont vingt-deux pattes, la tête rousse, le corps d'un vert obscur en dessus, plus clair latéralement et en dessous. La nymphose s'effectue en terre, dans une petite coque. On reconnaît immédiatement les feuilles attaquées par cette Tenthrède ; toutes les nervures et l'épiderme d'un côté sont intacts, tout le parenchyme est par contre dévoré, de telle sorte que les feuilles ressemblent à de la gaze. A la suite de ces lésions des feuilles, on voit souvent les boutons se faner.

Athalia centifoliæ, PANZER (Tenthrède de la Centfeuille. Syn. *Tenthredo centifoliæ, T. spinarum*, FABR.). — Adulte long de 8 millimètres, jaune orangé, avec la tête, les antennes, les flancs, la partie antérieure du corselet, l'extrémité des jambes noires et les appendices buccaux blanchâtres.

Les larves ont vingt pattes ; elles sont d'un vert sale, légèrement chagrinées, avec une raie dorsale foncée, qui s'efface au moment de la métamorphose.

Celle-ci s'effectue en terre. Il y a deux générations par an ; l'adulte se montre une première fois en juin, une seconde en septembre.

Cette Mouche à scie serait, dans certaines régions de l'Allemagne, très nuisible aux Rosiers. Elle n'est pas rare en France, mais s'attaque peu aux Rosiers et vit de préférence sur les Crucifères potagères.

———

Emphytus cinctus (Tenthrède à ceinture. Syn. *Tenthredo cincta*, L.). — Adulte long de 8 à 10 millimètres, quelque peu allongé, noir, avec des pattes ferrugineuses et l'abdomen marqué d'une zone blanche, en ceinture, parfois peu visible.

En mai ou fin avril, la femelle fécondée fait, avec sa tarière, une entaille aux jeunes pousses des Rosiers, et y introduit plusieurs œufs.

La larve jeune est d'un gris verdâtre pâle ; après la première année, elle acquiert une couleur verte, plus foncée sur le dos, grisâtre sur les flancs ; la tête est pointillée et le dernier anneau porte une petite pointe qui doit servir à la larve à faire sa galerie.

Il s'agit, en effet, d'une larve mineuse qui, sitôt éclose, pénètre dans la région médullaire du rameau qu'elle habite et s'y creuse une galerie, qu'elle élargit à mesure qu'elle grossit, et où elle se déplace, la tête en bas. Il peut exister jusqu'à six larves dans une seule galerie. Chacune ronge, non seulement le tissu médullaire, mais aussi la zone ligneuse ; aussi, voit-on les feuilles placées au-dessus de la galerie se faner progressivement, à mesure que la galerie se creuse du sommet vers la base du rameau (la destruction de la zone ligneuse entraînant la suppression de la sève ascendante). Lorsque les larves arrivent dans la base lignifiée du rameau, rien ne décèle plus leur présence, mais ce rameau, vidé au centre, se brise au premier coup de vent.

Arrivée au terme de sa croissance, la larve de cette Tenthrède se métamorphose dans une coque ovale, en soie blanche. Il doit y avoir deux générations par an ; l'adulte doit paraître pour la première fois en mai ; les larves de deuxième génération passent, au moins en partie, l'hiver dans leurs galeries.

Il s'agit là d'un ravageur redoutable, à cause même de sa fréquence ; il faut, pour le détruire, couper, avant la fin de mai, au-dessous des feuilles malades, toutes les pousses des Rosiers qui présentent une flétrissure plus ou moins marquée et les brûler.

Emphytus rufocinctus, Klug. (Tenthrède à ceinture rousse. Syn. *Tenthredo rufocincta*). — Adulte long de 7 à 8 millimètres, noir ; jambes et torses d'un jaune rougeâtre ; abdomen marqué d'un anneau rouge, qui s'étend au quatrième et au cinquième anneau.

Il y a deux générations par an ; l'adulte se montre, pour la première fois, en mai ; pour la seconde, en août.

Larve verte, d'une teinte plus ou moins foncée, plus pâle latéralement, à tête rousse, à corps poin-tillé de petites verrues blanches. Cette fausse chenille a 22 pattes. Elle se tient, contournée en spi-rale au repos, à la face infé-rieure des feuilles, et les attaque à la manière de la Tenthrède zonée.

Espèce plutôt rare et occa-sionnant, par suite, peu de dé-gats.

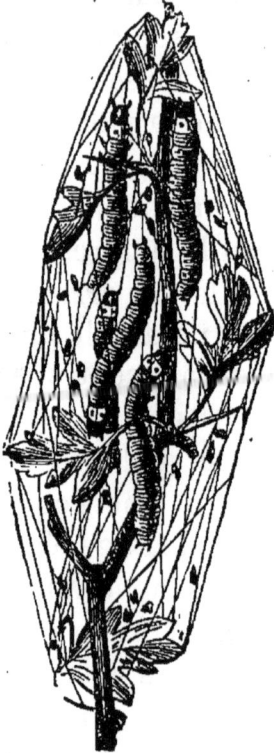

Fig. 51. — Larves de *Lyda clypeata.*

Lyda inanita, de VILLERS. — Adulte noir, avec une bande jaune terne sur la face inférieure de l'abdomen et des taches jau-nes sur la tête. Paraît en avril. Il n'y a qu'une génération par an.

La larve se trouve sur les Rosiers, de juin en août ; elle est d'un vert jaunâtre, avec des lignes interrom-pues sur les flancs et deux taches noires sur le pre-mier anneau ; la figure ci-contre d'une espèce voisine (*L. clypeata*) suffit à donner une idée des caractères de la larve dans ce genre.

Elle ronge les feuilles et vit isolée, dans un fourreau qu'elle sait se construire avec des lanières de feuilles roulées en spirale ; elle s'enfonce en terre en août et y passe l'hiver dans une petite coque.

Cemonus unicolor, Panzer. — Nous n'insisterons pas sur ce parasite peu fréquent, qui creuse parfois de longues galeries dans les tiges des Rosiers cultivés. Dans toute la portion située au-dessus de ces galeries, les greffes se dessèchent.

On conseille, pour se préserver des atteintes de cet insecte, d'enduire de coaltar l'extrémité sectionnée des Eglantiers destinés à être greffés ; la présence du coaltar empêche la femelle d'établir son nid dans la tige.

(Pour plus de détails sur cet insecte, voir Laboulbène, *Ann. Soc. Entomol.*, 1875, p. 133-134.)

Pœcilosoma candidatum. — Adulte petit, noir, pubescent.

La larve se loge, en mai-juin, dans les jeunes pousses, et y creuse des galeries, comme celle d'*Emphytus cinctus*, étudié plus haut. Mêmes moyens de destruction que pour ce dernier. L'insecte se métamorphose en terre.

Blennocampa pusilla, Klug. — Insecte parfait noir luisant, avec des ailes brun gris, paraissant en mai-juin. Larves courtes, émoussées, vertes, à tête pâle ou brune, portant des poils épineux sur le dos.

Ces larves enroulent les folioles des Rosiers, en dessous, jusqu'à la nervure médiane, et occasionnent un très faible épaississement de la partie enroulée.

La métamorphose a lieu en terre, dans une coque.

On a conseillé, pour débarrasser les Rosiers des Tenthrèdes vivant à l'air libre, sur les feuilles, de saupoudrer celles-ci de fleur de soufre, ou d'y faire des pulvérisations d'un insecticide liquide. Ces procédés semblent inférieurs à la récolte des adultes ou des larves.

Nous avons vu que beaucoup de larves de Tenthrèdes effectuent leur métamorphose dans le sol ; il est donc indiqué de racler, à l'arrière-saison, les feuilles amassées au pied des Rosiers, de les brûler, et de retourner le sol, pour exposer à la gelée les cocons abritant les larves ou les nymphes.

———

Mégachile centuncularis, RÉAUMUR (Mégachile centunculaire). — Cet Hyménoptère, noir, recouvert d'une pubescence cendrée, a des ailes transparentes, et atteint une longueur d'environ 1 centimètre. C'est une Abeille qui apparaît en mai et qui découpe, dans les feuilles des Rosiers, des arcs de limbe, qu'elle enroule en petits tubes, destinés à devenir son nid, placé soit en terre, soit dans le vieux bois. Chaque cellule ainsi construite est remplie de miel et pourvue d'un œuf.

Hyménoptères gallicoles.

Cynipides. — Il est bon d'indiquer brièvement à l'horticulteur les principales galles ou Cécidies susceptibles de se développer sur les Rosiers, à la suite de la piqûre de certains représentants du groupe des

Cynipides. Ces galles se rencontrent plutôt sur les Rosiers sauvages que sur les Rosiers cultivés, et elles sont plutôt désagréables à l'œil que réellement nuisibles à la plante.

D'une façon générale, ces *Cynipides gallicoles* échappent à l'observation, à cause de leur petite taille. Ils ont des ailes inférieures sans nervures, des antennes filiformes, assez longues, non coudées composées de 14 à 15 articles, de petites mâchoires et, chez les femelles, une assez longue tarière, non apparente, repliée sous le ventre. Cette tarière sert à pratiquer, dans les tissus végétaux, des entailles, où la femelle pondeuse dépose, avec ses œufs, une goutte de venin. Sous l'influence de l'irritation déterminée par le venin d'abord, par la larve ensuite, après son éclosion, le tissu lésé s'hypertrophie et donne naissance à une galle abritant une ou plusieurs larves.

Rhodites rosæ (Cynipide de la Rose, Syn. *Cynips rosæ*, L.). — Ce Cynipide, long à peine de 5 millimètres, est noir, avec les pattes et l'abdomen jaune roussâtre.

A la fin du printemps, la femelle pond une dizaine d'œufs dans les bourgeons des Rosiers, en y pratiquant une petite entaille. Cette piqûre détermine la formation d'une galle, aux dépens d'une ou plusieurs feuilles, rarement d'une fleur.

Quinze jours après la piqûre, les galles apparaissent sous la forme de pustules blanchâtres, parsemées de petites épines roses ; peu à peu, chaque galle grossit, arrive à toucher ses voisines, et à se confondre avec elles en une petite masse, qui, à la fin de mai, atteint la grosseur d'une framboise. Les épines se sont alors fortement allongées et élargies, elles paraissent foliacées, pinnatifides, tellement enchevêtrées qu'il est impossible d'apercevoir la surface de la cécidie. Finalement, celle-ci acquiert une consis-

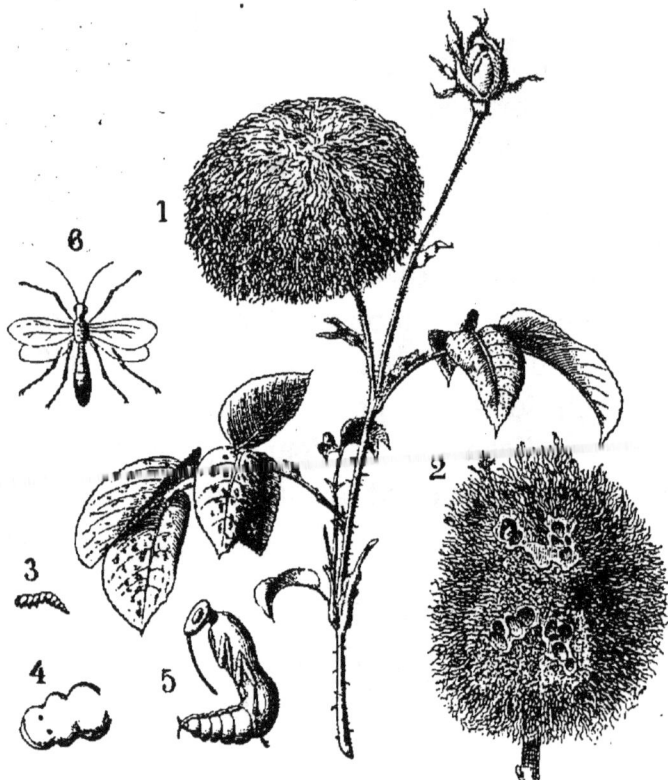

Fig. 52. — Bédéguar.
Galle moussue, causée par la piqûre du *Rhodites rosæ*.

1, galle moussue, entière ; 2, la même coupée, montrant des loges ; — 3, larves de grandeur naturelle ; — 4, partie antérieure de la larve : — 5, nymphe ; — 6, insecte parfait ; ces trois dernières figures sont grossies.

tance ligneuse ; elle est moussue, plus ou moins arrondie (contenant autant de loges et de larves, qu'il entre de galles partielles dans sa constitution), de la grosseur d'une cerise à celle d'un grosse pomme. Ces galles ne tombent pas à maturité, et les insectes

ailés en sortent au printemps suivant. On les nomme
souvent des *Bédéguars*.

Pour prévenir la formation de ces galles, on doit,
au mois d'octobre, recueillir toutes celles qui sont
formées sur les Rosiers et les Églantiers et les brûler, pour détruire les larves qu'elles renferment.

Rhodites Mayri, Schlecht. — Ce Cynipide forme,
sur divers Rosiers, des galles ligneuses, assez semblables à celles de l'espèce précédente, mais non
moussues, parsemées ou couvertes d'épines très fines,
qui ont généralement une longueur de 2 à 4 millimètres, à surface non arrondie, plus ou moins tuber-
culeuse. Ces galles atteignent les mêmes dimensions
que celles de l'espèce précédente, mais il en est souvent qui ne dépassent pas la grosseur d'une cerise
et sont sphériques et uniloculaires. Les plus grosses
sont une agglomération de petites galles sphériques,
uniloculaires, à paroi ligneuse et très dure.

Rhodites spinosissimæ, Gir. — Cette espèce produit sur les folioles, les sépales, plus rarement les
pétales, et sur les jeunes rameaux de divers Rosiers,
un renflement blanchâtre ou rougeâtre, également
saillant en dessus et en dessous de la foliole. Cette
galle est uni- ou pluriloculaire, plus ou moins aplatie, dépassant rarement la grosseur d'un pois ; il en
est pourtant de plus grosses, presque sphériques, portant quelques épines. Le Cynipide en sort au printemps.

Rhodites eglanteriæ, Hart. — Produit, sur divers
Rosiers, des galles sphériques, uniloculaires, sub-li-
gneuses, verdâtres ou rouges du côté de la lumière,

de la grosseur d'un pois, lisses, fixées par un point à une nervure, généralement à la face inférieure, rarement à la face supérieure d'une foliole, parfois aux sépales ou au pétiole. Le Cynipide en sort au printemps suivant.

Rhodites centifoliæ, HART. — Produit, uniquement sur *Rosa centifolia*, L., une galle sphérique, fixée à une nervure de la face inférieure d'une foliole, un peu aplatie au sommet, parsemée de poils raides et court.

Rhodites rosarum, GIR. — Produit, sur divers Rosiers, une galle très semblable à la précédente, mais offrant, à sa partie supérieure, des épines coniques, droites et longues de 2 à 4 millimètres.

Lépidoptères

Microlépidoptères.

Tordeuses (Tortricides). — Ce sont les Pyrales ou Tordeuses qui produisent les plus grands ravages sur les Rosiers ; elles appartiennent au grand genre *Tortrix*, L., ou *Pyralis*, FABR., que, dans une étude surtout pratique, il y a tout intérêt à laisser indivis.

Les adultes (papillons) ont, dans ce groupe, des ailes supérieures croisées sur le dos, arquées à leur base d'insertion, d'où un aspect très particulier et la dénomination ancienne de *porte-chapes*.

Les chenilles, lorsqu'on les inquiète, marchent rapidement en arrière et se laissent choir, suspendues à un fil soyeux. On peut mettre à profit cette particularité, pour leur destruction ; on place une toile au-dessous du Rosier infesté et on le secoue fortement. Les Tordeuses se laissent choir le long de leur fil, jusqu'à terre. On relève la toile et on brûle les chenilles qu'elle renferme.

Tortrix Bergmanniana, L. — Le plus redoutable peut-être des ennemis des Rosiers. Le papillon a 15 millimètres d'envergure, des ailes supérieures jaunes, finement réticulées de brun rougeâtre, avec trois raies transversales, métalliques, plombées ou argentées ; des ailes inférieures noirâtres ; il éclôt fin juin ou commencement de juillet et voltige, le soir, autour des Rosiers ; c'est une espèce répandue dans toute l'Europe.

La femelle pond des œufs isolés au mois de juin ou de juillet, à la base des branches des Rosiers ; le plus souvent, l'éclosion n'a lieu qu'au printemps suivant. Il faut une année très chaude pour qu'il y ait deux générations dans la même année ; le papillon apparaît alors, une deuxième fois, en septembre.

La chenille, allongée, vert clair ou jaunâtre, porte quelques petits poils épars, a des pattes écailleuses et la tête noire ; un écusson brun, divisé en deux par une ligne fine, se trouve à la face dorsale du premier anneau.

Elle vit sur presque toutes les races et variétés de Rosiers, mais attaque rarement les Thés, les Banks, les Bengales, se tenant à l'extrémité des jeunes pousses, au milieu de feuilles roulées et liées à l'aide de quelques fils de soie. Ainsi abritée, cette chenille ronge les jeunes feuilles et les boutons en voie de formation ; elle n'attaque souvent qu'une portion du bouton, laissant le pédoncule intact ; la rose ainsi mutilée n'en continue pas moins à s'épanouir.

Après plusieurs mues, elle arrive à sa taille définitive, vers la fin de mai ; elle tapisse alors de soie l'intérieur de la foliole qu'elle a enroulée, et, au bout de quatre à cinq jours, se change en chrysalide brune, avec chaque anneau muni, sur le bord, de petites épines ; celles-ci lui servent, lors de l'éclosion, à s'approcher de l'extrémité ouverte de son habitation. Le papillon éclôt fin juin ou commencement de juillet et, à partir de cette époque, on voit les chrysalides vides sortir à moitié ou même pendre entre deux feuilles.

La destruction de cette Pyrale n'exige que du soin ; il suffit d'entr'ouvrir les feuilles, réunies avec des fils de soie, et d'en extraire la chenille, ou encore de l'écraser en pressant les feuilles entre les doigts.

Tortrix Forskœlana, L. (Pyrale de Forskœl). — Le papillon de cette espèce a les ailes supérieures jaune soufre, finement réticulées de brun rougeâtre ; une raie transversale brune, très élargie sur le milieu du bord interne, y forme une sorte de tache, peu à peu amincie, et finalement à peine perceptible ; le bord frangé est jaunâtre, précédé d'une petite bande brune. Les ailes inférieures sont d'un blanc plus ou moins jaunâtre.

Le papillon éclôt, pour la première fois, fin de juin, et parfois, d'une seconde génération, en septembre.

La chenille vit à la même époque que celle de l'espèce précédente et d'une façon identique ; elle se confond avec elle très facilement ; elle est, cependant, un peu plus petite, plus verte.

On doit la détruire comme l'espèce précédente ; elle est presque aussi commune qu'elle.

Tortrix Hoffmanseggana, Hubner (Pyrale de Hoff-

mansegg). — Le papillon est de la taille de la Pyrale
de Bergmann ; il a les ailes supérieures jaune fauve,
à première moitié un peu dorée, l'autre moitié jaune,
quelque peu ferrugineuse, avec quatre séries transversales de points noirs, plombés ou argentés, avec
une frange jaune vif. Les ailes inférieures sont noirâtres. Le papillon éclôt en juillet.

La chenille adulte est d'un vert clair, la tête, le
petit écusson du premier anneau, les pattes écailleuses brun couleur de poix ; de petits points saillants, épars à la surface du corps, portent chacun un
poil raide.

La chrysalide, allongée, brun noirâtre, est garnie,
sur le bord des anneaux, de petites épines ; l'éclosion
a lieu en juillet.

Cette Pyrale, aussi commune et aussi nuisible, dans
certaines régions, que les précédentes, roule et plie,
de même en avril et mai, les folioles des Rosiers. Elle
s'attaque également aux feuilles des Poiriers, il faut
donc la poursuivre sur cet arbre comme sur les Rosiers.

Tortrix rosana, HUBNER (Pyrale des roses). — Le
papillon est de taille variable, il a les ailes supérieures
un peu tronquées au sommet, brun grisâtre plus ou
moins pâle, avec de petites lignes qui les traversent
ou des raies parallèles, courbes, légèrement sinueuses, brun obscur; des ailes inférieures jaune
d'ivoire pâle, à bord interne noirâtre.

La chenille, peu connue, est assez commune, dit-
on, dans la Brie, où elle s'attaque aux Rosiers, vers
la fin de juin.

Tortrix rosetana, HUBNER (Pyrale rosette). — Le

papillon est facile à reconnaître, avec des ailes supérieures gris cendré, à stries transversales rougeâtres, ainsi que la frange, avec des ailes inférieures grises, lavées de rougeâtre.

La chenille, rare dans le centre de la France, est, paraît-il, fort nuisible aux Rosiers, en Allemagne et en Italie.

Tortrix (Aspidia) cynosbana, Fabr. — Le papillon a des ailes supérieures de 20 millimètres d'envergure, tachetées de panachures blanc laiteux ou noir bleuâtre, avec un pointillé brunâtre ; trois taches, noirâtres et plombées existent à la base, au milieu, et la troisième linéaire au bord externe ; des ailes inférieures grises, brillantes. Il éclôt en juin.

La chenille, assez courte, gris brunâtre sale, a une ligne dorsale obscure, de petits poils clairsemés, peu visibles ; une tête et des pattes écailleuses brun clair ; le premier anneau à écusson noir, à ligne pâle, le divisant en deux parties.

Elle attaque les Rosiers, surtout les Eglantiers, en avril et mai ; et, dans certaines localités, ses ravages sont considérables. On doit la détruire, dans sa demeure formée de feuilles réunies en paquet.

Tortrix (Penthina) ocellana, Hubner (Pyrale ocellée). — Le papillon a l'aspect et la taille du précédent. Il a des ailes supérieures d'un brun noir, depuis leur base jusqu'à leur moitié externe, puis vient une zone blanche, avec trois petites taches gris bleuâtre et une série de trois petits points transversaux ; l'extrémité de l'aile est brune ; les ailes inférieures grises.

L'éclosion a lieu à la fin de juin ; on voit alors le

papillon voltiger le soir, avec les autres Pyrales, autour des Rosiers.

La chenille est roux sale, marquée de petites lignes longitudinales, noirâtres sur le dos, la base du huitième anneau porte une tache brune, la tête, les pattes écailleuses et l'écusson cervical sont d'un brun noirâtre. Cette Pyrale ne roule pas les feuilles, elle n'attaque que les boutons des Rosiers, et se loge à leur intérieur. Si l'on voit, fin mai ou commencement de juin, les boutons des Rosiers jaunir, on doit les brûler pour détruire les Pyrales qui les habitent. Ordinairement, c'est dans le bouton même que s'accomplit la nymphose ; mais s'il vient à tomber, pour une cause ou une autre, la chenille réunit autour d'elle quelques débris végétaux, les agglutine par quelques fils de soie et se métamorphose ainsi en terre.

Tortrix (*Penthina*) *ochroleucana*. — Le papillon de cette Pyrale a une envergure de 18 millimètres ; des ailes supérieures brun noir, en partie blanc jaunâtre ; des ailes inférieures gris noirâtre, à frange claire. Il paraît en juin et en août.

La chenille, d'un vert clair, lie en paquets les feuilles de *Rosa centifolia*, au mois de mai, et s'y métamorphose.

Tortrix (*Lampronia*) *morosa*, ZELLER. — Le papillon a une envergure de 12 millimètres ; des ailes supérieures brun terne, avec une tache jaune pâle ; des ailes inférieures brun grisâtre.

Il paraît fin avril, commencement mai, et vole, en essaims nombreux, le matin, autour des Rosiers.

La chenille adulte, cylindrique et jaune terne,

atteint tout son développement vers le 15 avril. Elle se chrysalide alors en terre, dans un petit cocon de soie blanchâtre. Elle vit tout l'hiver dans les jeunes bourgeons de Rosiers ; lorsque ceux-ci commencent à s'épanouir, on voit les chenilles, abritées par les stipules et rongeant les jeunes pousses, ainsi que les boutons en voie de formation.

Citons encore, mais sans insister, d'autres Tordeuses qui vivent à la fois sur les Rosiers et d'autres Rosacées fruitières : Pommiers et Poiriers surtout : *Tortrix (Teras) contaminata*, Hubn. (Pyrale contaminée); *T. andriana*, L. (P. des Roses); *T. holmaisina*, L. (P. holmaise) ; *T. heparana*, Wim. (P. hépatique) ; *T. acerana*, Hubn. ; *T. (Penthina) variegana*, Hubn. (P. variée).

———

Tinéides (Teignes). — Tous les types de ce grand groupe se rangent dans l'ancien genre *Tinea*, L., aujourd'hui démembré par les spécialistes.

Les caractères généraux de l'insecte parfait, dans ce groupe, sont : tête souvent munie d'une sorte de toupet entre les deux yeux ; antennes presque toujours simples dans les deux sexes ; palpes inférieures développées, relevées parfois jusqu'au-dessus de la tête, trompe très rudimentaire ou nulle ; corselet lisse ; pattes postérieures longues, munies d'ergots ; ailes supérieures longues et étroites ; ailes inférieures étroites, à large frange.

Chenilles vermiformes, glabres ou à peu près, avec seize pattes, une plaque écailleuse à la face dorsale du premier anneau, marchant à reculons, lorsqu'elles sont inquiétées, et vivant toujours abritées.

Nous nous bornerons à quelques mots sur les espèces qui s'attaquent le plus fréquemment aux Rosiers. Ce sont :

Pterophorus rhododactylus, Wallgr. — Le papillon paraît en juillet ; il est nocturne.

La chenille, velue, est d'un vert clair ; elle se tient au-dessous de la fleur de divers Rosiers, le long du pédoncule, et entoure la base du bouton, qu'elle fore circulairement, ce qui le fait avorter.

La métamorphose a lieu en juin.

Coleophora griphipennella, Bouché. — Le papillon, qui se rencontre tout l'été, a une envergure de 9 millimètres ; des ailes supérieures brun doré, avec une frange grise et des ailes inférieures brun noirâtre.

La chenille attaque, de mai en octobre, les Eglantiers et les Rosiers ; elle vit dans un fourreau aplati, jaune verdâtre, qu'elle confectionne avec le bord d'une foliole roulée.

Toutes les espèces suivantes sont des chenilles mineuses ; elles vivent et se nourrissent de l'épaisseur des feuilles, en laissant intacts les deux épidermes.

Nepticula centifoliella, Stt. — Le papillon ne se voit qu'au printemps ; il a une envergure de 4 millimètres ; des ailes supérieures brun doré teinté de pourpre ; des ailes inférieures grises.

La chenille attaque les folioles de *Rosa centifolia*,

elle est d'une couleur ambrée, elle se chrysalide en octobre, dans un abri fait avec les bords deux fois roulés d'une foliole.

Nepticula angulifasciella, Stt. — Le papillon se voit en mai, plus souvent en juin, il a une envergure de 7 millimètres, des ailes supérieures noires, avec tache d'un blanc d'argent ; des ailes inférieures grises ; l'abdomen gris foncé.

La femelle pond ses œufs à la face inférieure des folioles des Rosiers, tout près de la nervure principale.

La galerie de la chenille est très entortillée ; celle-ci passe l'hiver dans un cocon ovale, vert foncé.

Nepticula anomalella, Schrk. — Le papillon a 5 millimètres d'envergure ; il est d'une teinte bronzée claire.

La chenille a les mœurs des précédentes.

Tischeria angusticolella, Dup. — Le papillon a, dans cette espèce, 7 millimètres d'envergure ; des ailes supérieures jaunes, luisantes, dorées, avec deux bandes brunes ; des ailes inférieures noirâtres ; le dessous du corps blanc argenté. Il paraît en avril et se trouve jusqu'en juillet.

La chenille mine, surtout en octobre, les folioles des divers Rosiers, et y produit ainsi une grande plaque brune, un peu blanchâtre.

Tischeria marginea, H. V. Y. — Comme la chenille de l'espèce précédente, la chenille de celle-ci mine les folioles des Rosiers en avril et en août. Sa présence est décelée par la formation, sur le limbe, de taches blanches, enroulées en spirale.

On doit recueillir et brûler les feuilles attaquées par ces Teignes ; c'est le seul moyen efficace de destruction.

GÉOMÉTRIDES (Géomètres ou Phalènes). — Les Lépidoptères de ce groupe ont, à l'état adulte, pour caractères généraux : corps grêle, ailes grandes, minces, fragiles, à ornements irréguliers ; tête petite, antennes sétacées, assez souvent pectinées chez le mâle ; trompe nulle ou presque nulle.

Les chenilles ressemblent souvent à de petites branches sèches, elles sont dites *arpenteuses*, à cause de leur démarche par arcs de cercle successifs, allure déterminée par la localisation exclusive des pattes aux deux extrémités du corps. En cas de danger, elles se laissent glisser sur un fil de soie, le long duquel elles remontent à volonté.

Hibernia defoliaria, L. (Géomètre effeuillante, Syn. *Geometra defoliaria*). — Le papillon mâle a 40 à 45 millimètres d'envergure, des antennes pectinées ; des ailes supérieures à dessins variables, jaunes ou rousses, avec pointillé noirâtre, deux bandes transversales ferrugineuses, bordées de noir, l'une large à la base de l'aile, l'autre sinueuse externe ; une petite tache noire se trouve entre ces deux bandes. La teinte peut être marron et la tache basilaire disparaître.

La femelle adulte est aptère, ressemble à une Araignée, a des antennes filiformes, un corps assez massif, une teinte jaunâtre, avec trois rangées de points noirs sur le dos.

L'éclosion a lieu fin octobre ou commencement de

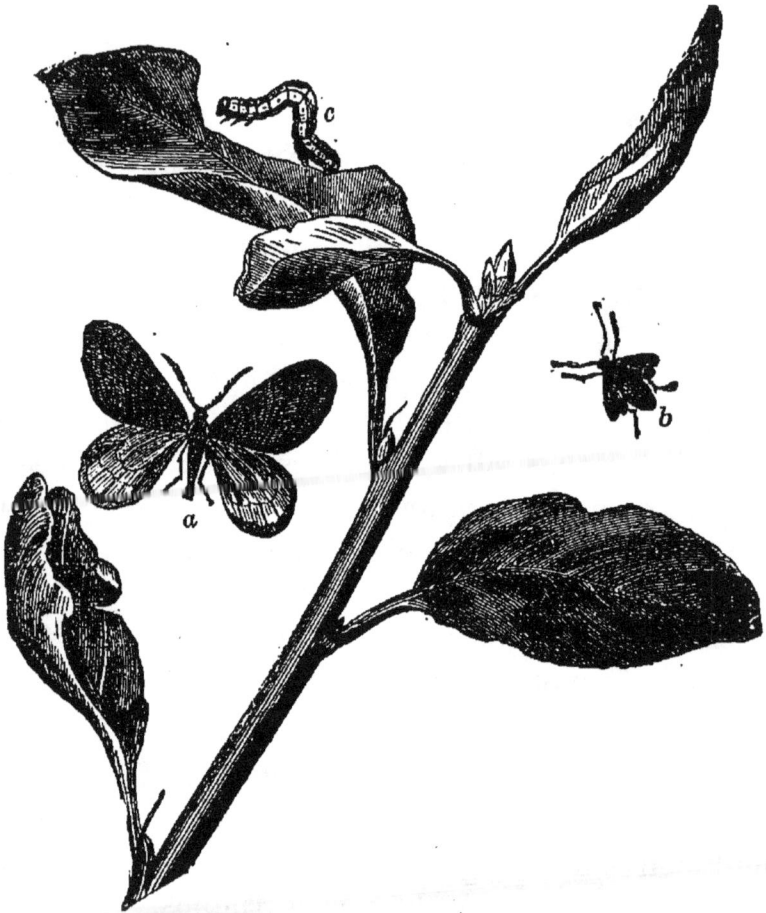

Fig. 53. — HIBERNIA DEFOLIARIA.
a, mâle ; — *b*, femelle ; — *c*, chenille.

novembre. L'accouplement a lieu à la surface des arbres et les œufs, pondus à la base des bourgeons, ne donnent naissance qu'au printemps aux petites chenilles.

La chenille, d'un brun ferrugineux ou roux, a une

bande latérale jaune citron, marquée sur chaque anneau d'une tache ferrugineuse.

Elle se tient, au repos, le corps courbé en arc, fixée par ses quatre pattes postérieures, la tête et les trois premiers anneaux dressés en l'air.

Au commencement de juin, la chenille descend se métamorphoser en terre.

C'est une espèce des plus communes, polyphage, dépouillant les arbres de toutes leurs feuilles, d'où le nom d'*Effeuillante*. Est parfois un véritable fléau pour les arbres forestiers et fruitiers ; elle attaque aussi fréquemment les Rosiers et les effeuille en entier.

On a conseillé d'entourer en octobre, époque de l'éclosion, la base des Rosiers, les tuteurs, le pied des murs ou des treillages, d'un cercle de substance gluante ; par exemple du goudron liquide additionné de graisse, où vient s'empêtrer la femelle en cherchant à grimper sur la tige. Pour les Rosiers nains, on recommande de tremper une corde de paille dans la composition ci-dessus et de l'enrouler ensuite, en cercle, sur la terre, autour du pied. La destruction de chaque femelle entraîne celle de 300 à 400 chenilles. Mais la période d'apparition du papillon se prolongeant pendant deux mois et demi, il faut renouveler la matière gluante (une fois par semaine), d'où dépense de main-d'œuvre, qui diminue singulièrement l'efficacité du procédé.

Citons *Hibernia progemmaria*, Treits, qui s'attaque parfois aux Rosiers.

Cheimatobia brumata, L. (Géomètre hivernale, Syn.: *Geometra (Larentia) brumaria*.) — Le papillon éclôt en novembre ou décembre, et le mâle vole vers le soir, en quantité, dans les bois et les jardins. Il est plus petit que celui de l'espèce précédente ; il a des ailes supérieures gris roussâtre, avec quatre petites lignes plus foncées, denticulées en scie ; des ailes inférieures plus pâles, avec deux petites raies transversales, obscures, peu apparentes.

La femelle, à corps épais et court, est aptère, avec deux petits moignons d'ailes grisâtres, marqués d'une petite raie noire.

L'accouplement a lieu en hiver, les œufs sont dispersés par 4 ou 6, à la base des bourgeons, et éclosent au premier printemps. Les jeunes chenilles pénètrent dans les bourgeons, grossissent, puis se cachent entre deux feuilles, appliquées l'une contre l'autre et les dévorent jusqu'à moitié, avant d'attaquer d'autres feuilles.

La chenille, à sa taille définitive, est raccourcie, vert tendre ou vert foncé, parfois jaunâtre, marquée de lignes longitudinales, parallèles, claires ou blanchâtres ; sa tête est brunâtre ou verdâtre. Elle quitte les arbres fin mai et va se chrysalider en terre.

Aussi connue que celle de l'espèce précédente, cette chenille, abondante surtout dans l'Europe du nord, attaque, comme elle, toutes les essences forestières et fruitières. C'est un fléau, certaines années, pour les cultures en grand des Rosiers.

On recommande contre elle l'engluage, décrit pour la Phalène précédemment étudiée.

Cidaria fulvata, Treits. (Géomètre fauve). — Le papillon a les deux sexes semblables, son envergure est de 23-25 millimètres. Il a des ailes supérieures jaunes, avec bande médiane brun fauve, des ailes inférieures jaune pâle, à franges jaune plus foncé. Il éclôt en juillet et ne s'écarte guère des Rosiers où a vécu la chenille.

Celle-ci est vert clair sur le dos, vert foncé sur les flancs, avec une ligne verte latéro-dorsale ; elle se transforme, en janvier, en une chrysalide verte, avec l'enveloppe des ailes blanches, entre deux feuilles réunies par des fils de soie.

Cidaria derivata, Treits et *C. truncata*, Hubn. attaquent de temps à autre les Rosiers.

Amphidasis betularia, Treits. — Le papillon éclôt au printemps ; le mâle a une envergure de 45 millimètres, la femelle de 56 millimètres ; les deux sexes ont la même livrée, à ailes blanches, fortement pointillées de noir, mais le mâle a les antennes pectinées.

La chenille est cylindrique, très allongée, verte, brune ou jaunâtre, à tête échancrée, cordiforme. Elle est commune, de juillet à octobre, sur les Rosiers ; elle se chrysalide à la fin de l'été, en terre.

Amphidasis hirtaria, L. ; *A. pilosaria*, Treits. ; *A. prodromaria*, Treits., sont des hôtes plus accidentels des Rosiers.

Il en est de même d'autres Géomètres, que nous ne citerons que pour mémoire : *Geometra radiata*, Hubn. : *Boarmia rhomboidaria*, Wien. : *Eurymena dolabraria*, Hubn. ; *Odonystera dentaria*, Bdv.

NOCTUIDES (Noctuelles). — Les Noctuelles (ancien genre *Noctua*, aujourd'hui divisé en une infinité de genres), parasites des Rosiers, présentent les caractères généraux de ce groupe, à savoir, à l'état d'insecte parfait : trompe assez longue, roulée en spirale entre les palpes comprimés ; corps plutôt squameux que laineux ; corselet et abdomen offrant, en général, des bouquets de poils formant crêtes : ailes marquées de *deux taches ordinaires*, de forme et de position constantes, toutes deux placées au-dessous du bord antérieur des ailes, la plus rapprochée du corps, nommée *orbiculaire*, l'autre *réniforme*.

Leurs chenilles sont pourvues généralement de seize pattes égales, plus rarement de pattes membraneuses, inégales ; plus rarement encore de douze pattes.

Acronycta psi, L. (Noctuelle psi ; Syn. *Noctua psi*). — Le papillon a une envergure de 34-35 millimètres ; il est d'un gris blanchâtre, luisant ; ailes supérieures marquées de plusieurs traits noirs, composant un dessin caractéristique, l'un partant de la base et figurant une fourche, l'autre placé vers le tiers inférieur du bord extérieur et simulant la lettre psi (Ψ) des Grecs ; ailes inférieures blanchâtres chez le mâle, plus obscures chez la femelle. Le papillon éclôt de la fin de mai jusqu'au milieu d'août.

La chenille est noirâtre, avec une éminence conique, charnue, de même couleur, sur le quatrième anneau, et une gibbosité ob-pyramidale sur le onzième anneau. Une large bande citron, soufrée ou même blanche, règne le long du dos, interrompue par l'éminence conique, en avant de laquelle elle se continue sur le deuxième et le troisième anneau ; une tache jaune se trouve aussi sur le dernier anneau.

Au-dessous de la bande jaune, se trouvent des tubercules noirs, portant des poils assez fins et des traits rouges, groupés deux par deux sur chaque anneau, séparés l'un de l'autre par un piqueté bleuâtre. Les flancs sont, au-dessous de la partie noire, d'un gris cendré plus ou moins clair, avec une petite teinte rose. La tête est noire ainsi que les stigmates.

La nymphose s'effectue dans une coque filée par la chenille, entre les gerçures des écorces ou entre des feuilles sèches ; la chrysalide y passe l'hiver.

La chenille de cette Noctuelle, très commune, s'attaque aux arbres fruitiers et aux Rosiers, parfois elle est fort nuisible à ces derniers ; on trouve souvent 6 à 8 individus groupés sur une même branche.

Cette espèce, très vulgaire dans les environs de Paris, l'est beaucoup moins dans le Nord et le Midi. Sa couleur la fait facilement découvrir.

Acronycta tridens, Fabr. (Noctuelle trident ; Syn. *Noctua tridens*). — Le papillon ressemble extrêmement à celui de l'espèce précédente ; les ailes supérieures sont pourtant d'un gris brun assez foncé et les ailes inférieures beaucoup plus blanches. Il paraît en juin.

La chenille a la forme de celle de l'espèce précédente, mais sa livrée est plus compliquée. L'éminence conique du quatrième anneau est plus courte et plus obtuse que celle du Psi. Le fond de la teinte du corps est le noir foncé.

Une bande dorsale, rouge aurore, se trouve entre les deux éminences ; en avant de la première gibbosité, une tache rouge se trouve sur le deuxième et le troisième anneau. De chaque côté de la bande dorsale, chaque anneau porte une tache, deux petits points blancs et deux petits traits rouges rapprochés en arrière des points blancs. Les flancs sont, au-dessous de la partie noire, d'un gris jaunâtre, avec une raie marginale jaune, lavée de rouge sur chaque anneau. Les stigmates et la tête sont noirs, ainsi que quatre tubercules, portés par le onzième anneau, sur la bosse qu'il présente, et qui est gris blanchâtre. Le corps porte des poils peu nombreux, longs et soyeux.

Cette espèce est presque rare aux environs de Paris, très commune par contre dans certaines régions du Nord et du Midi, où elle dévaste parfois les arbres fruitiers et les Rosiers, d'août jusqu'à octobre.

Elle file une coque comme la précédente.

Noctua tœniocampa, Bdv. — Papillon de 28 à 30 millimètres d'envergure, à ailes supérieures d'un gris uniforme; ailes inférieures grisâtres, avec la frange plus claire; le mâle a des antennes pectinées. Paraît en mars et avril. Chenille noir violacé, hôte habituel du Chêne, mais vivant parfois aux dépens des Rosiers, qu'elle prive de la presque totalité de leurs feuilles.

Noctua rumicis, L. (Noctuelle de l'Oseille). — La chenille de cette Noctuelle est brune, avec de petits tubercules munis chacun d'un faisceau de poils roux; une bande rouge règne sur le dos; sur chaque flanc se trouve une série de sept traits blancs, obliques, et au-dessous une raie marginale blanche, teintée de rouge. Il y a deux générations par an; de la première, le papillon éclôt fin juillet; la deuxième géné ration hiverne à l'état de chrysalide et donne le papillon en mai.

Cette chenille vit solitaire ; elle est polyphage, s'attaque à toutes les plantes basses et frutescentes, et en particulier aux Rosiers, mais elle ne se trouve jamais sur eux en nombre suffisant pour être réellement dangereuse.

Signalons également, comme hôtes plutôt accidentels des Rosiers : *Noctua pyramidea*, Ochs. ; *N. gothica*, L. ; *Cosmia affinis*, Ochs.

BOMBYCIDES. — *Bombyx neustria*, L. (Bombyx livrée). — Le papillon est de couleur un peu variable, roux ferrugineux ou fauve clair, avec deux lignes blanchâtres, transversales, non arquées, vers le milieu des ailes antérieures ; la frange est blanche, entrecoupée par la couleur générale. Il éclot vers le commencement de juillet.

La femelle dépose ses œufs par anneaux, autour des petites branches, sur un endroit brunâtre. Ces bracelets d'œufs, parfois de plus de 3 centimètres de largeur, résistent aux froids et on ne peut détacher ces *bagues* adhérentes qu'à l'aide d'un couteau. Avec un œil exercé, il est possible de découvrir ces bagues, et d'anéantir ainsi des quantités de futures chenilles,

Celles-ci n'éclosent qu'au printemps ; lors de l'épanouissement des bourgeons ; elles sont bien connues des horticulteurs, sous le nom de *Chenilles bagueuses*, pour qui elles sont un véritable fléau. Leur tête est bleu cendré, marquée de deux points noirs ; le corps, noirâtre, est garni de poils, roussâtres, clairsemés ; une raie longitudinale blanche s'étend à la face dorsale et, de chaque côté, existent trois bandes d'un roux fauve ; les deux supérieures séparées par une raie noire ; une bande bleue, plus large que les autres, les sépare de la bande sus-stigmatique.

Jusqu'à l'âge adulte, ces chenilles vivent en société, abritées sous une toile commune de soie légère ; à certaines heures, elles quittent cette toile pour se réunir toutes au soleil, dans l'enfourchure des arbres; on peut alors les écraser toutes à la fois. Aux premiers jours de mai, on doit rechercher les toiles et brûler les colonies qu'elles abritent. Après la dernière mue, les sociétés se dispersent, et, en juin, chaque chenille se file, entre les feuilles, à l'abri des murs, une coque molle, ovale, blanche, qui paraît saupoudrée de fleur de soufre.

Cette chenille polyphage attaque toutes les essences ; lorsqu'elle se jette sur les Rosiers, elle les dépouille rapidement de toutes leurs feuilles.

Liparis chrysorrhæa, L. (Bombyx chrysorrhée, Cul brun. Syn. *Bombyx chrysorrhæa*). — Le papillon est entièrement blanc, avec les quatre derniers anneaux de l'abdomen d'un brun obscur ; le pourtour de l'anus est garni d'une bourre ferrugineuse, qui sert à la femelle à recouvrir ses œufs. Il éclôt en juillet et dépose, à la fin de ce mois, des œufs roses, en tas, à l'extrémité des arbres ou arbustes que la chenille attaque. Celle-ci éclôt en septembre et enveloppe aussitôt quelques feuilles, sous une toile divisée en autant de compartiments qu'il y a d'individus dans la colonie. Après une première mue, ces chenilles passant tout l'hiver à jeun et ne deviennent adultes qu'au printemps. Leur corps est d'un brun noirâtre, avec six rangées de tubercules noirs, surmontés de poils roussâtres, en aigrette. Le dos porte, à partir du troisième anneau, deux rangées de taches blanches, bordées de chaque côté par un petit pinceau brunâtre; une tache rouge cinabre, avec deux petits faisceaux de poils roux et courts, se trouve sur les neuvième et dixième, parfois huitième et septième anneaux; ces taches sont vésiculeuses et rétractiles.

A l'automne, les chenilles de cette espèce rongent seulement le parenchyme des feuilles; elles se retirent le soir et par la pluie sous leur tente, qu'elles quittent et reconstruisent sur une nouvelle branche, après avoir dépouillé de feuilles la première branche, par elles attaquée. Elles quittent définitivement leur toile après la dernière mue et se répandent sur toute la surface de l'arbre. La nymphose s'effectue en juin, dans une coque molle, grisâtre, placée entre les feuilles ou les bifurcations des branches. Cette espèce, extrêmement vulgaire, s'attaque à presque tous les arbres; elle se jette parfois sur les Rosiers, qu'elle ravage. On doit couper, en décembre, les paquets de feuilles sèches qui abritent les jeunes chenilles; on ne doit pas attendre qu'au printemps celles-ci aient quitté leur demeure primitive.

Liparis auriflua, Fabr. (Bombyx auriflue, Cul doré. Syn. *Bombyx auriflua*). — Cette espèce ressemble beaucoup à la précédente. Le papillon est d'un blanc pur et brillant, avec l'extrémité de l'abdomen garni de poils jaunes, qui recouvrent les œufs jaunes pondus par la femelle. Il paraît vers le mois de juillet.

Les chenilles éclosent en septembre, passent l'hiver sous une toile et y subissent une première mue.

La chenille, à sa taille définitive, quitte cet abri et se métamorphose fin de juin.

La livrée est brun-noir, avec des poils gris noirâtre ; deux rangées de taches blanc pur, pulvérulentes, se trouvent sur le dos, à partir du premier anneau ; entre elles, une double ligne rouge vif forme un croissant sur le quatrième anneau, relevé en bosse ; entre les deux lignes rouges, deux petites taches rouges, légèrement rétractiles, se trouvent sur le neuvième et le dixième anneau ; les tubercules sont rouges, plus ou moins ferrugineux, reliés par une raie latérale rouge.

Cette chenille, moins répandue que celle de l'espèce précédente, attaque divers arbres, mais elle a une prédilection marquée pour les Rosiers, qu'elle ravage fréquemment.

Liparis dispar, Fabr. (Bombyx disparate. Syn. *Bombyx dispar*). — Peut se trouver accidentellement sur les Rosiers, car sa chenille est polyphage. Il peut en être de même du *Bombyx pruni*, L., et du *B.* (*Lasiocampa*) *quercifolia*, L. (Bombyx feuille morte), qu'il suffit de mentionner. On prétend aussi que la chenille du *Pavonia minor*, L. peut vivre sur les Rosiers.

Orgya antiqua L. (Bombyx antique ; Syn. *Bombyx antiqua*). — Le papillon mâle est petit, à corps grêle, avec des ailes supérieures brun roux, traversées par deux bandes transversales sinueuses, foncées ; l'extérieure plus large, terminée vers le bas par une branche blanc pur ; des ailes inférieures jaune roux. Il vole pendant l'été et le commencement de l'automne, aux rayons du soleil, pour trouver la femelle. Celle-ci n'a que des moignons d'ailes, à peine visibles, ressemble à une Araignée et est de teinte grisâtre.

L'insecte parfait paraît en juin ; plusieurs générations se succèdent dans le cours de la belle saison ; les œufs de la dernière génération passent l'hiver et éclosent en mai.

La chenille est noirâtre, gris bleuâtre pâle ou même parfois blanchâtre, avec des poils grisâtres, en aigrettes, portés par des tubercules. De chaque côté du premier anneau, on trouve un long faisceau de poils inégaux (cornes), dirigés en avant, un faisceau semblable dirigé en arrière se trouve sur le cinquième anneau ; une brosse blanche, grise, jaune, parfois rousse ou noirâtre, se trouve sur chacun des quatrième, cinquième, sixième et septième anneaux ; entre chaque brosse, le dos porte des incisions noires ; le fond devient plus obscur et porte, sur chaque anneau, deux tubercules rouges, depuis la dernière brosse jusqu'à la queue, formant une bande demi-circulaire ; une bande semblable se trouve aussi sur chacun des premiers anneaux ; une rangée de tubercules rouges, supportant de petites aigrettes se trouve sur chaque côté.

La nymphose a lieu dans une coque blanchâtre molle, entremêlée de poils.

Cette chenille est essentiellement polyphage et devient parfois un véritable fléau ; elle est très commune à l'automne, sur les Rosiers.

Orgya gonostigma, Fabr. (La Soucieuse). — Le papillon mâle a 30-31 millimètres d'envergure ; il a les ailes antérieures d'un brun obscur, avec 3 taches orbiculaires, cerclées de gris ; 3 lignes flexueuses, transversales, brun marron ; 2 lunules blanches, l'une au sommet, précédée d'une double tache oblongue, jaune roussâtre, l'autre à l'angle interne de l'aile. Les ailes postérieures sont noires et brunes en dessus, avec des poils cendrés à la base ; la frange des 4 ailes est blanchâtre, entrecoupée de noir. La femelle est aptère, à corps gros, cendré et obscur, avec des pattes et antennes brun jaunâtre.

Le papillon paraît pour la première fois en mai et juin, pour la seconde, fin août et en septembre.

Les œufs, ronds et blanc verdâtre, sont pondus sur la coque jaunâtre. Il est facile de les détruire à la main.

La chenille a l'aspect de celle de l'espèce précédente et s'attaque aussi aux Rosiers.

———

D'une manière générale, on détruit les chenilles parasites des Rosiers, en grandes quantités, en secouant les pieds attaqués au-dessus d'un parapluie renversé : ce moyen de destruction manuelle est encore le plus efficace, dans la plupart des cas.

Les labours d'hiver et de printemps, au pied des Rosiers, ramènent à la surface du sol les chrysalides enterrées et les exposent à toutes les chances de destruction.

Les papillons qui viennent pondre sur les Rosiers se précipitent souvent avec avidité dans des vases, remplis au tiers de miel étendu d'eau. Si on n'a à préserver qu'un petit nombre de Rosiers, ces vases, placés à leur pied, capturent nombre de Tordeuses et de Teignes.

Diptères

Cecidomya rosarum, Hardy. — Cette Cécidomye est le seul Diptère nuisible aux Rosiers ; encore ses dégâts sont-ils bien faibles. La larve vit à la face inférieure des feuilles des Rosiers, qu'elle enroule, particulièrement celles du *Rosa canina*. La galle affecte la forme d'une gousse et résulte de l'accolement par en haut de deux moitiés de la foliole attaquée, qui devient hypertrophiée et rouge. Sa métamorphose s'accomplit en terre.

Hémiptères.

Aphides (Pucerons). — Nous nous garderons de répéter ici toutes les généralités sur les Pucerons, applicables à toutes les espèces parasites des végétaux cultivés. Nous nous bornerons à quelques détails spéciaux aux espèces exclusivement parasites des Rosiers.

Aphis Rosæ, L. (Syn. *Siphonophora Rosæ*, Koch.).
Ce Puceron vert, à cornicules noires, vit de mai en septembre sur les jeunes pousses et les folioles des Rosiers, qu'il crispe et atrophie. Certaines femelles ont

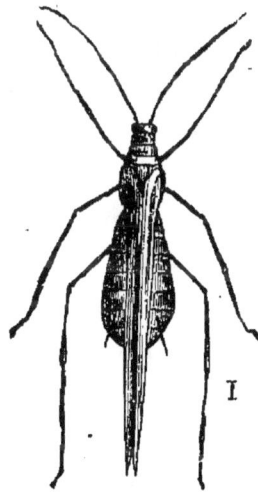

Fig. 54.
Aphis (Siphonophora Rosæ).
Puceron vert du Rosier,
très grossi.

une couleur noirâtre ou roussâtre, parce qu'elles ont terminé leur ponte ou renferment une larve parasite de Chalcidite. Les œufs qui ont passé l'hiver éclosent au printemps, et il peut y avoir de 8 à 9 générations parthénogénétiques (sans accouplement) pendant la belle saison ; à la troisième, apparaissent des femelles ailées, qui propagent l'espèce à d'autres Rosiers. Comme il est général chez les Pucerons, les deux sexes apparaissent à l'arrière-saison, et de leur accouplement résulte l'œuf d'hiver fécondé.

Aphis rosarum, KALT. — Ce Puceron est petit, ovale, lancéolé, jaune verdâtre, marqué de petits points obscurs, qui lui donnent un aspect chagriné ; ses pattes et ses antennes sont pâles ; ses cornicules grêles, allongées, roussâtres ; la queue longue.

Il vit en petites colonies exclusivement à la face inférieure des feuilles des Rosiers, surtout des Rosiers forcés en serre ou sous châssis.

MOYENS DE DESTRUCTION. — Ceux applicables à tous les Pucerons en général : pulvérisations d'un mélange de cendres de bois tamisées (2/3) et de fleur de soufre (1/3), de nicotine (à 1/10), de Tabac en poudre, de décoction de Tabac, d'Euphorbe, de feuilles de Noyer, d'une solution légère de sulfate de cuivre (2 kilog. par hectolitre d'eau).

Le badigeonnage des colonies avec une petite éponge ou un pinceau imbibé d'esprit-de-vin ou de benzine est particulièrement recommandable ; ces liquides très volatils ne nuisent en rien aux Rosiers. La nicotine soufrée aurait l'avantage de combattre, à la fois, les Pucerons et la maladie du Blanc. (Voy. plus loin).

Les fumigations de tabac sont particulièrement applicables aux Rosiers forcés sous verre ; l'*Aphis rosarum* y est très sensible. Mais si les pots sont couverts de paillis, le Puceron engourdi par la fumée peut s'y laisser choir et remonter à la surface de la plante au bout de quelques jours. Une nouvelle fumigation s'impose alors.

———

COCCIDES. — *Diapsis rosæ*, BOUCHÉ (Kermès du Rosier. Syn. *Aspidiotus Rosæ, Chermes Rosæ*).— Ce Kermès, dit : *Pou* ou *Punaise blanche du Rosier*, est commun sur les diverses races et variétés de cette plante. Il se présente sous la forme de petites écailles blanches, pulvérulentes, formant par leur ensemble une croûte dense, où l'on rencontre à la fois les vieilles enveloppes des Kermès de l'année précédente et celles des jeunes, fixées dans les intervalles laissés libres par leurs prédécesseurs.

La coque qui abrite le Kermès femelle est lenticulaire, à centre bombé, crétacée ; on trouve, sous elle, à la fin de l'été, la femelle ou la larve, jaune pâle, et en hiver (à cette époque la ponte est terminée) les œufs d'une couleur rouge brun, au nombre de 200 à 300. Ceux-ci éclosent au printemps, et les jeunes restent, jusqu'à leur mue, abrités par la mère, morte sur place. Le mâle serait rouge pâle, pulvérulent, ailé, à coque plus petite, plus allongée que celle de la femelle.

Les branches attaquées par ce Kermès doivent ère brossées de bonne heure, avant le réveil de la végétation ; la coque est d'ailleurs peu adhérente et se laisse détacher facilement. Il est avantageux de tremper, avant la friction, la brosse dans une solution de jus de tabac ou de pétrole émulsionné à l'aide de savon noir. En Allemagne, on étend sur la tige et sur les rameaux attaqués une glu composée (poix

2 parties, huile ordinaire 1), qu'on amène à température tiède. Ce procédé de destruction serait, paraît-il, excellent.

ACARIENS. — On a signalé, chez le *Rosa spinosissima*, sur les folioles, de chaque côté de la nervure médiane, des plis boursouflés, déterminés par un *Phytoptus* (V. Frauenfeld, *Verhandl. d. zool. bot. Ges.* Wien, 1864, p. 691).

Nous ne faisons que signaler en passant ce parasite des Rosiers, peu répandu, semble-t-il, et peu nuisible.

Nous ne parlerons pas, bien entendu, ici, des divers insectes utiles à l'horticulture en général : Carabiques, Coccinelles et Hémérobes, Ichneumons, Syrphides, qui rendent de réels services aux rosiéristes, comme destructeurs des insectes nuisibles aux Rosiers.

I

MALADIES DE CAUSE INCONNUE

Chancre. — On désigne sous le nom de *chancre* (?) des plaies qui se déclarent sur la tige ou les branches principales des Rosiers, détruisent le tissu en s'agrandissant et finissent par faire casser et périr la partie infestée. Ces plaies, mal connues, sont sans doute attribuables à plusieurs causes, mais les principales ou du moins les primitives, paraissent être les meurtrissures; puis les insectes s'y logent, la pourriture survient et peut-être même les Champignons parasites ne sont-ils pas étrangers à leur développement.

Quelle que soit la cause de ces plaies, il faut au plus tôt les mettre à vif, avec une serpette bien affilée, puis couvrir toute la coupe avec du goudron ou du mastic à greffer, pour qu'aucun corps étranger ne vienne s'y loger et pour empêcher le développement des parasites.

On emploie actuellement, pour cet usage, *un mastic à greffer liquide, spécial* qui, appliqué au pinceau, donne de très bons résultats.

II

MALADIES PARASITAIRES

A. — PHANÉROGAMES

On a signalé, mais d'une façon toute exceptionnelle, le Gui (*Viscum album*, L.), parasite sur les
Rosiers. (Voy. *Gard. Chron.*, 1876, I, 180).

En pratique, on n'a guère à tenir compte des dégâts possibles qu'il serait capable d'exercer sur les
Rosiers.

B. — CRYPTOGAMES

MOUSSES ET LICHENS

Sur les tiges et les branches des Rosiers plantés
dans les terrains humides, se développent parfois
des Mousses et des Lichens. Leur destruction est
relativement facile, soit en les grattant à l'aide d'une
brosse, soit en badigeonnant ou seringuant les parties envahies d'une solution de chaux et de sulfate
de fer, cette dernière substance étant de beaucoup la
plus efficace.

CHAMPIGNONS PARASITES

Un nombre assez considérable de Champignons se
développent sur les Rosiers. Les uns vivent sur les

organes morts : ce sont des saprophytes ; les autres vivent sur les organes vivants : ce sont des parasites proprement dits. Beaucoup de types placés dans la première catégorie peuvent, il est vrai, avoir joué, pendant une portion de leur existence, le rôle de parasites vrais. Mais pour nous borner aux Champignons dont la connaissance est indispensable aux rosiéristes, nous n'étudierons que les parasites proprement dits, susceptibles de déterminer des lésions graves sur les divers organes des Rosiers.

Les dessins accompagnant cette notice ont été effectués d'après les échantillons frais recueillis par nous-même, ou d'après les échantillons des *exsiccata* de Briosi et Cavara (*I funghi parasiti delle piante coltivate od utili*. Pavia).

Au cas où la destruction des lésions provoquées par les parasites ne suffirait pas à établir leur détermination, l'emploi du microscope, avec grossissement faible, pourrait être nécessaire, aussi donnons-nous sommairement les caractères distinctifs de chaque parasite.

Nous devons supposer le lecteur au courant de la signification des divers termes techniques employés dans ces descriptions.

PHYCOMYCÈTES

Peronospora sparsa, BERK.

(Famille des PÉRONOSPORÉES.)

Caractères du parasite. — Le mycélium, qui végète dans le parenchyme foliaire, présente les caractères du mycélium des *Peronospora*. Il est muni de suçoirs filiformes et rameux, et émet, à la face inférieure de la feuille, des filaments conidifères.

Ces filaments, isolés, raides, qui portent les spores (conidies), sont épars, plusieurs fois (jusqu'à 9 fois) dichotomes (larges à la base de 5 à 6 μ, d'une hauteur de 126 μ jusqu'à la première bifurcation). Les dernières ramifications de ces filaments sont fourchues, quelque peu recourbées à l'extrémité, en forme de poinçon et se terminent par des conidies sphériques, rarement elliptiques, et dont l'ensemble se présente sous forme de chapelet.

Les conidies émettent en germant un tube germinatif, qui se transforme bientôt en tube mycélium. Dans cette espèce de *Peronospora*, il ne se forme pas de zoopores.

Quelques observateurs ont aperçu, dans le calice des fleurs attaquées et desséchées, des zoospores, à peine décrites.

Lésions. — La présence de ce *Peronospora* est décelée par l'apparition de taches d'un brun noir ou d'un noir pourpre à la face supérieure des folioles ; avec l'âge, ces taches deviennent, à leur centre, jaunes et décolorées. Ces taches ne tardent pas à s'étendre aux deux faces des folioles, en suivant, de préférence, le trajet des nervures. Les folioles atteintes ne présentent que de rares bosselures (contrairement à ce qui s'observe sur les feuilles de beaucoup d'autres plantes, attaquées par les *Peronospora*) et ne tardent pas à se détacher du pétiole ; leur face inférieure est tapissée d'un duvet gris, délicat, formé par les rameaux conidifères du parasite.

Le *Peronospora sparsa* n'est pas un parasite répandu. Décrit d'abord par Berkeley, qui, le premier, l'observa en Angleterre, en 1862, il fit son apparition en Allemagne, en 1876, et y fut observé et étudié par Wittmack, puis par Sorauer, aux environs de Berlin. On l'a signalé aussi en Amérique sur le *Rosa califorica*.

Bien que peu répandu, ce parasite constitue, pour les rosiéristes qui s'occupent de forçage, un danger réel ; ils doivent toujours redouter son apparition. On ne l'a observé, jusqu'à ce jour, que sur les Rosiers cultivés en serre. On a pu voir (Wittmack) une forcerie éprouvée par ce fléau, totalement privée de ses Rosiers l'année qui suivit l'apparition du parasite. Il s'agit donc d'une affection à extension rapide et des plus redoutables [1].

Traitement. — Il est à supposer qu'en cas d'apparition, dans les serres ou forceries, on pourrait limiter son extension par une aération fréquente et par la diminution des arrosages. Dans un air sec, la fructification de ce *Peronospora* et la germination de ses pores sont, en effet, fort difficiles et considérablement retardées.

Il est très probable que les préparations à base de sels cupriques (bouillie bordelaise, bouillie bourguignonne, etc., auraient, contre ce parasite, la même

---

[1] On a observé (Millet) dans des forceries de Bourg-la-Reine (Seine), une maladie des Rosiers, capable de détruire en quarante-huit heures tous les pieds d'une culture. La couleur brun violacé des feuilles atteintes, qui ne tarde pas à s'étendre aux rameaux, la chute des feuilles, la rapidité d'extension de l'affection sont autant de caractères qui font penser à une invasion de *Peronospora sparsa*. Ce serait le premier cas observé en France de cette redoutable maladie, contre laquelle sulfatages et soufrages ont échoué. Dans cette observation, malheureusement incomplète, l'examen mycologique n'a pas été pratiqué.

efficacité que contre les autres *Peronospora* et en
particulier le *P. viticola* (Mildew).

Ce *Peronospora* a été figuré dans *Gard. Chron.*,
1862, p. 308.

URÉDINÉES

Phragmidium subcorticium, Schrank.

Syn. *Uredo Rosæ*, Pers. — *Uredo miniata*, Pers. —
Coleosporium miniatum, Bon.

Caractères du parasite — *Lésions*. — Cette Rouille
du Rosier revêt différentes formes.

A. — Forme *Æcidium*.

Pendant le printemps, le parasite se présente sous
la forme *æcidiosporique*. Sous sa forme *Æcidium*, il
forme alors sur les feuilles, sur les sépales et sur les
jeunes rameaux, de petites pustules circulaires, avec
une dépression médiane ou des coussinets pulvéru-
lents, d'un jaune orangé, de formes et de dimensions
très variables. Sur le limbe, ces taches sont rondes
ou oblongues ; le long des nervures, sur les pédoncules floraux, sur les sépales elles sont d'assez grande
taille, allongées ou s'étendent de diverses manières.
Chacune de ces taches ou coussinets est limitée par
les restes de l'épiderme déchiré (fig. 55).

Chaque coussinet est formé par le feutrage des
hyphes du parasite, qui ont rompu l'épiderme et dont
de nombreux filaments se terminent par une chaî-
nette de spores qui se séparent à la partie supérieure
les unes des autres. Ces spores (*æcidiospores*), longues
de 17-28 µ, larges de 12-20 µ., sont oblongues ou
ellipsoïdes, parfois un peu polyédriques ; leur paroi
est hyaline, épaisse, hérissée de petits piquants, leur
contenu granuleux, jaune orangé. Autour des touffes

de filaments sporifères, certains filaments dressés, restant stériles, jouent pour ainsi dire le rôle de

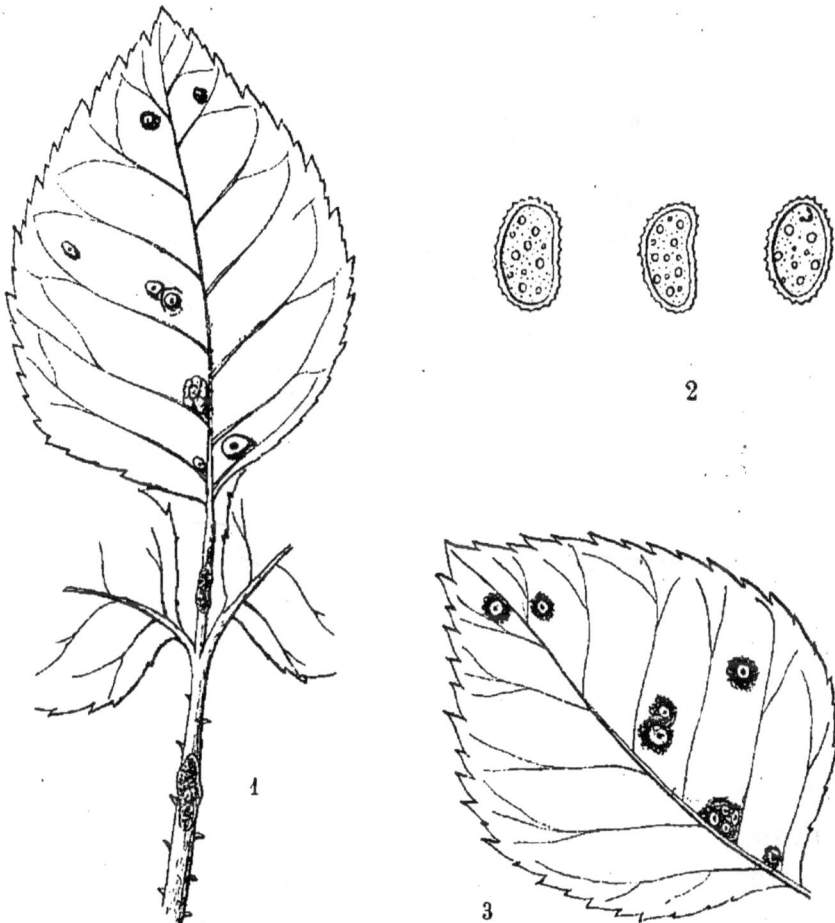

Fig. 56. — Foliole attaquée par *Pragmidium subcorticium*; forme *Æcidium*.

1, face inférieure. — 2, Æcidiospores isolées. — 3, face supérieure.

soutiens, ce sont des *paraphyses*.

Le parasite se présente sous cette forme, très fréquemment, dans toutes les régions, et attaque aussi bien les Rosiers sauvages que cultivés.

B. — Forme *Uredo*.

En été et en automne, plus rarement au printemps, on trouve, à la face inférieure des feuilles, une sorte de poussière jaune orangé, qui est due à la présence du même *Phragmidium*, sous sa forme dite *urédo-*

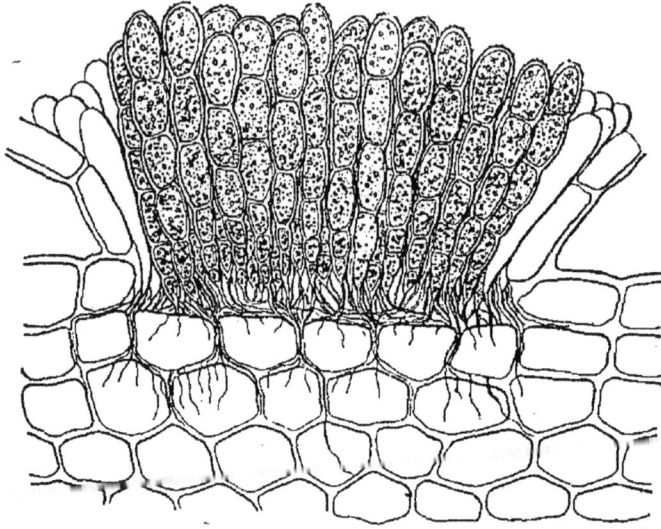

Fig. 55. — Foliole attaquée par *Phragmidium subcorticium ;* forme *Æcidium.*

Coupe d'une pustule (Æcidie).

sporique. Cette poussière est formée de spores (*urédospores*), longues de 17-28 μ, larges de 12-28 μ, de forme globuleuse, ellipsoïde ou annuleuse, hérissées de petites épines, à parois hyalines, à contour granuleux et jaunes. Les touffes sporifères de cette forme *Uredo* sont entourées de paraphyses.

C. — Forme *Phragmidium.*

La forme dite : *téleutosporique*, se trouve en été et en automne à la face inférieure des feuilles, sous forme d'une poussière noirâtre, formée de spores particulières (*téleutospores*). Celles-ci sortent de la feuille, sous forme de corps oblongs, longs de 100-105 μ, larges de 32 μ, obtus, verruqueux, terminés par une petite papille conique, hyaline et supportés par un long pédicule hyalin, renflé vers le bas. Ces spores

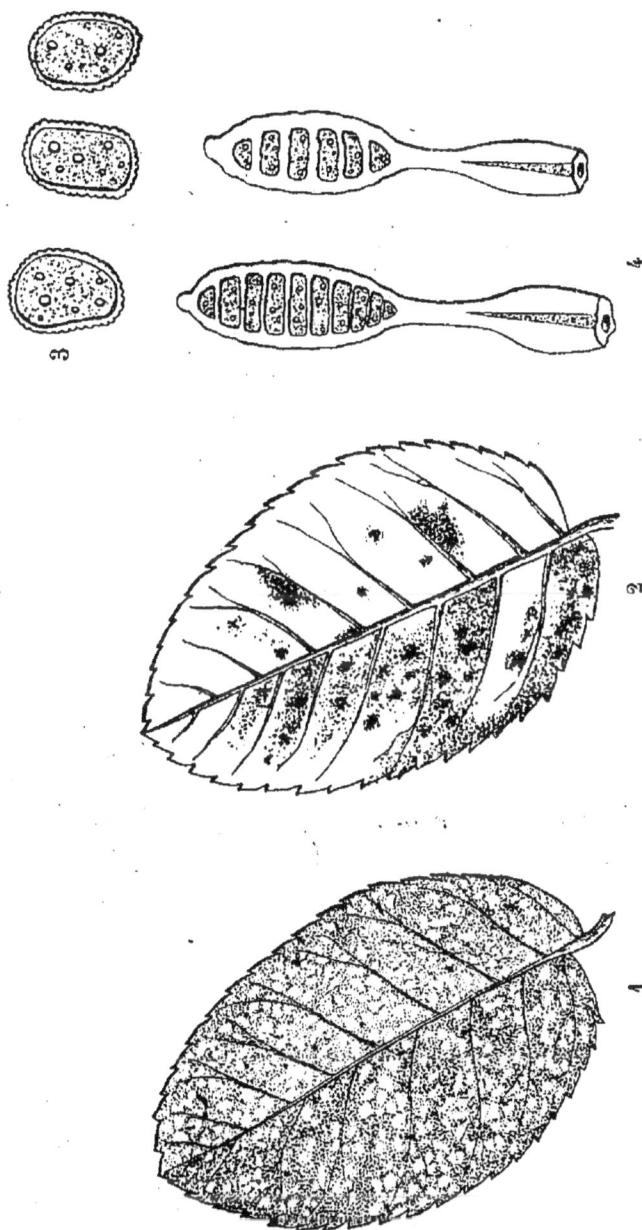

Fig. 57. — Folioles attaquées par *Phragmidium subcorticium*.
1. Face supérieure. — 2. Face inférieure. — 3. Urédospores. — 4. Téleutospores.

sont d'abord blanchâtres, puis brun noirâtre. La loge terminale de chaque spore a un pore de germination à son extrémité ; les autres loges plusieurs pores placés à l'équateur.

La portion renflée en massue et les pédicelles de ces téleutospores se gonflent dans l'eau, par suite de la gélification des zones interne et moyenne de sa paroi ; la zone superficielle de cette même paroi n'est qu'une fine pellicule non gélifiable. Les pédicelles des téleutospores exécutent en conséquence, sous l'influence de l'humidité et de la sécheresse, des mouvements de dilatation et de contraction qui ont pour effet de les détacher de la plante mère. La séparation s'effectue au point de moindre résistance, au-dessous de la partie renflée du pédicelle (Dietel). La dissémination des téleutospores s'effectue ainsi facilement.

Les feuilles attaquées par les formes urédosporique et téleutosporique se fanent et tombent rapidement.

Bien que presque aussi fréquente que le Blanc, la Rouille est une affection relativement peu nuisible, car elle se développe tardivement, après l'épanouissement des pousses, mais elle détermine une coloration désagréable du feuillage.

Traitement. — Le seul remède à apporter à l'extension de la rouille est de rassembler en automne les feuilles attaquées et de les brûler. Il importe de ramasser les feuilles naturellement tombées et de les brûler, car les téleutospores achèvent de se former à leur surface [1].

---

[1] L'emploi de la fleur de soufre contre la Rouille serait inefficace, de l'avis de certains praticiens (Lavigne), par contre, les préparations cupriques seraient fort efficaces. La bouillie bordelaise aurait l'inconvénient de produire sur les feuilles des taches. L'emploi des préparations à base de carbonate de soude ou de mélasse serait de nature à obvier à cet inconvénient, bien que le dépôt poisseux, adhérant à la face intérieure des feuilles,

On rencontre ce *Phragmidium*, produisant une Rouille, sur un grand nombre de types de Rosiers : *Rosa pimpinellifolia*, L.; *R. cinnamomea*, L.; *R. turbinata*, Ait.; *R. rubrifolia*, Vill.; *R. canina*, L.; *R. collina*, DC.; *R. alba* ; *R. rubiginosa*, *tomentosa*, *arvensis*, *gallica*, *centifolia*, etc.

On place dans un sous-genre, nommé *Euphragmidium*, outre le *Ph. subcorticium*, Wtr , ci-dessus étudié, une espèce voisine *Ph. Rosæ alpinæ*, (DC.) Wtr. (*Uredo pinguis* β., DC), parasite sur le *Rosa alpina* et ses hybrides.

PYRÉNOMYCÈTES

BLANC OU MEUNIER

Sphærotheca pannosa Lév.

Syn. *Oïdium leucoconium*, Desmar.

(Famille des Erysiphées.)

Caractères du parasite. — Le mycélium de ce parasite forme, à la surface des organes attaqués, une sorte de duvet blanc, laineux, feutré.

Il est constitué par des hyphes hyalins, cloisonnés, intriqués les uns par rapport aux autres et émettant des suçoirs qui les font adhérer à la plante nutritive. Ces suçoirs sont des plus simples, car ils se présentent sous la forme de petites éminences latérales des hyphes.

Les filaments fructifères sont courts, dressés et se terminent par une série de six à dix spores (conidies)

après l'usage de la mélasse cuprique, puisse apporter une certaine entrave aux échanges gazeux de la plante, par suite de l'obstruction des stomates.

ellipsoïdes, obtuses, hyalines, à contenu granuleux, larges de 13-16 μ, longues de 20-30 μ.

La forme conidienne du Champignon est très répandue, elle se développe pendant toute la belle sai-

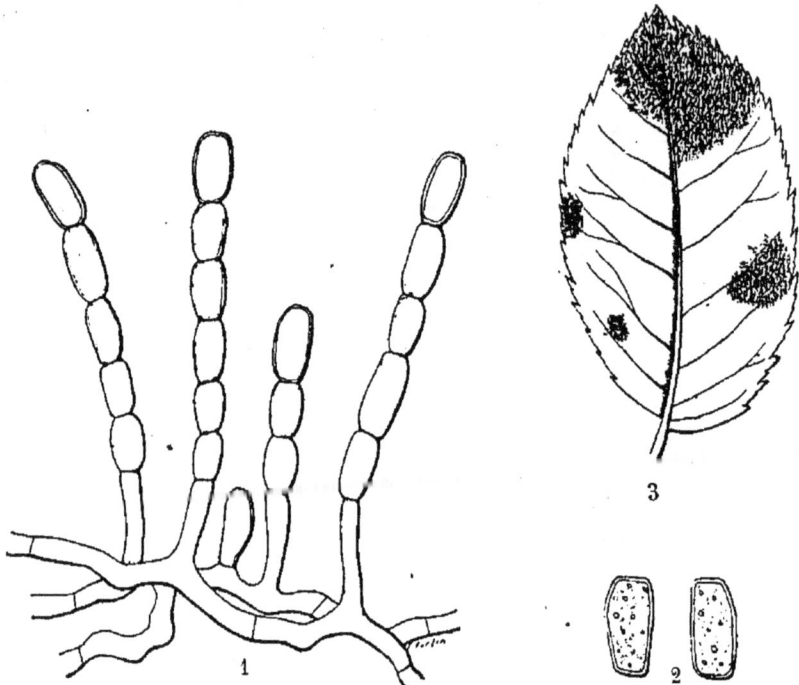

Fig. 58. — Foliole attaquée par *Sphærotheca pannosa*.
1. Mycélium et conidies du *Sphærotheca pannosa*. — 2. Conidies isolées.
3. Face intérieure d'une foliole.

son. Mais ce n'est que très rarement que l'on trouve la forme parfaite des organes reproducteurs, à savoir les asques.

Sous sa forme conidienne, ce parasite peut être rapporté à la forme *Oïdium* ou *Erysiphe*.

Lésions. — Ce parasite s'attaque aux Rosiers sauvages et cultivés, et entrave le développement des jeunes rameaux, il fronce les feuilles et détermine l'atrophie des fleurs, dont les calices se déforment profondément ; le bois se développe mal et s'aoûte imparfaitement. Certaines variétés de Rosiers, les Thé surtout, sont plus prédisposés à l'infestation par ce parasite ; un hybride remontant, le *Géant des batailles,* en est presque toujours si fortement atteint qu'on en a presque abandonné la culture.

C'est également un parasite des Framboisiers et parfois des Groseillers à maquereaux.

Traitement. — Comme l'Oïdium de la Vigne, il est susceptible d'être combattu avantageusement par le soufrage. La fleur de soufre doit être répandue à l'aide d'un soufflet spécial, de préférence sur les feuilles humides, de façon à faciliter son adhérence [1].

SPHŒRIACÉES

Septoria.

(Sphærioïdées-Scolecosporées)

Caractères. — Quelques espèces de ce genre sont parasites des Rosiers. Ce sont des Champignons à périthèces isolés, complètement plongés dans le tissu des feuilles, s'ouvrant à la face supérieure par une

---

[1] Le traitement par la fleur de soufre ne donne des résultats qu'à la condition expresse d'être employé pendant la première phase de développement du parasite (phase conidienne, forme *Erysiphe*), pendant laquelle il ne forme à la surface des feuilles qu'une trame aranéeuse et pulvérulente. Pendant la seconde phase de son développement (phase axosporée, forme *Sphærotheca* proprement dite), alors qu'on le voit former, à la surface des feuilles, des petits points jaunâtres, de la grosseur d'une tête d'épingle, le parasite résiste au traitement par le soufre ; ces spores (axospores) sont, en effet, protégées alors par la membrane de l'organe.

Les préparations cupriques seraient également efficaces contre le blanc des Rosiers. Le saccharate serait préférable à la bouillie bordelaise, qui risque de tacher les feuilles.

ostiole. Une coupe transversale de ces périthèces les montre formés d'une enveloppe de quelques assises de cellules irrégulières, petites, dont les plus externes sont de couleur noirâtre ; les plus internes, moins foncées, se confondent avec le feutrage délié de la cavité. Autour de l'ostiole, existe une couronne de cirrhes ou filaments verticaux, caractéristiques. La paroi interne des périthèces est tapissée de spores incolores, unicellulaires, allongées, avec des gouttelettes huileuses à leur intérieur.

S. *Rosæ* (*Ascochyta Rosæ*, Lib.), forme des taches rouges sur les feuilles des *Rosa canina, pumila, scandens, sempervirens.*

S. *Rosæ arvensis*, Sacc., vit sur *R. arvensis, sempervirens*, et diverses variétés cultivées.

S. *Rosarum*, West., détermine la formation de taches rouges sur les feuilles vivantes des *R. pumila, canina* et diverses variétés cultivées.

Asteroma (Actinonema) Rosæ, Fr.

Syn. *A. radiosum*, Fr. ; *Dothidea Rosæ*, Fr.
(Sphærioïdées)

Caractères du parasite. — Si on examine à un faible grossissement les taches déterminées par les parasites, on y voit des filaments rayonnant d'un point central, filaments fibrillaires très ténus, rameux.

Cette disposition rayonnante justifie bien le terme d'*Asteroma*, genre caractérisé par de très petits périthèces d'abord mous, colorés, finalement ombiliqués, à spores biloculaires.

Lésions. — Ce parasite détermine, sur les feuilles des Rosiers, des taches purpurines ou brun foncé.

Traitement. — On a préconisé, contre diverses affections déterminées par des espèces d'*Asteroma*, les pulvérisations de bouillie bordelaise, en particulier contre l'*A. Malii*, Desm., parasite de la famille du Pommier. Ce traitement mériterait d'être essayé contre l'*A. Rosæ*.

Gnomonia Rosæ (Fuck.) Fr.

(Famille des Gnomoniacées).

Caractères du parasite. — A la face inférieure des taches déterminées par le parasite apparaissent tardivement des petites ponctuations brunes, dues aux périthèces du Champignon. Ces périthèces, plongés dans le tissu de la feuille, sont noirs et sphériques, avec ostiole ; ils renferment des asques oblongs, à 8 spores incolores et unicellulaires. Ce dernier caractère fait placer cette espèce dans un sous-genre : *Gnomoniella*.

On a démontré qu'une espèce du genre *Gnomonia*, le *G. leptostyla*, parasite des feuilles de Noyer, a, comme forme conidienne : *Marsonia Juglandis*. Peut-être *Marsonia Rosæ*, Br. et Cav. serait-il aussi une forme conidienne du *Gnomonia* étudié ici.

Lésions. — Ce Champignon détermine sur les feuilles du *Rosa rubiginosa* des taches brun grisâtre, rondes ou irrégulières.

PÉRISPORIACÉES
FUMAGINE OU SUIE

Fumago salicina ? Tul.

Capnodium Persoonii, Berk. et Desm.

Caractère du parasite. — Nous ne décrirons pas ici en détail les diverses formes que ce parasite est

susceptible de revêtir. Le champignon qui produit
la suie des Rosiers n'a pas été l'objet d'études spé-
ciales. Il doit se rapporter à *Fumago salicina*, forme
imparfaite d'une Perisporiacée, capable de végéter

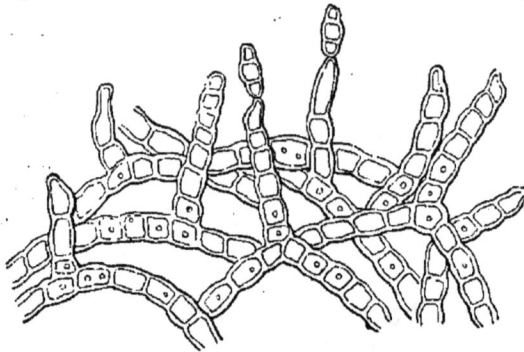

Fig. 59. — .*Fumago* (Meliola) CAMELLIÆ.
Mycelium sporifère.

à la surface des feuilles de diverses plantes recou-
vertes de miellée, en particulier : les Saules. Diverses espèces de ce type peuvent être facilement con-
fondues sous cette forme imparfaite, qui intéresse
presque seule l'horticulteur au point de vue pratique,
la détermination spécifique exacte lui important relativement fort peu. La figure ci-contre représente les
principales formes imparfaites que revêt, à la surface des feuilles, le parasite de la Fumagine des
Citrus. Celles que revêt le *Fumago salicina* est presque identique (fig. 59).

Lésions. — Ce parasite détermine la maladie dite :
Suie, qui s'attaque à toutes les parties vertes, mais
qui est relativement bénigne. Cette affection est très
semblable à la *Fumagine* des Orangers, des Oliviers
et de bien d'autres plantes horticoles. Les feuilles
et rameaux attaqués sont recouverts d'une manière

pulvérulente noire, plus ou moins adhérente, tantôt
sèche et friable, tantôt visqueuse ou gluante pendant
les périodes pluviéuses.

On sait que le Champignon, cause de la suie, ne se

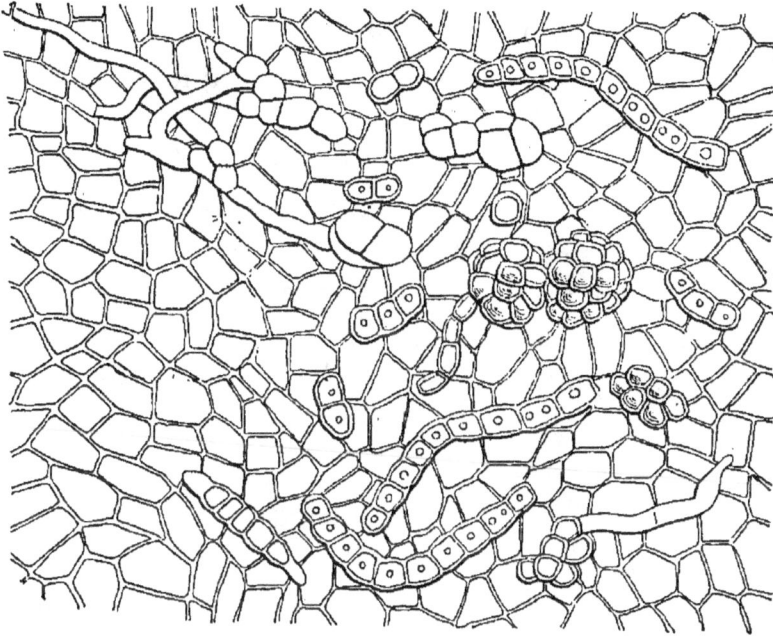

Fig. 60. — *Fumago* (Meliola) *Camelliæ* sur la face supérieure
    d'une feuille d'Oranger, présentant les formes filamenteuses,
    torulées et glomérulées du mycélium.

développe que sur le miellat émis par les Pucerons
et les Cochenilles. Ce n'est pas, à vrai dire, un parasite, mais la couche qu'il forme à la surface des
organes verts met obstacle aux échanges gazeux et
à la fonction chlorophyllienne, à cause de son opacité.
L'extension de l'affection peut être extrêmement
rapide, surtout sur des Rosiers déjà affaiblis, plantés
dans un lieu humide, encaissé, à l'abri du vent, mal
aéré, ou soumis à une chaleur étouffée.

. *Traitement.* — Le traitement consiste essentiellement à débarrasser les Rosiers atteints des Pucerons et Cochenilles, dont le miellat offre à la Fumagine un milieu propre à son développement.

Le lavage et le bassinage des parties atteintes à l'aide d'un lait de chaux est à recommander. L'excès d'humidité et l'obscurité relative facilitent la pullulation du Champignon ; il est donc indiqué de procéder à un drainage soigneux du sol et de placer les Rosiers cultivés en serre dans un milieu bien aéré et éclairé. La submersion, pendant vingt-quatre ou quarante-huit heures, des plantes atteintes, lorsqu'elle est possible, en détruisant les Pucerons et les Cochenilles est, par cela même, un traitement efficace de la Fumagine, pour les Rosiers cultivés en pots ou en caisses.

MÉLANCONIÉES

Marsonia Rosæ, Br. et Cav.

Syn. *Dicoccum Rosæ*, Bonorden
(Famille des Didimosporées.)

Caractères du parasite. — A la surface des taches qu'il détermine, on trouve, disposés d'ordinaire en circonférences concentriques, des points bruns, brillants, qui sont les organes reproducteurs (conceptacles) remplis de spores.

En certains points, au-dessous de l'épiderme, le mycélium du parasite forme un stroma qui déchire l'épiderme. La cuticule épidermique, d'un brun olivâtre, se déchire irrégulièrement pour mettre à nu le stroma et les spores. A la surface de ce stroma, se détachent des spores, en très grand nombre, allongées, formées de deux segments et étranglées au

niveau de leur cloison médiane. Le segment inférieur
de la spore est d'ordinaire aminci, le supérieur obtus;
son contenu est incolore, granuleux, et dans chaque
segment il y a une ou deux gouttelettes réfringentes
(fig. 61,4)..

Le *Marsonia Rosæ* produit à la face supérieure des

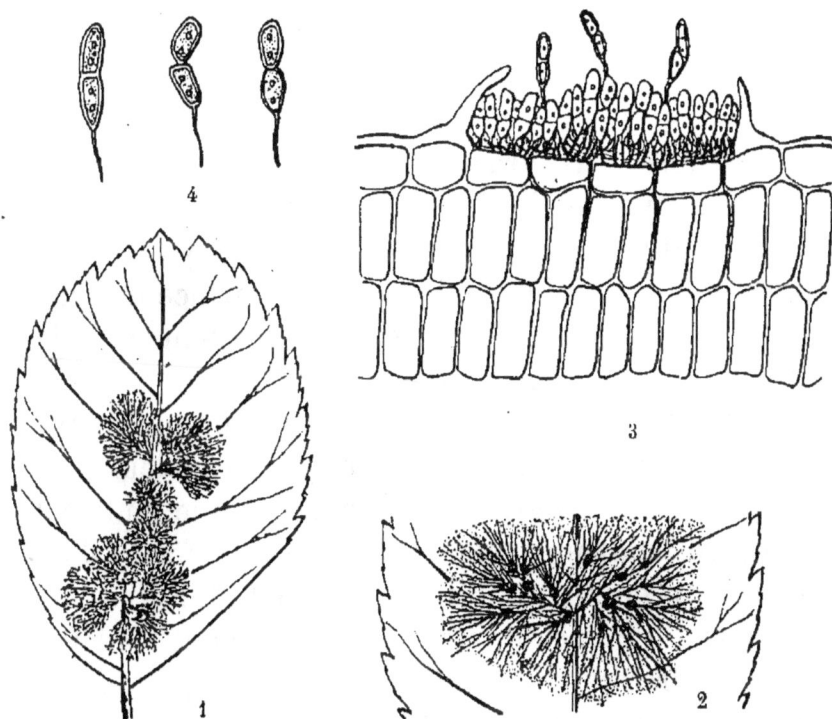

Fig. 61. — Foliole attaquée par *Marsonia Rosæ*.
1. Face inférieure. — 2. Une tache foliaire grossie. — 3. Coupe transversale
de cette foliole, au niveau d'une tache. — 4. Hyphes sporifères isolés.

feuilles de Rosiers des taches assez grandes, d'un
brun violacé, arrondies, à contours déchiquetés ou
dentritique.

Lésions. — Ce parasite détermine la chute précoce
des feuilles. Il attaque de préférence les variétés à
feuilles non coriaces, peu consistantes, telles que
Belle Angevine, Triomphe d'Alençon, Abel Grant;

Rosa buorboniana et sa variété Triomphe d'Angers. Dans les collections, ces espèces peuvent être infestées et leurs voisines rester indemnes.

Traitement. — Le seul traitement connu est de recueillir et de brûler les feuilles attaquées.

Pestalozzia Guepini, Desmaz.

Syn. *Prostemium Guepinianum.*

Caractères du parasite. — Le mycélium du parasite végète sous l'épiderme des parties jaunies des feuilles attaquées. Par son feutrage, il y forme des amas plus ou moins coniques, à la surface desquels certains filaments (*basides*) se terminent par des spores.

A la surface des taches, on voit alors proéminer peu à peu de petites saillies noirâtres. A leur point le plus élevé, l'épiderme se rompt et une multitude de spores sont ainsi mises en liberté, sous forme d'une poussière noirâtre. Ces spores sont plongées dans une sorte de masse mucilagineuse ; elles sont fusiformes, droites ou incurvées, divisées par deux ou trois cloisons transversales en logettes. La logette terminale est d'ordinaire munie d'un court appendice hyalin, bi ou trifide, là où les logettes médianes sont plus renflées que les logettes terminales (fig. 62, 1).

Lésions. — Ce champignon n'est pas un parasite très fréquent des Rosiers. Il s'attaque à un grand nombre d'arbres et d'arbustes : *Camellia, Thea, Rhododendron, Magnolia, Lagerstrœmia, Amygdalus, Smilax, Citrus,* etc.

Les figures ci-contre montrent ce parasite sur feuilles de *Citrus*. Les lésions qu'il détermine sont

identiques sur toutes les plantes qu'il infeste. Ce
sont de grandes taches livides, à contours enfoncés,
qui finissent par envahir la totalité du limbe (fig. 63).

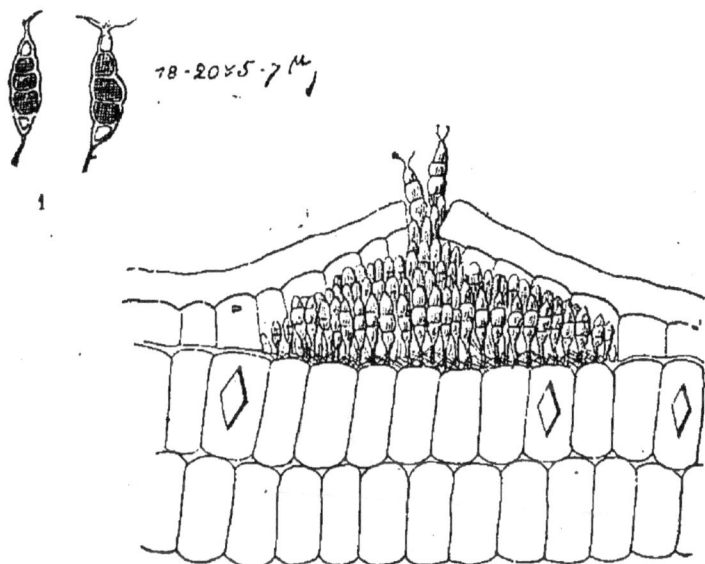

Fig. 62. — Coupe d'une feuille de *Citrus* à travers un stroma
de *Pestalozzia Guepini*.

1, spores cloisonnées.

Traitement. — Le seul remède à opposer à l'extension de la maladie est de brûler les feuilles atteintes.
La prudence indique à l'horticulteur de poursuivre le
parasite sur les feuilles de toutes les essences qu'il
est suceptible d'infester, bien que l'identité spécifique
du parasite type, vivant sur *Camellia*, avec les parasites des autres plantes ne soit pas encore parfaitement établie.

Pestalozzia Rosæ, West.

Dans cette espèce, les filaments sporifères se
trouvent entourés par l'épiderme soulevé et déchiré.

Les spores (long. 20-25, larg. 10 μ) sont divisées par
3 cloisons en 4 loges, dont la supérieure est hyaline,

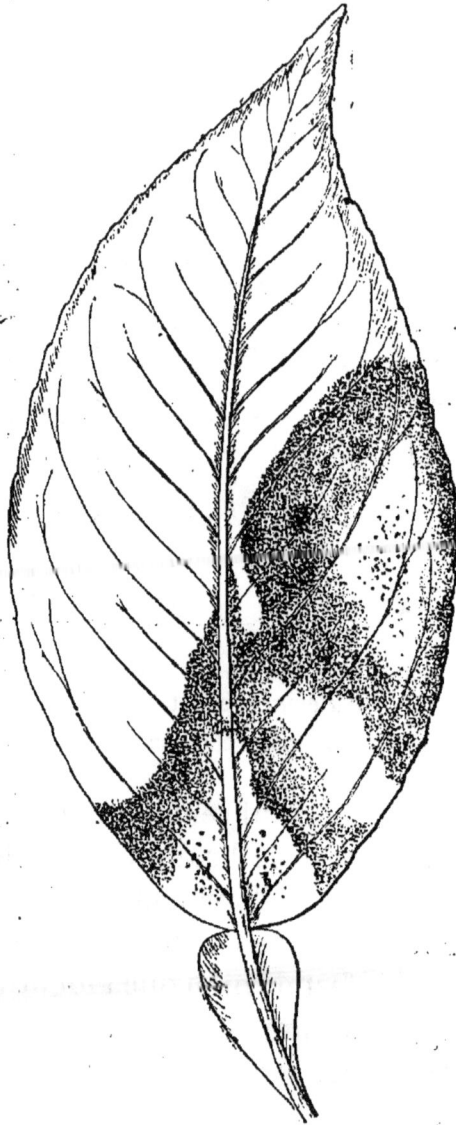

Fig. 63. — Feuille d'Oranger envahie par *Pestalozzia Guepini*.

les 3 autres d'un brun pâle ; leurs soies terminales,
au nombre de 2 à 3, sont divergentes, de la longueur
des spores.

Ce parasite, peu répandu, semble-t-il, et peu dangereux, a été signalé en Belgique, sur les rameaux de divers Rosiers.

Pestalozzia compta, Sacc.

Cette espèce est caractérisée par des filaments sporifères noirâtres, sortant du tissu de la feuille par groupes circulaires inégaux. Les spores (long. 9-10, larg. 4,5-5 μ) sont allongées, en forme de fuseau, aiguës aux deux bouts, avec 4 loges séparées par des étranglements circulaires peu accusés ; les loges extrêmes sont hyalines, les moyennes de teinte enfumée ; il n'existe qu'une soie apicale.

Ce *Pestalozzia* a été vu en Italie, sur des feuilles languissantes de *Rosa muscosa*. C'est un parasite de peu d'importance, semble-t-il, peut-être même s'agirait-il d'un saprophyte (?).

HYPHOMYCÈTES

Cercospora rosæcola, Passer.

(Famille des Démazées).

Caractères du parasite. — Les hyphes du parasite forment, en dessous de l'épiderme supérieur de la feuille, de petits stromas qui déterminent une rupture de l'épiderme, au travers de laquelle se dressent les filaments sporifères. Ceux-ci, longs de 20 à 40 μ, sont droits ou légèrement flexueux, simples et divisés en articles par un très petit nombre de cloisons, qui souvent font totalement défaut. Le sommet de ces filaments, obtus ou un peu coudé en genou, est légèrement brunâtre, il porte des conidies allongées en fuseau ou en massue, droites ou légèrement courbées, hyalines, légèrement enfumées, avec 2, 3 ou 4 cloisons transversales, mesurant 30-50 μ de long sur 3 1/2 μ de large.

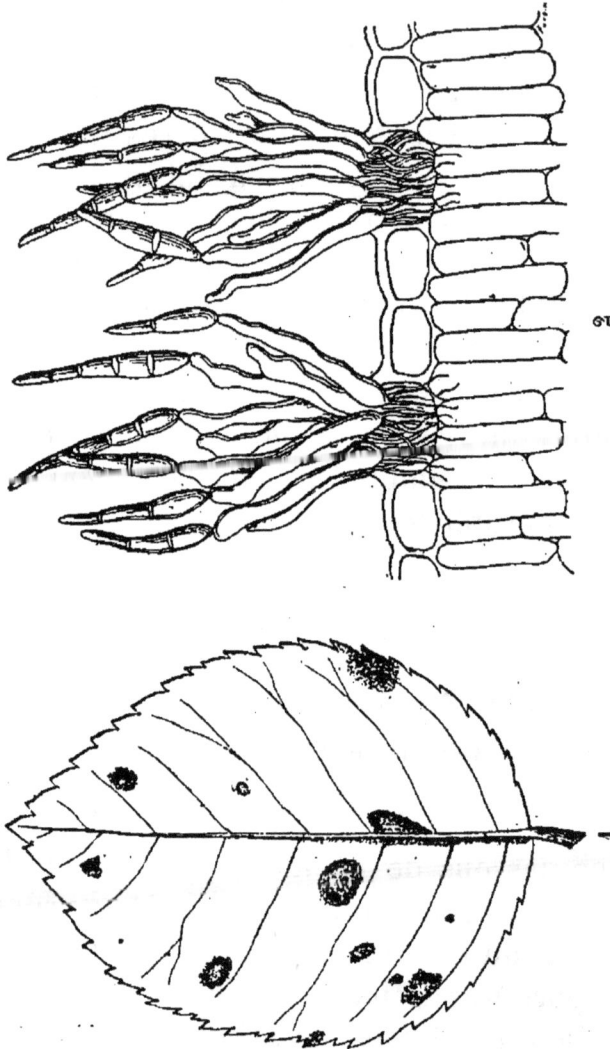

Fig. 64. — Foliole attaquée par *Cercospora rosæcola*.

1. Face inférieure. — 2. Coupe de la face supérieure de la même foliole.

Lésions. — Ce parasite détermine, sur les feuilles des Rosiers, des taches orbiculaires, parfois confluentes, d'un brun violacé, devenant par dessiccation d'un jaune orangé. Les feuilles attaquées ne tardent pas à brunir et à tomber.

A la surface des taches, de préférence à la face supérieure de la feuille, se trouvent de petites verrues correspondant aux organes reproducteurs.

Traitement. — Contre ce parasite, très fréquent en été et en automne sur les diverses variétés de Rosiers, il n'y a pas de traitement connu. On doit récolter et brûler les feuilles attaquées.

HYMÉNOMYCÈTES

Agaricus melleus.

Syn. *Armillaria mellea.*

On a signalé (Bertoloni) en Italie, aux environs de

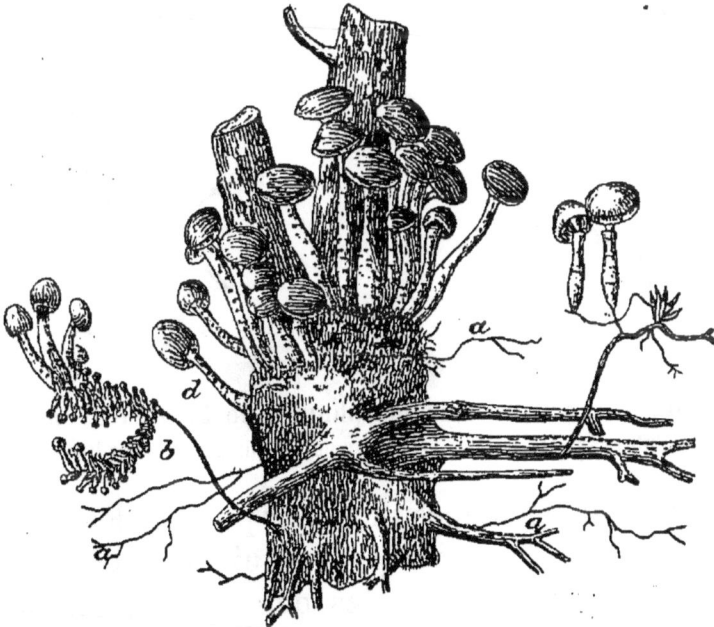

Fig. 65. — Partie d'un tronc d'arbre tué par l'*Agaricus melleus* dont le mycélium sous-cortical et rhizomorphe a produit des champignons.

Bologne, une maladie des Rosiers caractérisée par

la présence sur les racines d'un mycélium blanc. La maladie attaquait en même temps des arbres : *Ficus carica, Juglans, Prunus;* des arbustes : *Rhamnus Alaternus, Corylus* ; des plantes herbacées : *Plumbago.* Il est vraisemblable qu'il s'agissait du Pourridié ou blanc des racines, causé par un Hyménomycète : *Agaricus melleus*, parasite fréquent, on le sait, d'un grand nombre d'essences différentes : arbres résineux, forestiers, fruitiers.

Nous n'insisterons pas sur ce parasite, qui attaque nombre d'arbres et d'arbustes, et qui est, vraisemblablement, rare sur les Rosiers. On sait aujourd'hui qu'il vit d'abord en saprophyte sur des substances

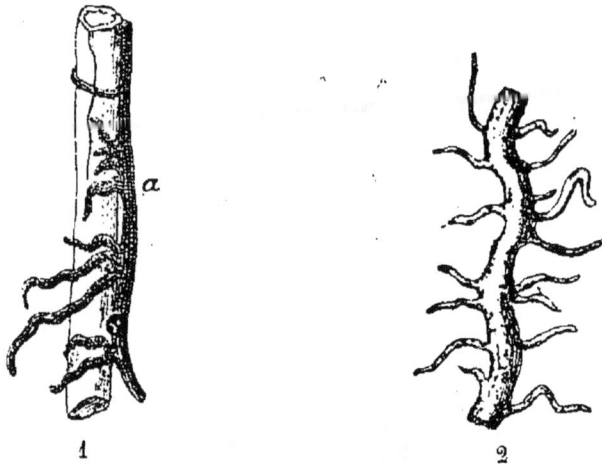

Fig. 66. — Cordons rhizomorphiques de l'*Agaricus melleus.*
1. Entourant une racine. — 2. Développé entre le bois et l'écorce.

végétales en décomposition, puis produit des cordons stromatiques (rhizomorphes) qui pénètrent sous l'écorce des plantes infestées, détruisent le cambium, développent à sa place un mycélium qui tue rapidement la plante parasitée : le parasite ne trouvant plus dans ces tissus morts des conditions assez favorables à son développement, forme son appareil sporifère.

Il n'y a qu'un remède efficace contre cette forme de pourridié : arracher et brûler toutes les portions des Rosiers ou des autres plantes attaquées par la maladie. Il est même prudent de ne conserver aucune plante dans le rayon où le parasite étend ses rhizomorphes.

———

Il est certains auteurs qui ont cru pouvoir proposer des remèdes efficaces, à la fois contre les insectes nuisibles, et contre les champignons parasites des Rosiers et des végétaux cultivés en général.

C'est ainsi qu'on a vanté comme insecticides et parasiticides : les pulvérisations faites de bas en haut, répétées à dix jours d'intervalle, avec la nicotine (à 1°), ou une bouillie imitée de la bouillie bordelaise (sulfate de cuivre 1 kil., mélasse ordinaire, 1 kil., chaux éteinte 1 kil., eau 100 litres), les fumigations de tabac, faites à l'aide d'un soufflet à bec introduit dans une cloche en toile gommée ou calicot huilé, habillant le Rosier, et à extrémité supérieure rabattue pour recevoir le bec du soufflet.

Ces traitements peuvent être très efficaces contre tel ou tel parasite. Mais il importe de prévenir l'horticulteur contre leur réputation de panacée. C'est ainsi que l'action nuisible de la nicotine à l'égard du mycélium (même superficiel), ou des spores de Champignons parasites est plus que douteuse, et les sels de cuivre, de si grande efficacité contre certains d'entre eux, sont inoffensifs contre d'autres.

F. HEIM.

TABLE

DES NOMS ADMIS ET CITÉS

ET DE LEURS SYNONYMES [1]

	Pages.		Pages.
R. acidularis	54	*R.* CENTIFOLIA POMPONIA	46-241
— *adiantifolia*	53	— — MUSCOSA	45-241
— ALBA	47	— CHINENSIS	37-199
— *Alberti*	54	— CINNAMOMEA	50
— ALPINA	53-253	— CLINOPHYLLA	62
— ANEMONÆFLORA	26	— *Colletii*	31
— *arkansana*	54	— DAMASCENA	43-244
— ARVENSIS	30-252	— — BELGICA	43
— *austriaca*	40	— *diversifolia*	32
— *baltica*	49	— *Ecae*	55
— BANKSIÆ	39-256	— *Eglanteria*	56
— *Beggeriana*	54	— *elymaitica*	49
— *belgica*	43	— FERRUGINEA	48
— *bengalensis*	32	— *fimbriata*	52
— BERBERIFOLIA	66	— *fœcundissima*	50
— *bicolor*	56	— *fœtida*	56
— *bifera*	43	— *foliolosa*	49
— *bifera centifolia*	43	— FORTUNEANA	40
— *blanda*	54	— GALLICA	40-237
— BURBONIANA	38-217	— *gigantea*	38
— BRACTEATA	62-254	— *glutinosa*	49
— *Brunonii*	29	— *gymnocarpa*	54
— *californica*	54	— *Hardyi*	62
— *calocarpa*	52	— *Harrissonii*	57
— *canina*	49	— *hemisphærica*	58
— *canina burboniana*	38	— *humilis*	49
— *capreolata*	31-252	— *hystrix*	64
— *carolina*	49	— INDICA FRAGRANS	32-201
— CENTIFOLIA	44-240	— — *Lawrenceana*	36-201

[1] Les noms des espèces décrites sont en PETITES CAPITALES et celles simplement citées, ainsi que les synonymes, sont en *italiques*.

	Pages.			Pages.
R. INDICA MINIMA . .	36-201	*R. provincialis* . . .		44
— — *odoratissima* .	32	— *pteracantha* . . .		60
— *involucrata* . . .	62	— *pumila*		40
— *Iwara*	52	— *punicea*		56
— *Jundzilli*	49	— *Rapa*		49
— *kamtschatica* . . .	52	— *Rapini*		58
— LÆVIGATA	63	— *reclinata*		52
— *laxa*	54	— *repens*		30
— *Lawrenceana* . . .	36	— *rubella*		55
— *Luciæ*	27	— *rubifolia* . . .		27-252
— LUTEA	56-250	— RUBIGINOSA		47
— *Lyellii*	62	— *rubrifolia*		48
—' *macrantha* . . .	42	— RUGOSA		50-247
— *macrophylla* . . . '	54	— — KAMTSCHATICA		52-247
— *micrantha* . . .	49	— SEMPERFLORENS . .		34-198
— *microcarpa* . . .	31	— — *minima* . . .		36-201
— MICROPHYLLA . .	65-246	— SEMPERVIRENS . . .		30-255
— MINUTIFOLIA	60	— SERICEA		59
— *myriacantha* . . .	55	— *simplicifolia* . . .		66
— *myriantha* . . .	54	— SETIGERA . . .		27-252
— *mollis*	48	— *sinensis* . . .		37-198
— *mollissima*	48	— *sinica*		63
— MOSCHATA	29	— *spinosissima* . . .		54
— MULTIFLORA . . .	25-230	— *stylosa*		32
— *muscosa*	45	— SULPHUREA		58
— *nitida*	49	— *tomentosa*		49
— NOISETTEANA . .	39-213	— *tunkinensis* . . .		31
— *nutkana*	54	— VILLOSA		48
— *parvifolia*	42	— *Watsoniana* . . .		31
— *Pernettiana* . . .	58	— *Webbiana*		54
— *phœnicea*	31	— WICHURAIANA . .		26-235
— PIMPINELLIFOLIA .	54-251	— *Woodsii*		54
— *pisocarpa*	54	— *xanthina*		55
— *polyantha* . . .	25-230	*Hulthemia berberifolia* .		66
— *pomifera*	48	*Lowea berberifolia* . .		66
— PORTLANDICA . .	44-245			

TABLE

DES NOMS ET SYNONYMES FRANÇAIS

	Pages.
Eglantier des champs .	30
— des chiens . .	49
— commun . . .	49
— odorant . . .	47
— rouillé	47
Rose chataigne . . .	66
Rosier des Alpes . . .	53
— à fleurs d'Anémone . . .	26
— d'Ayrshire .	31-252
— Banks . . .	39-256
— — de Fortune .	40
— de Belgique . .	43
— de Bengale .	32-198
— — pompon .	36-201
— — pourpre . .	37
— bijou	36
— blanc	47
— Boursault . .	52-253
— Camellia . . .	63
— Cannelle . . .	50
— Capucine . . .	56
— Centfeuilles .	44-240
— — mousseux	45-241
— — pompon .	46-241
— des champs .	30-252
— des chiens. . .	49
— de la Chine .	37-198
— de Damas. .	43-244

	Pages.
Rosiers à feuilles d'Epine-vinette . . .	66
— à feuilles de Ronce	27 272
— à feuilles rouges.	48
— à feuilles de l'imprenelle. .	54-251
— Hybrides-remontants . . .	221
— Hybrides Noisette . . .	216
— Hybrides de Thé	209
— Indiens . . .	201
— du Japon . . .	50
— jaune . . .	56-250
— de l'Ile-Bourbon.	38-217
— du Kamtschatka.	52-247
— de Macartney	62-254
— de mai. . . .	50
— microphylle .	65-246
— de Miss Lawrence	36-201
— mousseux. .	45-241
— multiflore. .	25-230
— — nain remontant	234
— musqué . . .	29

	Pages.
Rosier Noisette . .	39-213
— à odeur de thé	32-201
— de Pensylvanie .	49
— perpétuel . .	43-245
— Petit Saint-François	42
— à petites feuilles.	65
— Pimprenelle . .	54
— polyantha. .	25-230
— polyantha nains.	232
— pompon . .	36-241
— de Portland .	44-245

	Pages.
Rosier des prairies . .	27
— de Provence . .	240
— de Provins .	40-237
— de Puteaux . .	43
— des quatre saisons	43
— rouillé	47
— rugueux . .	50-247
— du St-Sacrement.	50
— Thé. . . .	32-201
— toujours vert.	30-255
— velu	48
— de Wichura .	26-235

TABLE

DES INSECTES NUISIBLES

	Pages.		Pages.
Acariens	320	Hibernia	303
Acronycta	308	Hylotoma	280
Amphidasis	307	Hyménoptères	290
Anisophia	277	Kermès	319
Aphis	317	Lépidoptères	294
Aspidiotus	319	Liparis	312
Athalia	285	Lyda	288
Blennocampa	289	Megachile	290
Bombyx	311	Melolontha	276
Cecidomya	317	Nepticula	301
Cemonus	289	Noctua	308
Cetonia	278	Noctuelles	308
Cheimatobia	305	Orgya	314
Chermès	319	Pœcilosoma	289
Cidaria	306	Phalène	303
Cladius	283	Phylloperta	277
Coccides	319	Pterophorus	304
Coleophora	304	Puceron	317
Coléoptères	276	Punaise	319
Cynipides	290	Rhodites	291
Diaspis	319	Siphonophora	317
Diptères	317	Teignes	300
Emphytus	286	Tenthrèdes	285
Géomètres	303	Tischeria	302
Gnorimus	279	Tordeuses	294
Hannetons	276	Trichius	279
Hémiptères	317	Ver blanc	276

TABLE

DES MALADIES CRYPTOGAMIQUES

	Pages.		Pages.
Agaricus melleus. . .	345	Peronospora sparsa . .	323
Asteroma (Actinonema).	334	Pestalozzia Guepini . .	340
Cercospora rosæcola. .	343	— Rosæ	341
Chancres	321	— compta . . .	343
Fumago sallcina . . .	335	Phragmidium subcorti-	
Gnomonia Rosæ . . .	335	cium	326
Marsonia Rosæ . . .	338	Septoria	331
Mousses et Lichens . .	322	Sphœrotheca pannosa .	333

DIJON. — IMPRIMERIE DARANTIERE